生态环境产教融合系列教材

# 有机食品加工技术

主　编：邹　磊　王　静　冯　阳

副主编：苗利军　张　颖　张鹏娟

中国环境出版集团·北京

**图书在版编目（CIP）数据**

有机食品加工技术/邹磊，王静，冯阳主编. --北京：中国环境出版集团，2024.1
生态环境产教融合系列教材
ISBN 978-7-5111-5645-7

Ⅰ. ①有… Ⅱ. ①邹…②王…③冯… Ⅲ. ①绿色食品—生产技术—高等学校—教材 Ⅳ. ①TS2

中国国家版本馆 CIP 数据核字（2023）第 196499 号

配套课件
拓展课程
知识总结
实践案例
微信扫码

出版人 武德凯
责任编辑 宾银平
封面设计 宋 瑞

出版发行 中国环境出版集团
（100062 北京市东城区广渠门内大街 16 号）
网 址：http://www.cesp.com.cn
电子邮箱：bjgl@cesp.com.cn
联系电话：010-67112765（编辑管理部）
010-67113412（第二分社）
发行热线：010-67125803，010-67113405（传真）
印 刷 北京盛通印刷股份有限公司
经 销 各地新华书店
版 次 2024 年 1 月第 1 版
印 次 2024 年 1 月第 1 次印刷
开 本 787×1092 1/16
印 张 14
字 数 343 千字
定 价 48.00 元

# 生态环境产教融合系列教材

## 总　序

培养大批应用型人才是贯彻落实党中央、国务院关于教育综合改革决策部署的必要之举，产教融合是高等学校培养应用型人才的必由之路。2017 年，国务院办公厅印发《关于深化产教融合的若干意见》（国办发〔2017〕95 号），明确要求深化职业教育、高等教育等改革，发挥企业重要主体作用，促进人才培养供给侧和产业需求侧结构与要素全方位融合，培养大批高素质创新人才和技术技能人才。深入推进产教融合在解决教育链与产业链脱节问题，将最新理论和技术落实落地，打破产业发展瓶颈，提升高校应用型人才培养质量等方面具有重要意义。

教材作为知识的载体，体现了人才培养目标的要求，是开展教学的基本工具，更是人才培养质量的重要保证。面对应用型人才培养的要求，教材改革迫在眉睫。目前在应用型人才培养过程中普遍缺乏合适的教材，往往借用原有的普通本科教材，其教学要求、教学内容和教学模式，都不适用于强调实践能力的应用型人才培养，难以实现应用型人才的培养目标；有些应用型教材地域性过于明显，或不成体系，限制了学生对行业的整体性了解。因此，面对行业产业需求，将专业教育链与对应的产业链有机衔接，编写兼具适用性和实用性的应用型系列教材非常迫切，并具有重要的现实意义。

党的二十大提出建设人与自然和谐共生的现代化；2023 年 12 月中共中央、国务院发布了《关于全面推进美丽中国建设的意见》，明确了要加快形成以实现人与自然和谐共生现代化为导向的美丽中国建设新格局。贯彻落实习近平生态文明思想，加快形成绿色低碳生产生活方式，把建设美丽中国转化为社会行为自觉，已成为新时代发展的必然趋势。高等学校是人才培养、文化传承的重要阵地，在美丽中国建设中，要承担起培养生态文明建设人才、传播生态文明思想、提高全民生态文明素质的重任。面对生态文明建设的新形势和美丽中国建设的明确要求，培养适应生态文明建设需要的应用型、复合型、创新型人才非常迫切。因为生态环境问题的交叉性、系统性和复杂性，在各行各业、生产生活各领域都存在生态环境问题，所以生态环境问题的解决不是某一个行业的事情。这样就使生态环境人才的培养具有两方面特点：一方面具有鲜明的应用型特点，要能够解决各行各业、各个领域的环境问题；另一方面具有交叉复合型特点，培养生态环境人才不仅仅是生态环境类专业独有的任务。因此，高等学校要站在将生态文明建设纳入“五位一体”总体布局的高度，将专业人才培养链与行业产业的生态环境需求有机衔接，培养生态文明建设需要的应用型人才。所以，尽快开发针对各行各业生态环境问题的产教融合系列教材迫在眉睫。

河北环境工程学院前身是中国环境管理干部学院，由中国环保事业的奠基者曲格平先生创建，是中国最早开展环境教育的高校之一。建校40余年来，学校历经环保干部轮训、环保局长岗位培训、成人高等教育、高职教育、本科教育，为环保事业源源不断地输送了大批中坚和骨干力量。学校在我国环保事业发展的各个阶段都发挥了重要作用，其发展历程见证了中国环境保护事业的发展历程，长期以来被誉为环保系统的“黄埔军校”。近几年，学校坚持应用型办学定位，以绿色低碳高质量发展需求为导向，优化学科专业结构，建设与行业产业需求有机衔接的专业集群；以产教融合为人才培养主要路径，建立产教融合协同育人的有效机制；以培养高素质应用型人才为根本目标，建立“跨学科交叉、校政企共育共管、多元协同促教”的应用型人才培养模式，改革课程体系和教育教学方法。其中，以课程建设为突破口，以产教融合应用型教材开发为抓手，针对生态环境类专业，梳理生态环保行业的需求，校企合作编写应用型教材；针对非生态环境类专业，梳理其对应的行业产业相应的绿色低碳发展需求，跨学科、跨行业校企合作开发相关教材。通过几年的实践探索，校企合作开发了这套生态环境产教融合系列教材，以期解决高等学校生态环境应用型人才培养缺乏适用教材的问题。

本系列教材以习近平生态文明思想为指导，坚持绿色低碳发展理念，覆盖多学科门类和行业产业领域，具有鲜明的生态环境特色。系列教材中的环境类专业课程教材，直接与生态环境保护产业链相关领域结合，培养服务生态环保行业的应用型人才；系列教材中的非环境类专业课程教材，针对其行业产业链中存在的生态环境相关问题，有针对性地将绿色低碳理念融入教材教学内容，奠定学生坚实的生态文明职业素养。在具体的教材建设环节，成立了由高校“双师型”教师及行业企业一线具有丰富生产经验的专家组成的教材编写组，充分发挥校企合作双主体优势，立足于企业现实岗位中的具体工作过程，采取案例式、任务式、项目式教学设计模式，将企业先进的生产技术、管理理念和课程思政等教育元素融入教材，真正实现教材内容与企业具体岗位的需要全面融合，全方位保证了教材的适应性。本系列教材填补了全国生态环境产教融合应用型系列教材的空白，可供各普通本科院校、职业院校的生态环境类专业学生使用；同时，对非生态环境类专业，应开设与生态环境相关的课程，也可选取系列教材中相关的教材使用。

# 前 言

从 20 世纪 90 年代开始，我国将农业与食品领域中的绿色食品、有机食品开发作为一项开创性事业，这为我国农业与食品的可持续发展提供了可能性。2010 年以后，随着国民经济的快速发展和人民生活水平的不断提高，人们对食品的要求也越来越高，因此，对有机食品的加工提出了更高的要求。

本教材是根据《教育部、国家发展改革委、财政部关于引导部分地方普通本科高校向应用型转变的指导意见》（教发〔2015〕7 号）精神，遵循理论“必需、够用”、强化实践技能训练的原则，结合食品专业人才培养目标进行设计编写的。

本教材为了体现应用型本科教育的特色，培养应用型实用技术人才，对传统教材的各章节内容进行了整合，按照项目导向、任务驱动的教育观点，以产品为载体分成不同的任务，以若干个同类型任务为一个项目，全书共分为四大项目，旨在实现教、学、做一体化，培养与工作现场“零距离”的应用型人才。本教材内容主要包括有机粮油及粮油制品加工技术、有机果蔬制品加工技术、有机肉制品加工技术、有机乳制品加工技术，覆盖我国有机食品的主要产品方向，可操作性强，体现了应用型教育的特色，注重学生实践技能和自主学习能力的培养。

本教材编写人员均为河北环境工程学院教学一线相关课程的任课教师，由邹磊、王静、冯阳担任主编。编写分工如下：绪论由冯阳、段锦编写；项目一、项目三由邹磊编写；项目二由邹磊、张颖、苗利军、张鹏娟编写；项目四由王静编写；李金洲、刘爱英、宋丽霞提供部分案例素材。全书由邹磊统稿审定。

本教材在编写过程中得到了河北环境工程学院领导和企美实业集团有限公司、中绿华夏有机食品认证中心等企业的大力支持和帮助，在此深表谢意。

鉴于编者水平有限，不妥之处尚希读者指正。

# 目　录

# 绪论

本绪论首先介绍了有机农业的起源、定义、目标和原则，概述了有机农业的特征，阐述了有机农业对环境的要求；然后介绍了我国有机食品的现状、加工的具体要求，涉及有机食品加工的配料要求、工艺要求、厂房有害生物防治要求、包装要求、储藏要求和管理体系要求等。

## 1 有机农业与有机食品

### 1.1 有机农业

#### 1.1.1 有机农业的起源

1909年，美国农业部土地管理局局长金（F. H. King）途经日本来到中国，学习中国农业数千年兴盛不衰的经验，并于1911年写成《四千年的农民》一书。书中指出中国传统农业长盛不衰的秘密在于中国农民的勤劳、智慧、节俭，善于利用时间和空间提高土地利用率，并以人畜粪便和一切废物、塘泥等还田培养地力。该书对英国植物病理学家霍华德（Albert Howard）影响很大。他在金的基础上进一步深入总结和研究中国传统农业的经验，于20世纪30年代初提出有机农业，并由英国的鲍尔费（Eve Balfaur）夫人和英国土壤学会首先进行试验和推广。霍华德还编著了《农业圣典》一书，书中总结了中国及其他东方各国重视有机肥的经验。此书成为指导国际有机农业运动的经典著作之一。

1940年，美国学者罗代尔（J. I. Rodale）受霍华德的影响，开始了有机园艺的研究和实践，1942年罗代尔出版了《有机园艺》一书。英国的鲍尔费夫人第一个开展了常规农业与自然农业方法比较试验。在她的推动下，1946年英国成立了"土壤协会"。日本的冈田茂吉（Mokichi Okada）于1935年创立了自然农业（natural agriculture），提出在农业生产中尊重自然、重视土壤、协调人与自然关系的思想，主张通过增加土壤有机质，不施用化肥和农药获得产量。

由于现代农业的各种弊端逐渐显露，进入20世纪70年代后，有机农业越来越受发达国家的农民和科学家的重视，许多有关有机农业的组织和研究机构纷纷成立。例如，1972年国际有机农业运动联盟（IFOAM）由美国、英国、法国、瑞典、南非五个国家的五个组织倡导在法国成立。1975年，英国成立了有机农业研究会，且早在1958年日本就成立了自然农法国际研究中心。进入20世纪90年代后，随着有机食品贸易在世界范围内迅速扩展，世界上大多数国家成立了相关的有机农业组织，如有机农民协会、有机食品检查认证和咨询机构，并成立了众多的有机食品贸易公司，形成了有机农业研究、咨询、生产、加工、贸易、认证一体化的局势，推动着有机农业和有机食品业迅速向前发展。

我国于20世纪90年代引入有机认证，初期是国外的认证机构派检查员检查并颁发国外标准的有机证书，认证的有机产品主要供出口。2005年4月1日，我国实施了第一版中国有机产品标准，截至目前已改版两次，目前国内有机产品认证的依据是《有机产品 生产、加工、标识与管理体系要求》（GB/T 19630—2019）。

### 1.1.2 有机农业的定义

关于有机农业的理解和表述，有很多种。其中，IFOAM 指出有机农业是一个保持土壤、生态系统和人的健康的生产体系，其依赖于适应当地条件的生态过程、生物多样性和循环圈，而不使用有不良作用的投入品，把传统、创新和科学结合起来，以利于共享的环境，促进所有参与者的公平关系和良好的生命质量。

1999 年，联合国粮食及农业组织（FAO）、世界卫生组织（WHO）、国际食品法典委员会（CAC）对有机农业的定义是：有机农业是一个整体生产管理体系，涵盖生物多样性、生物循环和土壤生物活动，其目的是促进和增强农业生态系统健康。该系统重视利用管理方法，而不是依靠外部非农业物质的投入，考虑当地具体条件，尽可能地使用农艺、生物和物理方法，而不是化学合成材料，以实现系统内的特定农业功能。

我国与有机农业接近的概念是有机生产。2020 年 1 月，我国实施的 GB/T 19630—2019 对有机生产的定义是：遵照特定的生产原则，在生产中不采用基因工程获得的生物及其产物，不使用化学合成的农药、化肥、生长调节剂、饲料添加剂等物质，遵循自然规律和生态学原理，协调种植业和养殖业的平衡，保持生产体系持续稳定的一种农业生产方式。

以上对有机农业定义的表述虽然各有差异，但主要的内容是相同的，即有机农业是遵循可持续发展的原则，在农业生产中采用符合标准要求的生产投入品与技术，保护生态环境，保障农产品质量安全，保护人类身体健康。

### 1.1.3 有机农业的目标和原则

有机农业的目标是稳定、持续地生产优质、安全的农产品，促进农业可持续发展，与此同时保护我们赖以生存的自然环境。有机农业不仅能生产出健康、安全的有机产品，保障消费者的健康，更重要的是有机农业旨在建立一种综合、健康和环保的可持续发展农业生产体系，建立和恢复农业生态系统的生物多样性和良性循环，使农业生态实现自我调节，农业资源实现循环利用，最终促进农业的可持续发展。在有机农业的生产和加工过程中，杜绝了化学投入品的使用，减少了碳排放，减少了农业源污染，保护了生态环境。

有机农业在发挥其生产功能即提供有机产品的同时，关注人与生态系统的相互作用以及环境、自然资源的可持续管理。IFOAM 提出的有机农业基于四大基本原则：健康、生态、公平和关爱，这些原则得到了世界范围内的认可。

1）健康：有机农业将土壤、植物、动物、微生物、人类和整个地球的健康看作一个不可分割的整体而加以维持和加强。在生产、加工、流通和消费领域，维持促进生态系统和生物的健康，包括土壤、植物、动物、微生物、人类和整个地球的健康。有机农业尤其致力于生产高品质、富营养的食物，以服务于预防性的健康和福利保护。因此，有机农业避免使用化学合成的肥料、兽药和食品添加剂等。

2）生态：基于活的生态系统和物质能量循环，与自然和谐共处，效仿自然并维护自然。有机农业采取适应当地条件、生态、文化和规模的生产方式。通过回收、循环使用和高效地管理资源和能源，降低外部投入品的使用，以维持和改善环境质量，保护自然资源。

3）公平：有机农业强调多个有机农业的参与者，包括生产、加工、经营活动的参与者和消费者建立公平的相互关系，同时应根据动物的习性来提供必要的生存条件和福利，以符合对社会和生态公平，以及以对子孙后代负责任的方式来利用自然和环境资源。

4）关爱：有机农业对生态系统和农业生产给予充分关注，以有预见性和负责任的态度进行有机农业的管理，从而保护当前人类和子孙后代的健康和福利，同时保护环境。有机农业选择适合的技术和拒绝无法预知其危害的转基因工程技术，以防止重大风险。

### 1.1.4 有机农业的特征

1）遵循自然规律和生态学原理。有机农业的一个重要原则就是充分发挥农业生态系统内部的自然调节机制。在有机农业生态系统中，采取的生产措施均以实现系统内养分循环，最大限度地利用系统内物质为目的，包括利用系统内有机废物、种植绿肥、选用抗性品种、合理拼作、轮作、多样化种植、采用生物和物理方法防治病虫草害技术等。有机农业通过建立合理的作物布局，满足作物自然生长的条件，创建作物健康生长的环境条件，提高系统内部的自我调控能力，以抑制害虫的暴发。

2）采取与自然相融合的耕作方式。有机耕作不用化肥氮源来施肥，而是利用豆科作物固氮的能力来满足植物生长的需要。种植的豆科作物用作饲料，由牲畜养殖积累的圈肥再被施到地里，培肥土壤和植物。充分利用农家肥料来保持土壤氮肥的平衡，利用土壤生物（如微生物、昆虫、蚯蚓等）使土地尚有的肥力得以充分释放，植物残渣、有机肥料还田以及种植间作作物有助于土壤活性的增强和进一步发展。土地通过多年轮作得到休养，农家牲畜的粪便被充分分解并释放出来。这样，自我生成的土壤肥力并不依赖于代价昂贵且耗费能源生产出来的化肥，有机耕作的目的在于促进、激发并利用这种自我调节，以期能持续生产出健康的、高营养价值的食品。在种植中通过用符合当地条件的方式进行轮作、适时进行土壤拼作、机械除草及使用生物防治等方法（如种植灌木丛或保护群落生态环境）来预先避免因病害或过度的虫害对作物造成的危害。

3）协调种植业和养殖业的平衡。根据土地承载能力确定养殖的牲畜量。通常来说牲畜承载量是每公顷一个成熟牲畜单位，因为有机生产标准只允许从外界购买少量饲料。这种松散的牲畜养殖方式可以保护环境不受太多牲畜或人类粪便的污染。以上述标准进行的牲畜养殖通常情况下只产生土地能接受的粪便量，饲料和作物的种植处于一种相互平衡且经济的关系。

4）禁止采用基因工程获得的生物及其产物。基因工程是指人工将一种物种的基因转入另一种物种的基因中。因为基因工程不是自然发生的过程，违背了有机农业与自然秩序相互和谐的原则，且基因工程产品存在潜在的、不可预见的风险，如玉米的斑腐病病毒等，对其他生物、环境和人身体健康造成的影响也没有科学结论，所以，有机农业坚决反对应用基因工程技术。

5）禁止使用人工合成的化学农药、肥料、生长调节剂和饲料添加剂等物质。

总之，我们应建立循环再生的农业生产体系，保持土壤的长期生产力；把系统内的土壤、植物、动物和人类看成相互关联的有机整体，同等地加以关心和尊重；采用土地与生态环境均可以承受的方法进行耕作，按照自然规律从事农业生产。

### 1.1.5 有机农业对环境的要求

有机农业的产品质量不仅取决于生产过程，还取决于产地的环境质量。有机农业对产地环境的主要要求如下：

（1）有机农业对土壤的要求

有机农业除了强调生产安全优质的农产品，更注重土壤的可持续生产能力，因此，这两方面也是有机农业对土壤的最基本要求。理论上能进行常规生产的田块就可进行有机生产，因为有机农业更多强调的是对农田管理过程和其对农产品生产功能的可持续支持，常规农业通过一定时间的有机操作转换即可成为有机农业，也就是要通过有机生产方法将常规系统逐渐转变为可持续发展的农业生产系统，使退化的土壤生态系统得以恢复。这和绿色食品更强调土壤环境质量状况是不同的，有机农业更强调的是过程，也就是说强调的是用可持续的农业生产方式来管理土壤和农业生产系统，使其逐步转变为健康的、安全的、可持续的生态农业系统。因为质量再好的土壤，如果在生产过程中对有风险的物质不加以有效的控制，也可能导致土壤质量的下降。GB/T 19630—2019 规定有机产品生产需要在适宜的环境条件下进行，生产基地应远离城区、工矿区、交通主干线、工业污染源、生活垃圾场等，并需持续改进产地环境。产地的环境土壤质量应符合《土壤环境质量标准 农用地土壤污染风险管控标准（试行）》（GB 15618—2018）的要求。

（2）有机农业对灌溉水的要求

GB/T 19630—2019 规定产地的灌溉用水水质应符合《农田灌溉水质标准》（GB 5084—2021）的要求。另外，由于水的特殊属性和人类监测与认识水平的局限，有机农业基地应避免在有废水或固体废物污染源（如废水排放口、污水处理池、排污渠、重金属含量高的污灌区和被污染的河流、湖泊、水库，以及冶炼废渣、化工废渣、废化学药品、废溶剂、尾矿粉、煤矸石、炉渣、粉煤灰、污泥、废油及其他工业废料、生活垃圾等）的周围进行生产。严禁未经处理的工业废水、废渣、城市生活垃圾和污水等废物进入有机农业的生产用地。此外，要求有机地块与常规地块的排灌系统采取有效的隔离措施，以保证常规农田的水不会渗透到有机地块。

（3）有机农业对空气质量的要求

GB/T 19630—2019 规定产地的空气质量应符合《环境空气质量标准》（GB 3095—2012）的要求，同时对缓冲带和栖息地进行了规定。如果农场的有机生产区域有可能受到邻近的常规生产区域污染的影响，则应当在有机生产区域和常规生产区域之间设置缓冲带或物理屏障，保证有机生产地块不受污染，以防止邻近常规地块禁用物质的飘移影响。在有机生产区域周边设置害虫天敌的栖息地，提供害虫天敌活动、产卵和寄居的场所，提高生物多样性和自然控制能力。当然，基地周围，特别是其上风向不能有污染源，远离交通要道和居民集中的城镇是最基本的要求。

（4）有机农业对环境生物的要求

环境生物包括所有与人类生存环境有关的生物，在农业生产中除了目标生物（作物）

外的其他生物都是环境生物，这些环境生物对农产品的生产及产品质量都有很大的影响。因此，有机农业对生物也有明确的规定，最突出的相关规定是几乎所有的有机农业标准都禁止在有机农业操作中使用基因工程产品，因为其潜在的风险尚未得到确认。在种子、种苗的选择方面：应选择有机的种子或植物繁殖材料，当从市场上无法获得有机种子或植物繁殖材料时，可选用未经禁用物质处理过的常规种子或植物繁殖材料。应采取有机生产方式培育一年生植物的种苗。不可以使用经禁用物质和方法处理过的种子和繁殖材料。选择品种时应注意其对病虫害有较强的抵抗力；不使用由转基因获得的品种。有机农业强调避免农事活动对土壤或作物的污染及生态破坏，要求制订有效的农场生态保护计划，采用植树种草、秸秆覆盖、不同作物间作等方法避免土壤裸露，控制水土流失，防止土壤沙化和盐碱化；要求建立害虫天敌的栖息地和保护带，保护生物多样性。禁止毁林、毁草、开荒发展有机种植。总之，有机农业对生物或生态的要求是尽量保持其多样性，以维持生态系统的稳定，采取各种措施，以维持生态系统的健康。

（5）有机农业对废物处置的要求

有机农业对废物的处理处置有规范要求。比如对畜禽养殖要求充分考虑饲料生产能力、畜禽健康和对环境的影响。养殖数量不超过养殖范围的最大载畜量，要求保证畜禽粪便的储存设施有足够的容量，并得到及时处理和合理利用。对加工废物的净化和排放设施或储存设施应远离生产区，且不得位于生产区的上风向。排放的废物应达到相应的标准。

目前，我国正面临土壤农药和重金属污染、水体富营养化、大气污染、野生资源破坏、水土流失和草场退化等一系列严峻的环境问题，而有机农业恰好为环境保护和农业发展提供了一条双赢之路。积极发展有机农业是尊重自然生态规律、促进我国农业可持续发展的内在要求。更重要的是，我国是农业大国，传统农业生产经验丰富，特别是在立体种植、循环农业、有机肥堆制等方面更加具有先天优势，非常适合发展有机农业。

## 1.2 有机食品①

依据 GB/T 19630—2019 中的术语定义，有机产品是指有机生产、有机加工的供人类消费、动物食用的产品。有机食品是有机产品的重要形式。FAO 对有机食品定义如下：有机食品是按照有机农业的标准生产的。对于作物来讲，它们是建立在一种维持、补充土壤肥力和作物健康的农业系统基础上的，该系统不使用传统杀虫剂、人工肥料、人类粪便或污水污泥，而且它们的加工不使用电离辐射技术或食品添加剂。对于动物来说，这意味着它们在饲养时没有常规使用抗生素，也没有使用生长激素。有机食品不能经过转基因改造，产品通常由国际或国家层面认可的第三方认证机构认证，认证是根据食品销售国家的标准进行的。经过认证的有机食品将获得认证机构的有机标签，继而进入流通市场。随着 2017 年中央一号文件的出台实施，有机食品产业已成为引领绿色发展、生态发展、转型发展的新兴产业，我国有机食品产业进入了黄金发展期。2015—2019 年，代表有机产品供给的有机产品证书发放量的年均增长率为 13.76%，2020 年我国有机产品认证证书发放总量达到 21 094 张，有机认证企业达到 13 583 家。供给端发展态势良好。同时，代表有机产品销售

① 本部分数据来源：国家认证认可监督管理委员会微信公众号. 中国有机产品认证与有机产业发展[R/OL].（2021-09-15）. https：//mp.weixin.qq.com/s/-P7W2RIOV6-C-kqpjZUZ5A.

的有机码数量也呈现较快速的增长，2019 年，我国有机码备案数量为 21.2 亿枚。总体而言，有机产品呈现出产销两旺的趋势。

目前，我国的有机食品的种类主要包括粮食、蔬菜、水产品、肉制品、蜂蜜、乳制品、茶、调味品等。2020 年国内获得认证的有机作物种植面积 243.5 万 $hm^2$，有机作物总产值 1 502.2 万 t；野生采集总生产面积 165.2 万 $hm^2$，野生采集总产量 53.1 万 t；有机畜禽及其动物产品 326.9 万 t，有机水产品 55.3 万 t。

2019 年，我国有机产品估算销售额 678.21 亿元，其中加工产品的销售额为 633.73 亿元，较 2018 年增加了 64.42 亿元，约占我国有机产品总销售额的 93%，包括牛奶和奶制品及红葡萄酒，特别是在有机婴幼儿配方奶粉方面销售额较大；植物类产品排在第二位，销售额为 34.27 亿元，较 2018 年增加了 10 亿元，占比仅为 5%。

2020 年有机加工食品证书发放数为 5 079 张，获证企业数为 4 669 家；其中粮食加工品获证数最多，为 2 207 张。有机加工食品总产量为 479.8 万 t，其中粮食加工品、乳制品和饲料的加工量位列前三，三者之和占有机加工食品总产量的 61.9%。有机产品码发放数为 27.02 亿枚（境内 26.3 亿枚，境外 0.72 亿枚），发放数最多的有机产品为灭菌乳（18.59 亿枚，占 69%）。有机产品码发放境内排名前三的省（区）为内蒙古、黑龙江和贵州。

2013—2019 年，有机食品行业市场规模由 279.8 亿元增加至 678.21 亿元，年复合增长率为 15.9%。2020 年我国有机产品估算的销售额为 804.3 亿元，其中境内 701 亿元，按产品类型，排名前三者分别为加工品类 646.15 亿元、植物农产品类 46.76 亿元、畜禽农产品类 4.92 亿元；境外 103.3 亿元，按产品类型，排名前三者分别为婴配乳粉 766 793 万元、调制乳粉 83 252 万元、婴幼儿谷物辅助食品 72 967 万元。2020 年我国发放有机产品标志 27 亿枚，有机产品总核销量 99.9 万 t。未来，在国家宏观政策扶持、农村电商的带动、消费者对食品质量的要求不断提高等利好的环境下，我国有机食品的市场规模将继续保持稳定增长的态势。

## 2 有机食品加工的要求

有机产品加工指主要使用有机配料，加工过程中不采用基因工程获得的生物及其产物，尽可能减少使用化学合成的添加剂、加工助剂、染料等投入品。最大限度地保持产品的营养成分和（或）原有属性的一种加工方式。有机食品是有机产品最重要的形式，有机食品加工应满足有机产品加工的所有要求。

有机产品加工的基本要求如下：

1）主要使用有机配料，尽可能减少使用常规配料，有法律法规要求的情况除外；

2）加工过程应最大限度地保持产品的营养成分和（或）原有属性；

3）有机产品加工及其后续过程在空间或时间上与常规产品加工及其后续过程分开。

建设有机产品加工厂的要求包括：选址及厂区环境、设施与设备、卫生管理、虫害控制、废物处理等，有机食品加工厂具体应符合《食品安全国家标准　食品生产通用卫生规范》（GB 14881—2013）的要求，其他有机产品加工厂应符合国家及行业部门的有关规定。有机产品加工应考虑不对环境产生负面影响或将负面影响减少到最低。

## 2.1 配料要求

依据 GB/T 19630—2019，有机食品中的配料应满足以下条件：

1）有机配料所占的质量或体积不应少于配料总量的 95%。

2）应使用有机配料。当有机配料无法满足需求时，可使用常规配料，其比例应不大于配料总量的 5%，且应优先使用农业来源的。

3）同一种配料不应同时含有有机和常规成分。

4）作为配料的水和食用盐应分别符合《生活饮用水卫生标准》（GB 5749）和《食品安全国家标准　食用盐》（GB 2721）的要求，且不计入 1）所要求的配料中。

**案例：**在计算过程中，要特别注意的是，一些由浓缩物加入水或其他物质重新组合制成的液体食品，只计算除水以外的配料和浓缩物的有机百分比。例如，生产一种有机果汁饮品：生产者将 13 t 有机浓缩樱桃汁、7 t 有机浓缩苹果汁、1 t 常规白糖、79 t 的水按照工艺流程，混合加工成终产品，那么该产品的有机配料百分比只计算有机浓缩樱桃汁、有机浓缩苹果汁和常规白糖三种原料中的有机配料的百分比，即该有机果汁饮品中有机配料的百分比为（13+7）/（13+7+1）=95.2%，根据标准要求，将结果向下取整后，有机配料的百分比应确定为 95%，符合有机产品认证的要求。但如果计算的结果显示有机配料的百分比是 94.9%，则根据标准规定，该产品的有机配料比例向下取整后只能确定为 94%，不能被认证为有机产品。

5）食品加工中使用的食品添加剂和加工助剂应符合 GB/T 19630—2019 中表 E.1 和表 E.2 的要求。使用条件应符合《食品安全国家标准　食品添加剂使用标准》（GB 2760）的规定。使用 GB/T 19630—2019 中表 E.1 和表 E.2 以外的食品添加剂和加工助剂时，应参见 GB/T 19630—2019 中附录 G 对其进行评估。

6）食品加工中使用的调味品、微生物制品及酶制剂和其他配料应分别满足 GB/T 19630—2019 中 E.4、E.5 和 E.6 的要求（适用时）。

7）不应使用来自转基因的配料、添加剂和加工助剂。

## 2.2 工艺要求

宜采用机械、冷冻、加热、微波、烟熏等处理方法及微生物发酵工艺。采用提取、浓缩、沉淀和过滤工艺时，提取溶剂仅限于水、乙醇、动植物油、醋、二氧化碳、氮或羧酸，在提取和浓缩工艺中不应添加其他化学试剂。应采取必要的措施，防止有机产品与常规产品混杂或被禁用物质污染。在加工和储藏过程中不应采用辐照处理。不应使用石棉过滤材料或可能被有害物质渗透的过滤材料。

## 2.3 厂房有害生物防治要求

应优先采取以下管理措施来预防有害生物的发生：

1）消除有害生物的孳生条件；

2）防止有害生物接触加工和处理设备；

3）通过对温度、湿度、光照、空气等环境因素的控制，防止有害生物的繁殖。

可使用机械类、信息素类、气味类、黏着性的捕害工具、物理障碍、硅藻土、声光电器具等设施或材料防治有害生物。可使用蒸汽，必要时使用 GB/T 19630—2019 中表 E.3

列出的清洁剂和消毒剂。在加工或储藏场所遭受有害生物严重侵袭的紧急情况下，宜使用中草药进行喷雾和熏蒸处理；不应使用硫黄熏蒸。

## 2.4 包装要求

宜使用由木、竹、植物茎叶和纸制成的包装材料。食品原料及产品应使用食品级包装材料。原料和产品的包装应符合《限制商品过度包装要求　食品和化妆品》（GB 23350）的要求，并应考虑包装材料的生物降解和回收利用。使用包装填充剂时，宜使用二氧化碳、氮等物质。不应使用含有合成杀菌剂、防腐剂和熏蒸剂的包装材料。不应使用接触过禁用物质的包装袋或容器盛装有机产品及其原料。

## 2.5 储藏要求

储藏产品的仓库应干净，无虫害，无有害物质残留。有机产品在储藏过程中不应受到其他物质的污染。除常温储藏外，可采用储藏室空气调控、温度控制、湿度调节的方法。有机产品及其包装材料、配料等应单独存放。若不得不与常规产品及其包装材料、配料等共同存放，应在仓库内划出特定区域，并采取必要的措施确保有机产品不与其他产品及其包装材料、配料等混放。

## 2.6 管理体系要求

有机产品生产者、有机产品加工者、有机产品经营者（简称有机产品生产、加工、经营者）应有合法的土地使用权和（或）合法的经营证明文件。有机产品生产、加工、经营者应按国家标准的要求建立和保持管理体系，该管理体系应形成 GB/T 19630—2019 中 7.2 要求的系列文件，并加以实施和保持。

### 2.6.1 文件要求

管理体系所要求的文件应是最新有效的，应确保在使用时可获得适用文件的有效版本。

管理体系的文件应包括：生产单元或加工、经营等场所的位置图、管理手册、操作规程、记录。

（1）生产单元或加工、经营等场所的位置图

应按比例绘制生产单元或加工、经营等场所的位置图，至少标明以下内容：

1）种植区域的地块分布，野生采集区域、水产养殖区域、蜂场及蜂箱的分布，畜禽养殖场及其牧草场、自由活动区、自由放牧区、粪便处理场所的分布，加工、经营区的分布；

2）河流、水井和其他水源；

3）相邻土地及边界土地的利用情况；

4）畜禽检疫隔离区域；

5）加工、包装车间、仓库及相关设备的分布；

6）生产单元内能够表明该单元特征的主要标示物。

（2）管理手册

应编制和保存管理手册，该手册至少应包括以下内容：

1）有机产品生产、加工、经营者的简介；

2）有机产品生产、加工、经营者的管理方针和目标；
3）管理组织机构图及其相关岗位的责任和权限；
4）有机标识的管理；
5）可追溯体系与产品召回；
6）内部检查；
7）文件和记录管理；
8）客户投诉的处理；
9）持续改进体系。

（3）操作规程

应制定并实施操作规程，操作规程中至少应包括：

1）作物种植、食用菌栽培、野生采集、畜禽养殖、水产养殖/捕捞、蜜蜂养殖、产品加工等技术规程；
2）防止有机产品受禁用物质污染所采取的预防措施；
3）防止有机产品与常规产品混杂所采取的措施（必要时）；
4）植物产品、食用菌收获规程及收获、采集后运输、储藏等环节的操作规程；
5）动物产品的屠宰、捕捞、提取、运输及储藏等环节的操作规程；
6）加工产品的运输、储藏等各道工序的操作规程；
7）运输工具、机械设备及仓储设施的维护、清洁规程；
8）加工厂卫生管理与有害生物控制规程；
9）标签及生产批号的管理规程：
10）员工福利和劳动保护规程。

（4）记录

有机产品生产、加工、经营者应建立并保持记录。记录应清晰准确，为有机生产、有机加工、经营活动提供有效证据。记录至少保存 5 年并应包括但不限于以下内容：

1）加工记录，包括原料购买、入库、加工过程、包装、标识、储藏、出库、运输记录等；
2）加工厂有害生物防治记录和加工、储存、运输设施清洁记录；
3）销售记录及有机标识的使用管理记录；
4）培训记录。

### 2.6.2 资源管理

有机产品生产、加工、经营者应具备与其规模和技术相适应的资源。

应配备有机生产、加工、经营的管理者并具备以下条件：

1）本单位的主要负责人之一；
2）了解国家相关的法律、法规及相关要求；
3）了解国家标准 GB/T 19630—2019 的要求；
4）具备农业生产和（或）加工、经营的技术知识或经验；
5）熟悉所在单位的管理体系及生产和（或）加工、经营过程。

应建立内部检查制度。以保证管理体系及有机生产、有机加工过程符合 GB/T 19630—2019 的要求。内部检查应由内部检查员来承担，每年至少进行一次内部检查。

应配备内部检查员并具备以下条件：

1）了解国家相关的法律、法规及相关要求；

2）相对独立于被检查对象；

3）熟悉并掌握 GB/T 19630—2019 的要求；

4）具备农业生产和（或）加工、经营的技术知识或经验；

5）熟悉所在单位的管理体系及生产和（或）加工、经营过程。

内部检查员的职责是：

1）按照 GB/T 19630—2019 对本企业的管理体系进行检查，并对违反该标准的内容提出修改意见；

2）按照 GB/T 19630—2019 的要求，对所在企业生产、加工过程实施内部检查，并形成记录；

3）配合认证机构的检查和认证。

### 2.6.3 可追溯体系与产品召回

有机生产、加工、经营者应建立完善的可追溯体系，保持可追溯的生产全过程的详细记录（如地块图、农事活动记录、加工记录、仓储记录、出入库记录、销售记录等）以及可跟踪的生产批号系统。

有机生产、加工、经营者应建立和保持有效的产品召回制度，包括产品召回的条件、召回产品的处理、采取的纠正措施、产品召回的演练等，并保留产品召回过程中的全部记录，包括召回、通知、补救、原因、处理等。

### 2.6.4 投诉

有机生产、加工、经营者应建立和保持有效的处理客户投诉的程序，并保留投诉处理全过程的记录，包括投诉的接受、登记、确认、调查、跟踪、反馈。

### 2.6.5 持续改进

有机生产、加工、经营者应持续改进其管理体系的有效性，促进有机生产、加工和经营的健康发展。以消除不符合或潜在不符合有机生产、有机加工和经营的因素。有机生产、加工和经营者应：

1）确定不符合因素的原因；

2）评价确保不符合因素不再发生的措施；

3）确定和实施所需的措施；

4）记录所采取措施的结果；

5）评审所采取的纠正或预防措施。

## 思考题

1．有人说“有机产品就是有机食品，有机食品就是有机产品”，请辨析之。

2．有机农业的特征有哪些？

3．在有机食品加工过程中，食品配料要求有哪些？

# 项目一　有机粮油及粮油制品加工技术

本项目主要介绍了有机粮油及粮油制品加工技术，产品包括有机面粉、有机大米、有机食用油、有机杂粮、有机挂面、有机面包、有机饼干、有机糕点、有机休闲食品、有机调味品等，重点讲解这些产品的加工原理、工艺流程、操作要点、实例实训等。

## 任务 1　有机面粉的加工

### 1　知识准备

小麦是世界上主要的粮食作物之一。世界上 30%～40%的人口以小麦为主要粮食。我国小麦种植范围分布很广，生长地域差别很大，不同条件下生长的各种不同品种的小麦，其外表和特性都有着很大的差异。2015 年以后，河南、黑龙江、新疆等地已经有不少农场进行了有机小麦的种植与认证。

按照国家标准《小麦》（GB 1351—2023）的规定，我国小麦分为五类：

1）硬质白小麦：种皮为白色或黄白色的籽粒不低于 90%，小麦硬度指数不低于 60 的小麦。

2）软质白小麦：种皮为白色或黄白色的籽粒不低于 90%，小麦硬度指数不高于 45 的小麦。

3）硬质红小麦：种皮为深红色或红褐色的籽粒不低于 90%，小麦硬度指数不低于 60 的小麦。

4）软质红小麦：种皮为深红色或红褐色的籽粒不低于 90%，小麦硬度指数不高于 45 的小麦。

5）混合小麦：不符合 1）～4）规定的小麦。

各类小麦按不同品质分为 6 个等级。容重为定等指标。一级小麦的质量要求为：容重≥790 g/L，杂质总量≤1.0%（其中无机杂质≤0.5%）水分≤12.5%，不完善粒≤6.0%。容重每降低 20 g/L，则等级降低一级。不完善粒（%）为辅助定等指标。当容重小于 710 g/L 时，小麦为等外品。

### 2　小麦加工前的预处理

小麦制粉一般都需要通过清理和制粉两大流程。将各种清理设备（如初清、毛麦清理、润麦、净麦等）合理地组合在一起，构成清理流程，称为麦路。清理后的小麦通过研磨、筛理、清粉、打麸等工序，形成制粉工艺的全过程，称为粉路。

### 2.1 小麦的清理流程

由于目前技术条件的限制，小麦在生长、收割、储存、运输等过程中都会有杂质混入。因此，在制粉前必须将小麦进行清理，把小麦中的各种杂质彻底清除干净，这样才能保证面粉的质量。小麦清理的基本原理是利用杂质不同的物理性能进行分离，去除杂质。分离的基本依据是磁性、在空气中的悬浮速度、密度、颗粒大小、形状、内部的强度和颜色等。

小麦清理常用的方法有风选法（空气动力学特性的不同）、筛选法（粒径不同）、精选法（形状和长度的不同）、相对密度分选法（密度的不同）、磁选法（磁性的不同）等。

依据入磨净麦质量标准、原料麦的质量、工厂规模和制粉种类制定小麦清理流程。

小麦清理的一般流程：毛麦筛选→去石→精选→磁选→打麦→筛选→着水润麦（简称润麦）→磁选→打麦→筛选→磁选→净麦。

清理流程中各工序的目的与设备见表1。

表1 清理流程中各工序的目的与设备

| 清理工序 | 目的 | 设备 |
|---|---|---|
| 筛选 | 清理大杂质和小杂质，以尽量减少灰尘对车间的污染，保证各种设备的正常运转，防止设备和管道堵塞 | 初清筛、自衡振动筛、平面回转筛 |
| 去石 | 去除混杂的石子，避免对设备的磨损和可能发生的火花，影响安全生产 | 去石洗麦机、比重去石机和重力分级机 |
| 精选 | 分离荞麦、大麦、燕麦等杂粮粒 | 滚筒精选机、碟片精选机 |
| 磁选 | 避免金属杂质对设备损坏，尤其在高速旋转的设备内受打击摩擦而产生火花，引起火灾 | 永磁滚筒、电磁滚筒、磁铁 |
| 打麦 | 清除麦粒表面和腹沟内的泥污和灰尘，去麦毛，打碎土块、虫蚀麦粒 | 打麦机 |
| 润麦 | 调节小麦水分，增加麦皮韧性，降低麦皮与胚乳间连接，利于碾磨。润麦时间为20～30 h，润麦后小麦水分控制在14%～15% | 去石洗麦机、螺旋着水机、强力着水机 |

润麦是小麦加工前关键的一个工序，详细介绍见“2.2 小麦的润麦”。

净麦入磨的验收标准：尘芥杂质不超过 0.3%，粮谷杂质不超过0.5%，砂石不超过0.015%，不含磁性金属物。

### 2.2 小麦的润麦

润麦又叫水分调节，在小麦清理后，利用加水和经过一定的润麦时间，使小麦的水分重新调整，改善其物理化学和制粉工艺性能，以获得更好的制粉工艺效果。工艺效果：①使入磨小麦有适宜的水分，以适应制粉工艺的要求；②保证面粉水分符合国家标准；③使入磨小麦有适宜的制粉性能。

## 3 小麦的研磨、筛理、清粉

### 3.1 研磨与研磨设备

小麦制粉的任务是使用磨粉机将小麦破碎，刮尽麸皮上的胚乳，将胚乳研磨成面粉，分离出混在面粉中的麸屑。制粉示意如图1所示。

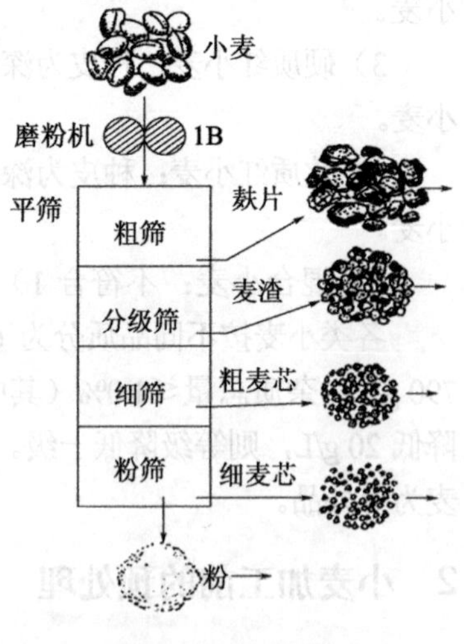

图1 制粉示意

制作面粉的方法一般是剥皮制粉，多采用破碎麦粒、逐渐研磨、多道筛理的方式来分离麸皮和胚乳。因此研磨是多层次的，相对应的筛分也是多层次的。在这多层次的过程当中，必定会出现几种过渡的物料，称为在制品。具体包括：①麸片，带有不同程度胚乳的麦皮；②麦渣，带有麦皮的较大的胚乳颗粒；③粗麦芯，混有麦皮的较小的胚乳颗粒；④细麦芯，混有麦皮的更小的胚乳颗粒；⑤粗粉，加工特质粉时的制品，较纯的粉粒。

针对上述物料，小麦制粉过程所用的磨可分为皮磨、心磨和渣磨等，后期筛分配套有不同粗细度筛网的筛。

目前，我国面粉企业所用磨粉机基本上为复式磨粉机，即一台磨粉机有两对以上的磨辊，称为辊式磨粉机，如图 2 所示。辊式磨粉机主要由磨辊、机身、喂料机构、控制系统（轧距调节机构）、传动机构、吸风装置、磨辊清理机构和出料系统组成。动力控制方式多为气压式。磨辊是辊式磨粉机的最重要工作部件。工作时，两根磨辊相向不等速转动。工作中磨辊要承受很大的径向压力，并且表面与物料产生强烈的摩擦作用。所以，磨辊表面要有足够的硬度和强度，以及良好的导热性能。

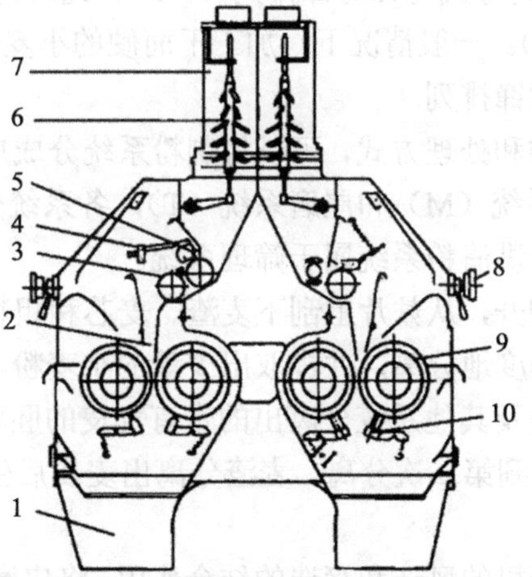




1—机座；2—导料板；3—喂料辊；4—喂料门传感器；5—喂料活门；
6—存料传感器；7—存料筒；8—磨辊轧距调节手轮；9—磨辊；10—刷子或刮刀

**图 2　气压辊式磨粉机结构示意**

资料来源：田建珍，温纪平. 小麦加工工艺与设备[M]. 北京：科学出版社，2011。

磨辊可以依据表面特性不同分为齿辊、光辊两种。齿辊是在圆柱面上用拉丝刀切削成磨齿，用于破碎谷物，剥刮麸片上的胚乳。光辊则经磨光后用喷砂处理，得到绒状的微粗糙表面，用于磨制高等级面粉时的心磨系统，将胚乳粒磨细成粉和处理细小的连粉麸屑。

光辊的表面加工成无泽面，具有无光、银灰色或霜白色的外观，抚摸时有稍微粗糙的感觉。稍微粗糙的表面使磨辊可以抓住和研磨物料，以达到应有的研磨效果。光辊研磨物料以压力为主，剪切力较小，因此破碎程度低，剥刮能力差，物料流量小，动力消耗高，物料易压成片状，影响筛理效果，但它具有保证麸皮完整的优点。因此同种物料用光辊时麸皮不易切碎，所得面粉粉色好，灰分低，在研磨物料含胚乳不多的情况下，也能提取出质量较好的面粉。心磨系统全部采用光辊，能够提取出数量较多的高质量面粉。一般前路心磨采用齿辊，后路心磨采用光辊。

齿辊表面经拉丝形成磨齿，剪切力大，挤压力小。齿辊与物料的接触面小，仅在于齿顶，作用力集中，压强大，所以在磨辊径向压力相同的条件下，能够获得更好的破碎效果，使物料在压力不大的情况下得到破碎，避免了光辊靠压力把胚乳碾压成片状、不利于筛理的缺点。齿辊具有动力省、研磨效果强、磨出物料疏松等优点。

齿辊的几个工艺参数概念如下：

1）磨辊的转速及转速差。两只磨辊的转速不同，分为快辊和慢辊，其速比一般为2.5∶1。

2）磨辊的齿数。齿数是指磨辊表面每厘米圆周长度内磨齿的数目。齿数越多，研磨作用越强，物料粉碎越细。皮磨稀，心磨密；前路稀，后路密。

3）齿角。物料的研磨效果，受齿角大小的影响。齿角越小，破碎作用越大。研磨效果还受前角大小的影响，前角是快辊磨齿与物料接触，并对物料进行粉碎作用的锋角和钝角，具体与磨齿的排列有关。

4）磨齿的斜度。斜度大，物料被剪切的作用强，粉碎作用增强。

5）磨齿的排列。磨齿的排列方式有锋对锋排列（F-F）、钝对钝排列（D-D）、锋对钝排列（F-D）、钝对锋排列（D-F）。一般情况下，加工干而硬的小麦时，采用钝对钝排列；加工湿而软的小麦时，采用锋对锋排列。

按照生产顺序中物料的种类和处理方式，可以将制粉系统分成皮磨系统（B）、渣磨系统（S）、清粉系统（P）、心磨系统（M）和尾磨系统（T），各系统分别处理不同的物料，并完成各自不同的功能，严格来讲清粉系统属于筛理系统。

皮磨系统的作用是将麦粒剥开，从麸片上刮下麦渣、麦芯和粗粉，并保持麸片不过分破碎，以便使胚乳和麦皮最大程度地分离，并提取出少量的小麦粉。

渣磨系统的作用是处理皮磨及其他系统分离出的带有麦皮的胚乳颗粒——麦渣，通过渣磨系统，可以使麦皮和胚乳得到第二次分离。麦渣分离出麦皮后生成质量较好的麦芯和粗粉，送入心磨系统磨制成粉。

清粉系统的作用是利用清粉机的风选和筛选的结合作用，将皮磨、渣磨提取出的麦渣、麦芯和硬粗粉进行精选，按质量分出麦皮、连有麦皮的胚乳和纯胚乳粒，将分出的纯净麦芯送往心磨系统，麦渣送往渣磨系统，小麦片送往尾磨系统或细皮磨系统分别处理。这样就可以避免麸心混入面粉，提高好粉出粉率。

心磨系统的作用是将皮磨、渣磨、清粉系统提取出的麦芯和粗粉研磨成具有一定细度的面粉。

尾磨系统位于心磨系统的中后段，其作用是专门处理含有麸屑、质量较次的麦芯，从中提取出面粉。

## 3.2 筛理与筛理设备

筛理是小麦经过磨粉机隧道研磨以后，获得颗粒大小不同及质量有差别的混合物，将这些混合物利用筛理设备按其粒度进行分级的工序。

筛理设备最常见的为高方平筛。经过磨粉机后的各种物料进入高方平筛，一般自上而下，平筛内设置若干层筛格，筛格里安置不同的筛。高方平筛是用于粮食加工厂对研磨或粉碎后的物料进行筛理分级的主机设备，结构如图3所示，目前通常有4仓、6仓和8仓三种类型，每个仓内叠置 16～28 层筛格，按一定工艺要求组成独立工作的筛路。筛体由两组筛箱和传动部分通过横梁和螺栓连接组成，由四组吊杆悬吊，内置电机驱动偏重块使筛体产生自衡平面回转运动，运动直径 60～90 mm，速度 190～280 r/min。进入筛仓的物料在每个筛格的筛面上呈相对圆周运动，按粒度大小实现筛分分级。可以分选出麸皮、大渣、细渣、心粒和粉。

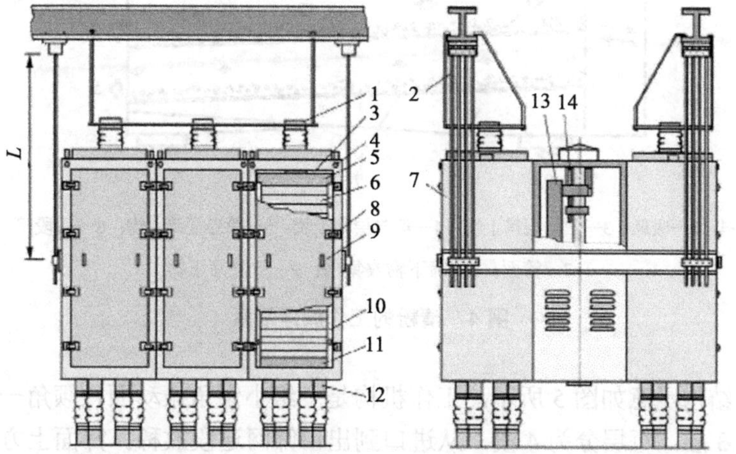


1—进料筒；2—吊杆；3—筛仓；4—顶格压紧机构；5—顶格；6—筛格；7—筛箱；8—仓门压紧装置；9—仓门；10—筛格水平压条；11—筛底格；12—物料出口；13—偏重块；14—电机

**图 3　高方平筛的结构示意**

资料来源：张雪. 粮油食品工艺学[M]. 北京：中国轻工业出版社，2017。

## 3.3　清粉与清粉机

在生产高等级面粉时，为了减少面粉中麸皮的含量，提高面粉质量，可在碾磨和筛理过程中安排清粉工序。清粉是在物料进入心磨磨制面粉前，通过吸风与筛理作用将碎麸皮、连粉麸与麦芯分开，得到纯净麦芯。其工作原理示意如图 4 所示。清粉利用筛分、振动抛掷和风选的联合作用，将粗粒、粗粉混合物分级。清粉机筛面在振动电机的作用下做往复抛掷运动，落在筛面上的物料被抛掷向前，气流自下而上（图 4 中黑色箭头方向）穿过筛面、料层，对抛掷散开的物料产生一股向上的、与重力相反的作用力，使物料在向前推进的过程中自下而上按以下顺序自动分层：小的纯胚乳颗粒、大的纯胚乳颗粒、较小的混合颗粒、大的混合颗粒、含有少量胚乳的麦皮及较轻的麦皮。各层间无明显界线，尤其大的纯胚乳颗粒与较小的混合颗粒之间区别更小。选取合适的气流速度，使较轻的颗粒处于悬浮和半悬浮状态，较重的颗粒接触筛面，再通过配置适当的筛孔，使纯胚乳颗粒成为筛下物，混合颗粒成为后段筛下物与下层筛上物，麦皮混合物则成为上层筛上物。即清粉工序让物料在多层筛面上逐层分级，逐层逐段分选，使得下层筛上物的平均品质较上层好，而同层筛面前段的物料较后段好。

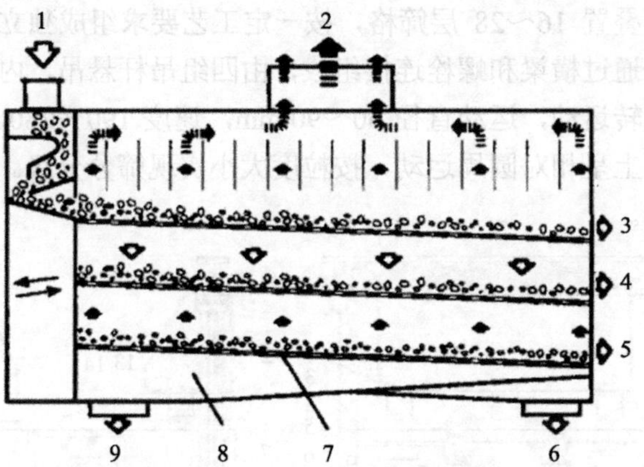


1—进料；2—吸风；3—第一层筛上物；4—第二层筛上物；5—第三层筛上物；6—后段筛下物；
7—筛面；8—筛下物收集槽；9—前段筛下物

**图 4　清粉的工作原理示意**

清粉机的结构示意如图 5 所示，工作机构是一组小倾角振动面，倾角一般为 1°～2°，筛面为 2 层或 3 层，每层分为 4 段，从进口到出口筛网逐段放稀。筛面上方设有吸风道，气流自下而上穿过筛面及筛上物料。

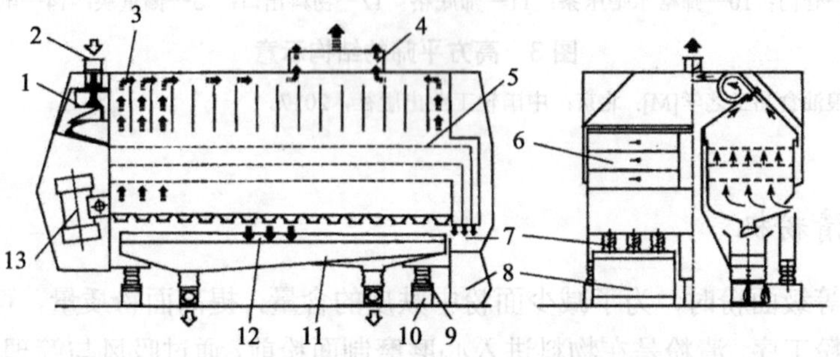


1—喂料机构；2—进料口；3—吸风室；4—总风管；5—筛面；6—筛上物出口；7—筛上物出料调节箱；
8—方钢立柱；9—机座；10—集料输送槽；11—筛下物出口；12—振动电机；13—中空橡胶弹簧

**图 5　清粉机结构示意**

资料来源：田建珍，温纪平．小麦加工工艺与设备[M]．北京：科学出版社，2011。

清粉机主要由筛格和吸风装置组成，筛格配以不同规格的筛绢。工作时，筛格振动，分离物料并抖松筛上物料，增加吸风清理效率。气流从筛绢下部向上，将物料中的细小麸皮及连粉麸吹起，进入不同的收集器。

## 3.4　其他配套设备

小麦制粉流程中其他可能会用到的设备有松粉机、打麸机和刷麸机。采用光辊碾磨时，会形成团块儿。后期不好筛理，需要使用松粉机处理，击碎粉片或粉块。刷麸、打麸是利用旋转的毛刷或打板，把黏附在皮上的粉粒分离下来，并使其穿过筛孔成为筛出物而麸皮则留在筛内。刷麸、打麸工序是在皮磨系统尾部处理麸皮的最后一道工序。

打麸机主要由打板转子、筒体、箱形机壳、可调挡板机构和传动机构等组成，其结构如图 6 所示。打板转子支架上装有 4 块打板，打板上的长圆孔可以调节打板与筛筒的工作间隙。钉板的外沿为锯齿形，且每齿扭转 12°～15°，用以打击并轴向推进物料。由于打板转子的快速旋转，其离心力迫使分离的麸粉穿过筛孔。工作圆筒由后墙板、顶板、缓冲板及半圆多棱筛面组成，其中筛面与垂直面成 45°装置。筛面呈八棱多边形，材质为不锈钢板，厚度为 0.5～0.8 mm，筛孔直径有 0.7 mm、1.0 mm、1.2 mm 三种规格。多边形的工作圆筒可阻滞麸片随打板转子连续旋转，延长物料在机体内的停留时间，保持打击强度。机壳顶部沿机体轴线方向设置有 7～9 块挡板，挡板角度在左右旋向 45°范围内可调，以改变物料在机内的停留时间，改变打击效果。

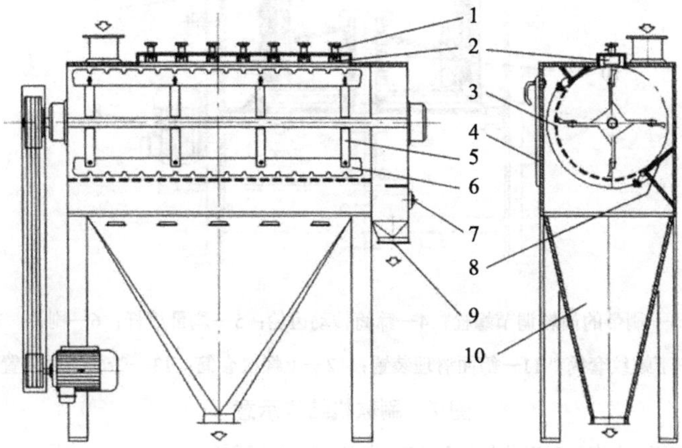


1—挡板固定手轮；2—可调挡板；3—半圆多棱筛面；4—检查门；5—打板转子支架；

6—锯齿形可调打板；7—取样门；8—缓存板；9—麸片（皮）出口；10—麸粉出口

**图 6　卧式打麸机结构示意**

资料来源：田建珍，温纪平. 小麦加工工艺与设备[M]. 北京：科学出版社，2011。

刷麸机的主要工作机构为一快速旋转的立式刷帚转子与一慢速同向旋转的筛筒。物料落入刷帚转子上端的圆盘上，在离心力的作用下甩向筛筒，在筛筒与刷帚的间隙中下落并受到刷帚的刷理，将黏附在麸片上的细小粉粒刷下，穿过筛孔成为麸粉，而麸片则留在筛筒之内，从下方出料口排出。刷麸机与打麸机相比较，打击力度较弱，用于处理麸片的最后一道工序，以降低麸皮的含粉率。

刷麸机主要由刷帚转子、机架、筛筒、刷帚调节机构、传动机构、筛面清理装置等组成，其结构如图 7 所示。

刷麸机的刷帚转子由 6 根立式长条刷帚与上、下圆盘组成。刷帚撑杆的收拢与撑开可以改变刷帚的转子直径，从而调节刷帚毛与筛筒的距离。调节时，刷帚的齿轮调节螺栓（图 7 中的 3），通过其下方齿轮组的传动，带动上螺纹套筒（图 7 中的 12）与下螺纹套筒（图 7 中的 10）一起转动，使撑杆螺母与螺纹套筒产生相对位移。由于上、下螺纹套筒的旋向相反，故上、下刷帚撑杆得以同时收拢或撑开。电动机通过三角带传动，带动刷帚转子旋转。筛筒则通过主轴上部的平皮带轮及两组齿轮减速传动，方与刷帚转子同向转动，转动得很缓慢。

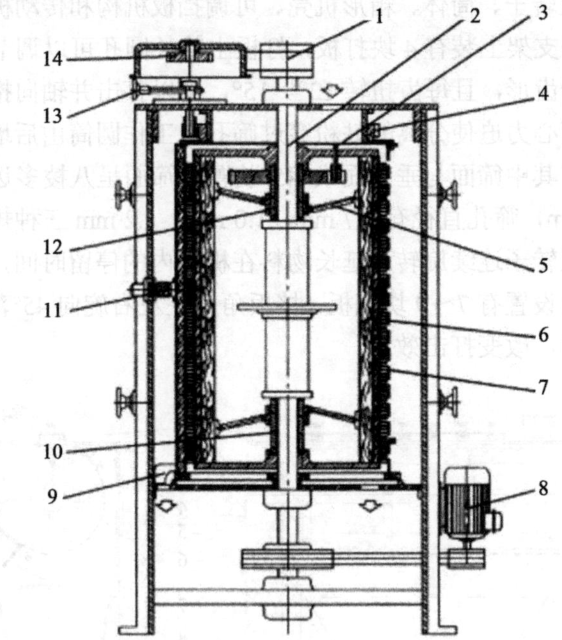


1—皮带轮；2—主轴；3—刷帚的齿轮调节螺栓；4—筛筒传动齿轮；5—刷帚撑杆；6—刷帚；7—筛筒；8—电机；9—刮板；10—下螺纹套筒；11—筛面清理装置；12—上螺纹套筒；13—带轮调节装置；14—齿轮

**图 7 刷麸机结构示意**

资料来源：田建珍，温纪平. 小麦加工工艺与设备[M]. 北京：科学出版社，2011。

刷麸机机架由 4 根支柱组成，上下与盖板和底板连接。在盖板上开有进料口及吸风口，底板上有两个排料孔，在底板与盖板之间装有 4 块可拆卸的圆弧形门，围成圆筒形的外壳。筛筒转子一般采用钢丝筛网。多通过弹簧压缩装置敲打筛框，使筛面振动，达到清理目的。

## 4 粉路的设计及实训案例

### 4.1 粉路的设计

粉路是制粉工艺流程的简称，包括研磨、筛理、清粉和刷麸等环节。粉路工作单元一般由研磨和筛理设备组成，二者通过气力输送设备连接，共同处理同一道系统的物料，标注相同的系统名称。图 8 所示为一皮（1B）工作单元，包括两部分：1B 研磨设备破碎剥刮物料，1B 筛理设备筛理分级物料。图示圆圈中有斜线的表示齿辊（无斜线的表示光辊）。2×800 表示该系统有 2 对 800 mm 长的磨辊；3.8 表示齿数，即每厘米磨辊圆周长度上有 3.8 牙；1∶10 表示磨齿斜度；2.5∶1 表示快辊与慢辊的速比；30°/60°表示磨齿齿型；1/4 代表研磨后的物料进入四仓式平筛的 1 仓；7-20W 代表 7 层 20 号钢丝筛网的筛面；6-40W 代表 6 层 40 号钢丝筛网的筛面；2B 表示

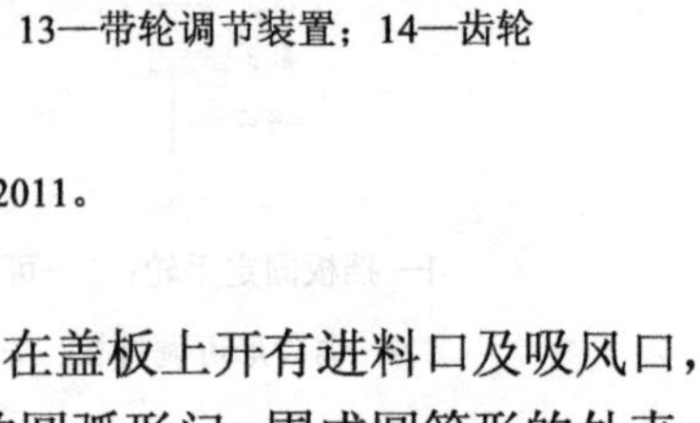


**图 8 粉路一皮（1B）工作单元示意**

二皮，即第二台皮磨机；1P 表示一清，即第一台清粉机；2P 表示二清，即第二台清粉机；6-70GG 代表 6 层 70 号特料筛网；5-12XX 代表 5 层 12 号双料筛网；DIV 代表再筛。分出的物料送至后续的工作单元进行处理。多个研磨筛理单元和清粉单元等组成整个粉路。

根据面粉精度要求的不同，磨粉所需粉路的配制和工艺的长短也不同。面粉加工精度越高，磨粉系统越长，工艺组成越复杂。按系统配制，目前磨粉粉路可分为 4 种。

1）连续出粉粉路。小麦在磨粉机中破碎、碾磨，然后筛出面粉后其余物料继续进行碾磨、筛分，反复进行，每次碾磨均筛出部分面粉，直到麦渣中面粉出完。此工艺简单，设备少，但面粉中麸屑含量高，面粉精度差；同时，麸皮中胚乳残留多，影响出粉率。此种设备多适用于农村，单机操作。

2）皮、心磨制粉粉路。整个制粉由皮磨、心磨两个系统组成。皮磨碾磨小麦和麸片（带皮胚乳），向心磨提供麦芯，出少量面粉；心磨碾磨麦芯，出大量面粉。此工艺可提高面粉生产效率、出粉率和面粉质量，但没有单独分离出带皮胚乳（麦渣），在一定程度上影响面粉精度。此粉路多为对面粉质量要求不高的中、小型面粉厂所用。

3）皮、渣、心分磨制粉粉路。整个制粉粉路由皮磨、渣磨、心磨三个系统组成，小麦皮磨粗破碎，被筛分为麸片、麦渣、麦芯，分别送入下级皮磨、渣磨和心磨。麦渣在渣磨中进行磨粉和提取麦芯。此粉路是生产标准粉和等级粉的方法之一。

4）皮、渣、心、尾分磨辅以清粉的制粉粉路。整个制粉粉路由皮磨、渣磨、清粉、心磨及尾磨等系统组成。小麦经皮磨碾磨后，被筛分为粗麸皮、细麸皮、麦渣、粗麦芯、细麦芯等物料，分别送入粗细皮磨、清粉机、渣磨及心磨，分类碾磨。为处理细麸屑还专门设置了尾磨系统。此粉路可对磨粉制品进行精细分级处理，极大地提高了面粉品质和出粉率，并且可根据各系统出粉的质量分类收集，为生产专用粉提供分类原料。

## 4.2 实训案例：日处理小麦 150 t 磨制标准粉的制粉流程

日处理小麦 150 t 磨制标准粉的制粉流程如图 9 所示，该制粉流程采用 4 皮 3 心的制粉工艺，包括 4 台磨粉机（1B～4B）、3 台 6 仓式挑担平筛（1M～3M）、3 台刷麸机（Br1、Br2 粗、Br2 细）。磨辊总接触长度为 669 cm，平筛总筛理面积为 99 $m^2$，磨粉机总平均流量为 220 kg/（cm·24 h），平筛总平均流量为 1.5 t/（$m^2$·24 h）。详情见表 2。该工艺加工混合小麦（软麦占 85%、硬麦占 15%），净麦水分 14%，容重 754 g/L，千粒重 37.8 g，灰分 1.6%。磨制标准粉时出粉率 83.6%，面粉灰分 0.97%。该制粉流程的磨粉机技术特性见表 3。

该制粉流程的特点如下所述：

1）采用 4 皮 3 心 3 道刷麸的制粉工艺，不用清粉机，全齿辊配置，工艺简单。

2）采用 2 皮刷麸，刷下麸片上松散的胚乳，以减轻后路皮磨的负荷量，缩短皮磨的道数。

3）在设备分配上，皮磨系统磨辊长度占较大比例，占磨辊总接触长度的 61.3%，皮磨系统平筛筛理面积占总面积的 61.4%。

4）1 皮磨采用中等的研磨压力，取粉率 18.6%，同时获得较多的麦芯（占 1 皮流量的 40.2%），供心磨研磨成粉。

5）为适应 1 皮有较高的流量，1 皮磨磨齿采用 4 牙/cm，磨辊为锋对锋排列。

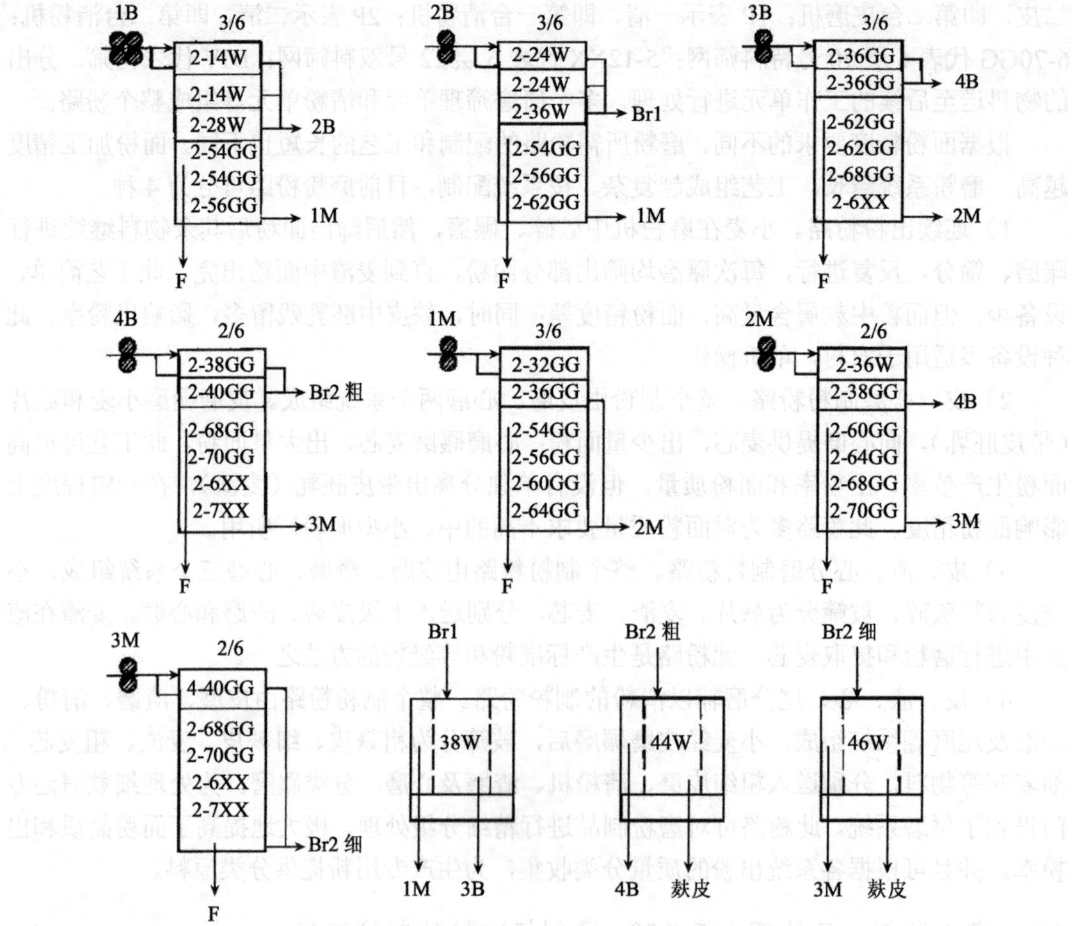


注：F 表示面粉。

**图 9　日处理小麦 150 t 磨制标准粉的制粉流程示意**

**表 2　各系统磨辊长度、筛理面积分配及流量**

| 系统 | 各系统 | | 磨粉机 | | | 平筛 | | | |
|---|---|---|---|---|---|---|---|---|---|
| | 占 1 皮百分比/% | 流量①/(t/24 h) | 长度/cm | 占总接触长度的百分比/% | 流量②/[kg/（cm·24 h）] | 仓数 | 筛理面积/m² | 占总筛理面积的百分比/% | 流量③/[t/（m²·24 h）] |
| 1 皮 | 100 | 148 | 152 | 22.7 | 975 | 3 | 16.5 | 16.67 | 9.0 |
| 2 皮 | 41.2 | 61.3 | 91 | 13.6 | 670 | 3 | 16.5 | 16.67 | 3.7 |
| 3 皮 | 17.5 | 26.0 | 91 | 13.6 | 280 | 3 | 16.5 | 16.67 | 1.6 |
| 4 皮 | 19.4 | 24.1 | 76 | 11.4 | 320 | 2 | 11 | 11.11 | 2.2 |
| 小计 | | | 410 | 61.3 | | 11 | 60.5 | 61.11 | |
| 1 心 | 45.2 | 67.2 | 91 | 13.6 | 735 | 3 | 16.5 | 16.67 | 4.1 |
| 2 心 | 21.3 | 31.5 | 91 | 13.6 | 350 | 2 | 11 | 11. 11 | 2.9 |
| 3 心 | 9.2 | 13.7 | 77 | 11.5 | 180 | 2 | 11 | 11.11 | 1.2 |
| 小计 | | | 259 | 38.7 | | 7 | 38.5 | 38.89 | |
| 合计 | | | 669 | 100 | | 18 | 99 | 100 | |

注：①指进入各系统的物料速度；②指单位时间单位磨辊的碾压能力；③指单位时间单位筛面的筛选能力。

表 3　磨粉机技术特性

| 系统 | 齿数/（牙/cm） | 齿角/（°） | 快辊转速/（r/min） | 速比 | 排列 | 斜度 |
| --- | --- | --- | --- | --- | --- | --- |
| 1 皮 | 4 | 35/65 | 620 | 2.4 | F-F | 1：8 |
| 2 皮 | 6.5 | 40/70 | 620 | 2.4 | F-F | 1：10 |
| 3 皮 | 8 | 35/65 | 620 | 2.4 | D-D | 1：10 |
| 4 皮 | 9.5 | 35/65 | 620 | 2.4 | D-D | 1：10 |
| 1 心 | 9 | 30/60 | 620 | 2.4 | D-D | 1：8 |
| 2 心 | 9.5 | 40/70 | 620 | 2.4 | F-F | 1：10 |
| 3 心 | 10.5 | 35/65 | 620 | 2.4 | D-D | 1：10 |

6）在生产操作上，2 皮磨取粉率（占本道流量）为 45%，3 皮磨取粉率为 21%，整个皮磨系统出粉率为 43.8%。在心磨系统，1 心磨取粉率（占本道流量）为 65.7%，2 心磨取粉率为 36%，3 心磨取粉率为 26%，整个心磨系统出粉率为 39.8%。

7）系统的粉筛筛网，在 1 皮平筛配置 54GG～56GG，以后各道逐渐加密，后路系统粉筛采用 68GG～7XX 提取标准粉。

8）4B 粗刷的刷麸粉入 4B、细刷的刷麸粉入 3M 都是不太合理的回路，如果粗、细刷的刷麸粉入 2M 筛，可避免或减少回路，效果会好一些。

## 5　小麦面粉的后处理

面粉后处理是现代制粉工业的重要环节，包括面粉的杀虫、熟化和混合、散装输送、储存、倒仓、配粉、打包等。面粉后处理工序是制粉行业进入专业化时代的标志。它的出现使面粉的生产更加稳定，更易操作，面粉专用性更强。

### 5.1　杀虫

现代化面粉厂均配备面粉撞击杀虫机，利用对面粉的撞击，来杀死小麦粉中各个虫期的害虫，延长安全储藏期。

### 5.2　熟化和混合

小麦胚乳含有叶黄素、类胡萝卜素等黄色素。所以，新制小麦粉略黄，经过 2～3 周储藏后，由于缓慢的空气氧化作用使色素破坏，面粉变白，同时筋力也因氧化而有所增强，这就是面粉氧化。现代化面粉厂常以人工方法加速面粉熟化，并调整面粉，使之作为各种面食原料。根据面粉中某些营养素的含量状况，也可加入维生素 B1、维生素 B2、叶酸和铁等人体需要的物质加以强化。强化时采用面粉混合机，将多种不同质量的面粉以及添加的微量物质混合均匀。卧式混合机因其混合效率高、卸料迅速，在制粉厂得到广泛应用。常用的卧式混合机有卧式环带混合机和双轴桨叶混合机。

### 5.3　配粉

优质的原粮小麦是生产专用小麦粉的基础，先进的制粉工艺是生产专用小麦粉的关键，而配粉则是生产专用小麦粉的重要手段。如果没有完善的配粉系统，就不可能生产出高精度、高品质的专用小麦粉。配粉是将几种单一品种的小麦分别加工，生产出不同精度、不同品种的基础粉，然后按照专用小麦粉的品质要求，特别是面团流变特性的要求，经过适当比例的配合，制成符合专用小麦粉质量要求的制粉过程。主要技术手段为：利用选择原麦与配麦、面粉空气分级和不同规格的面粉混合配制等手段，生产出专供某种食品使用的小麦粉，即各种专用粉。

## 思考题

1．小麦籽粒由哪几部分组成？结构特点是什么？

2．小麦清理都有哪些方法？

3．小麦磨粉前为什么要进行着水润麦？

4．小麦磨粉机磨辊表面构造是什么？为什么设计成不同规格的磨齿？

5．小麦制粉的粉路由哪几部分组成？

6．小麦面粉配粉的目的是什么？

7．为什么面粉厂以灰分含量作为评价产品在制品质量标准的主要项目？有什么缺陷？

8．为什么传统的小麦加工方式是磨制成粉，而不用碾米的方式进行去皮制粒？

9．清除小麦中的杂质，通常利用的除杂原理及方法有哪些？

10．试分析筛选设备清理出来的杂质中麦粒过多的原因有哪些？如何解决？

11．简述打麦机的工作原理。

12．在磨制等级粉时，在制品分为哪几类？各类物料粒度的大小如何（用筛网号数表示）？

13．心磨系统采用光辊和采用齿辊，对研磨效果各有什么影响？

14．皮磨齿角度为 35°/55°，分别采用钝对钝排列和锋对锋排列，在同等条件下，对制粉效果有什么区别？

15．在研磨过程中，为什么会产生物料粘在磨辊或轧成片状的现象？应如何解决？

# 任务 2　有机大米的加工

稻谷是我国重要的粮食作物之一，我国稻谷产量居世界首位，总产量约占全球稻谷产量的 1/3，我国粮食产量的 40%以上是稻谷。同时，我国又是世界上最大的大米消费国，稻谷加工得到的大米，既是我国 2/3 人口的主要食粮，又是食品工业的主要基础原料之一。此外，稻谷加工得到的副产品有着广泛的用途。常规的稻谷加工主要包括加工前处理、清理、砻谷、砻下物分离（稻壳分离和谷糙分离）、碾米、成品及副产品的整理、副产品的综合利用及特种米的生产等。

## 1　加工前处理

稻谷加工前需要进行干燥与储藏，而储粮通风系统是仓房建设中的必要设施，在安全储粮过程中发挥着极其重要的作用，通过通风降温散湿，可以对影响稻谷安全储藏的两个主要因素——水分与温度进行控制，即降低粮食温度与水分含量，提高储粮稳定性，抑制粮食的呼吸和虫霉生长，阻止粮堆的发热霉变，从而确保储粮的安全。

粮食水分大小与储粮安全有密切关系，高水分的粮食储藏稳定性差，极易发热霉变。高水分粮可以通过干燥降水、低温冷却、气调储藏和化学保藏等技术进行保管或应急处理。干燥技术是保管高水分粮最经济、有效的方法。它通过干燥降水方式，降低粮食水分，在粮油储藏期间形成一个抑制粮食呼吸、不利于微生物生长的干燥环境。因此，粮食干燥是保管稻谷和大米的一项重要技术。

## 2　清理

稻谷在收割、储藏、干燥和运输的过程中，难免混有杂质。稻谷中的杂质是多种多样的，包括泥土、沙石、砖瓦块及其他无机物质，以及无食用价值的稻谷粒、异种粮粒等有机物质。稻谷清理除杂的方法有很多，但其基本方法主要包括风选法、筛选法、精选法、相对密度分选法、磁选法等。

在稻谷所含杂质中，以稗子和“并肩石”①最难清除。稻谷清理后，杂质总量不应超过 0.6%。其中沙石不应超过 1 粒/kg，稗子不应超过 130 粒/kg。清除的大杂质中不得含有谷粒，稗子含谷不超过 8%，石子含谷不超过 50 粒/kg。

## 3　砻谷

稻谷经过清理后脱除稻谷颖壳的工序称为脱壳，也称为砻谷，脱去稻谷颖壳的机械称为砻谷机。砻谷是根据稻谷籽粒结构的特点，对其施加一定的机械力破坏稻壳而使稻壳脱离糙米的过程。因为砻谷机本身机械性能及稻谷籽粒强度的限制，稻谷经砻谷机一次脱壳不能全部成为糙米，所以，砻下物含有未脱壳的稻谷、糙米、谷壳等。

根据稻谷脱壳时的受力状况和脱壳方式，稻谷脱壳方法通常可分为挤压搓撕脱壳、端压搓撕脱壳和撞击脱壳三种，如图 1 所示。

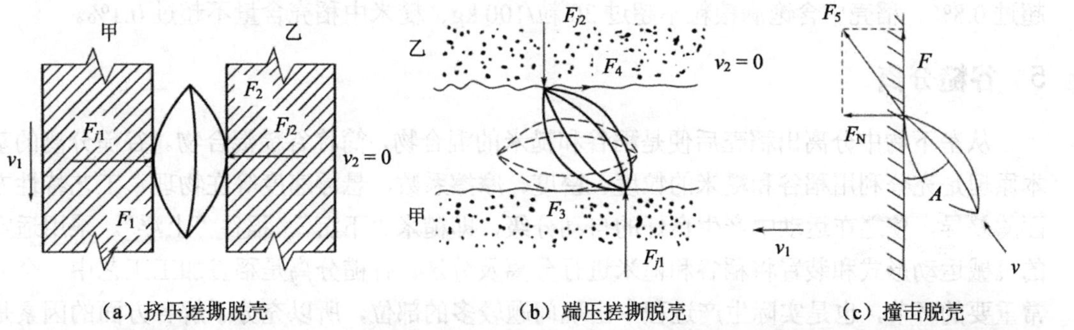


$v_1$—胶辊运转线速度；$F_1$、$F_2$—垂直方向的摩擦力；$F_{j1}$、$F_{j2}$—胶辊对稻谷的挤压力；$F_3$、$F_4$—水平方向的摩擦力；$v$—稻谷撞击辊壁的速度；$F_5$—稻谷行经方向对辊壁的力；$F$、$F_N$—$F_5$ 沿垂直、水平方向的分力

**图 1　稻谷脱壳方法示意**

---

① “并肩石”指粒状、大小与稻谷相似的石子。

砻谷设备的种类很多，目前我国广泛使用的砻谷设备主要是橡胶辊筒砻谷机。橡胶辊筒砻谷机简称胶辊砻谷机，其结构如图 2 所示。它的主要工作部件是一对并列的、富有弹性的橡胶辊筒（胶辊），两胶辊做不等速相向旋转运动。谷粒进入两胶辊工作区后，谷粒两侧受到胶辊的挤压力和摩擦力而脱壳。因为两胶辊的转速不同，所以两胶辊与谷粒所产生的摩擦力的方向不同，快辊始终有对谷粒加速的作用，因此，快辊与谷粒间的摩擦力方向向下；慢辊则有阻止谷粒随快辊加速的作用，因而慢辊与谷粒间的摩擦力方向向上。这两个方向相反、作用在谷粒两侧的摩擦力对谷粒产生搓撕作用，实现脱壳。稻谷经过砻谷后，将产出未脱壳的稻谷、糙米、谷壳等。后期将进一步去除谷壳和稻谷，最后得到糙米。根据碾米工厂操作规定，胶辊砻谷机的脱壳率：粳稻 80%～90%，籼稻 75%～85%。砻下物碎米含量：早籼稻不超过 5%，晚籼稻、粳稻不超过 2%。

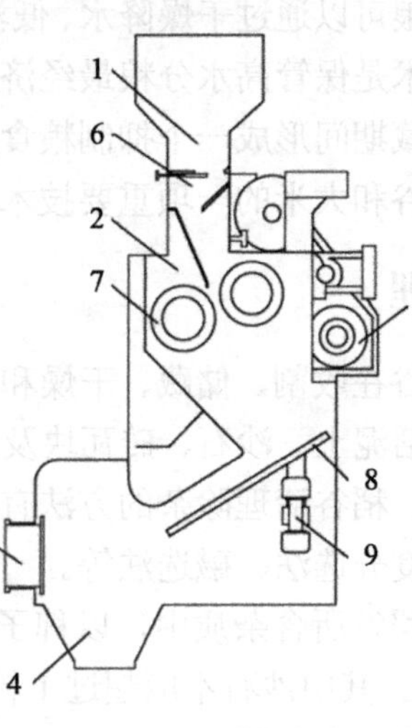


1—进料斗；2—谷壳分离室；3—齿轮变速箱；4—出粮口；5—吸风口；6—进料控制装置；7—胶辊；8—出料淌板倾斜设置；9—淌板控制器

**图 2　胶辊砻谷机结构示意**

## 4　稻壳分离

谷壳的体积、质量、密度、悬浮速度都比稻谷、糙米小得多，因此可以选用风选的方法，将砻下物进行分离，将稻壳去除。目前广泛使用的是吸风分离的方法，在分离的同时，借助气流将稻壳输送到收藏室。稻壳分离的工艺要求稻壳分离后谷糙混合物中含稻壳率不超过 0.8%、稻壳中含饱满粮粒不超过 30 粒/100 kg、糙米中稻壳含量不超过 0.1%。

## 5　谷糙分离

从垄下物中分离出稻壳后便是稻谷和糙米的混合物，简称谷糙混合物。谷糙分离的基本原理是充分利用稻谷和糙米的粒度、密度、摩擦系数、悬浮速度等在物理、工艺特性方面的差异，使之在运动中产生良好的自动分级，即糙米“下沉”、稻谷“上浮”。采用适宜的机械运动形式和装置将稻谷和糙米进行分离及分选。谷糙分离是稻谷加工工艺中一个非常重要的环节，也是实际生产过程中出现问题较多的部位，所以充分了解各方面的因素是确保良好谷糙分离效果的必要条件。目前，常用的谷糙分离方法有筛选法、密度分离法和弹性分离法三种。谷糙分离设备依据上述分离方法分别有谷糙分离平转筛、重力谷糙分离机、撞击谷糙分离机。

## 6　碾米

碾米是应用物理（机械）或化学的方法，将糙米表面的皮层部分或全部剥除的过程。糙米的皮层组织含有较多的纤维素，作为日常主食直接食用不利于人体正常的消化吸收。另外，糙米的吸水性和膨胀性都比较差，用糙米煮饭，不仅需要的蒸煮时间长，出饭率低，而且颜色深，黏性差，口感不好。最为关键的是，皮层内还有较多的油脂，其稳定性较差，若不除去，后期氧化变质对大米会产生不利影响。因此，必须通过碾米工序将糙米的皮层去除，以提高其食用和储存品质。但是，糙米的皮层中也含有一定量的营养物质（如粗脂肪、粗蛋白、矿物质、维生素等），如将皮层全部去除，势必造成营养成分的大量损失。同时，根据糙米籽粒结构的特点，要将背沟处的皮层全部碾除，会造成淀粉的损失和碎米的增加，使出米率下降。因此，按国家标准规定的大米等级标准保留适当的皮层，不仅有利于减少大米营养成分的损失，而且可以提高大米的出米率。在糙米碾白过程中，应在确保成品大米碾白精度的前提下，尽可能提高出品率、纯度、产量而降低成本。

## 6.1　碾米原理与方法

物理碾米具有悠久的历史，但就其基本理论研究而言，还是一门年轻的科学。国内外专家学者虽然对碾米理论进行过不少研究和论述，但由于碾米过程的机械物理作用比较复杂，至今还未建立一套完整的碾米理论体系。而在复杂的诸多作用中，碰撞、碾白压力、翻滚和轴向输送是最基本的，因此称为碾米四要素。

目前糙米的碾米方法分两种，化学碾米法和物理碾米法。化学碾米法已经不再采用，所以本书中只介绍物理碾米法。物理碾米法是运用机械设备产生的机械作用力对糙米进行去皮碾白的方法，所用的机械设备称为碾米机。碾米机的主要工作部件是碾辊。根据制造材料的不同，碾辊分为铁棍、砂辊（臼）和砂铁结合辊三种类型。根据碾辊轴的安装形式，碾米机则分为立式碾米机和横式碾米机两种。而根据碾辊的数量，碾米机可分为单辊、双辊、三辊组合碾米机。

## 6.2　碾米设备

WFN-18 型碾米机是目前使用较为广泛的一种碾米机。其结构主要由进料机构、碾白室、出料机构、喷风系统、集糠斗等组成，如图 3 所示。其最大特点就是碾白均匀性好，排糠效果佳，产生碎米少。

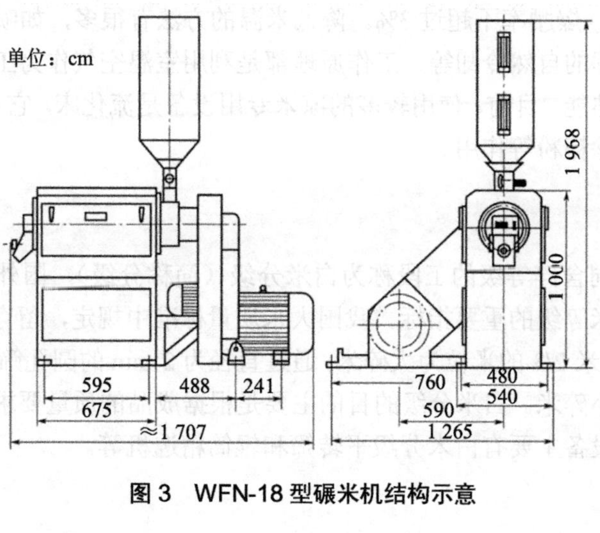


图 3　WFN-18 型碾米机结构示意

糙米由进料斗经流量调节机构进入碾白室后，被螺旋头送到砂辊并沿砂辊表面螺旋前进，按一定线速旋转的金刚砂棍表面锐利的砂刃，碾削糙米皮层，并使米粒与米粒、米粒与米筛相互摩擦碰撞，使其开糙及碾白，同时，通过喷风作用，迫使糠粉脱离米粒，排出筛孔。

### 6.3 影响碾米机工艺效果的因素

影响碾米工艺效果的因素很多，如糙米的工艺品质，碾米机碾白室的结构、机械性能、工作参数、碾白的道数以及操作管理等。这些因素有动态的、有静态的，它们相互联系、相互制约。只有根据糙米的工艺品质，合理选择碾米机类型、结构和参数，按照加工成品的精度要求，合理确定碾米机的技术参数，并进行合理有效的操作管理，才能取得良好的工艺效果。

## 7 成品及副产品的整理

经碾米机碾制得到的大米，其中还混有一些米糠、碎米及异色米粒，不能直接作为商品上市，需要进行成品整理。成品整理可以提高商品价值，有利于储藏、改善食用品质、提高经济效益。其主要工序包括：擦米、凉米、白米分级、抛光、色选、配米等。

### 7.1 擦米

以前在紧接碾米工序之后，可借助装有橡皮条、牛皮条、鬃毛刷的转筒或铁辊，对米粒进行搅动和擦刷，擦去黏附在米粒表面的细糠粒。目前，在大米生产中多有抛光工序，因此，实际生产中常用抛光来取代擦米，而不另设擦米工序。

### 7.2 凉米

凉米的目的在于降低米温，以利于储藏。尤其是在加工高精度大米时，米温要比室温高出 15～20℃，如不经冷却，马上打包进仓，容易使成品发热霉变，所以成品打包前须经过凉米工段。凉米一般都在擦米之后进行，并把凉米与吸除糠粉有机地结合起来。凉米要求米温降低 3～7℃，爆腰率不超过 3%。降低米温的方法有很多，如喷风碾米、米糠气力输送、成品输送过程的自然冷却等，工作原理都是利用室温空气作为工作介质，带走碾制米粒机械能转换的热能。目前，使用较多的凉米专用设备是流化床，它不但可以降低米温，而且兼有去湿、吸除糠粉等作用。

### 7.3 白米分级

将白米分成不同含碎等级的工段称为白米分级（简称分级），国外许多国家都把大米含碎量作为区分大米等级的重要指标。我国大米质量标准中规定，留存在直径 2 mm 的圆孔筛上，不足正常整米 2/3 的米粒为大碎米；通过直径为 2 mm 的圆孔筛，留存在直径 1 mm 圆孔筛上的碎粒为小碎米。白米分级的目的主要是根据成品的质量要求，分离出超过标准的碎米。白米分级设备主要有白米分级平转筛和辊筒精选机等。

### 7.4 抛光

抛光的目的是生产高质量大米，以满足人们生活水平日益提高的需要。抛光的实质是湿法擦米，它是将符合一定精度的白米，经着水、润湿以后，送入专用设备（白米抛光机），在一定温度下，米粒表面的淀粉胶质化，使得米粒晶莹光洁，不黏附糠粉，不脱落米粉，从而改善其储藏性能，提高商品价值。目前，国内生产的白米抛光机的型号、规格虽然还未统一，但是工艺效果相差无几，常用的抛光机有MPGF型白米抛光机、MPGT型白米抛光机、BSPA型白米抛光机等。

### 7.5 色选

色选是利用光电原理，从大量散装产品中将颜色不正常的或感染病虫害的个体（球、块或颗粒）以及外来夹杂物检出并分离的单元操作，色选所使用的设备即为色选机。在不合格产品与合格产品因粒度十分接近而无法用筛选设备分离，或密度基本相同而无法用密度筛选设备分离时，通常利用色选机能进行有效的分离，其独特作用十分明显。色选是利用物料之间不同的色泽差异进行分选的。色选机工作原理：将某一单颗粒物料置于一个光照均衡的地方，物料两侧受到光电探测器的探照。光电探测器可测量物料反射光的强度，并与标准色板（又称背景、反光板）反射光的强度相比较。色选机将光强差值信号放大处理，当信号大于预定值时，驱动喷射阀。将物料吹出，此为不合格产品。反之，喷射阀不动作，说明检验的物料是合格产品，沿另一出口排出。

到此，大米的生产结束，但是由于前面处理会产生大量米糠，在米糠中常会混入少量整米和碎米，如通过副产品整理，可把这些整米和碎米分离出来，就能提高碾米机的出米率。在糠粞混合物中主要是米糠、米粞（粒度小于小碎米的胚乳碎粒）及少量碎米、整米等，虽然是副产品，但它们大有利用价值。米糠虽只占谷粒质量的5%～7%，但它却是谷粒的精华所在，集中了稻谷中64%以上的营养成分。它除了含有丰富的蛋白质、脂肪、碳水化合物、食物纤维、维生素、矿物质，还含有生育酚、脂多糖、生育三烯酚、二十八烷醇、α-硫辛酸、γ-谷维醇等多种生物活性物质。以米糠为原料开发出来的产品更是有上百种之多。米粞可用作制糖、制酒的原料。碎米可用于生产高蛋白粉、饮料、酒类等。

## 8 实训案例：有机大米生产加工

### 8.1 原辅料来源验收、储存及预处理方法

原辅料来源于有机水稻生产基地。加强水稻田间管理，经常与水稻科研人员沟通，及时掌握水稻生产情况，以利于大米加工生产。水稻成熟后经常深入田间，采集样品进行检验，作好记录，为收购做准备。原粮进厂后，按不同品种分别进行检验，检验项目有水分、出糙率、整精米率、杂质、不完善粒、爆腰率等。执行国家规定粳稻质量标准，如表 1 所示。

严格检验手续制度，防止收人情粮。检验合格的原粮方可进入仓库，杜绝不合格的原粮进厂。原料检验由销售科负责，化验室实施。

表 1　粳稻质量指标

| 等级 | 出糙率/% | 整精米率/% | 杂质含量/% | 水分含量/% | 黄粒米含量/% | 谷外糙米含量/% | 互混率/% | 色泽气味 |
|---|---|---|---|---|---|---|---|---|
| 1 | ≥81.0 | ≥61.0 | ≤1.0 | ≤14.5 | ≤1.0 | ≤2.0 | ≤5.0 | 正常 |
| 2 | ≥79.0 | ≥58.0 | | | | | | |
| 3 | ≥77.0 | ≥55.0 | | | | | | |
| 4 | ≥75.0 | ≥52.0 | | | | | | |
| 5 | ≥73.0 | ≥49.0 | | | | | | |
| 等外 | ＜73.0 | 不要求 | | | | | | |

原粮储存管理制度：原料的储存由销售科负责，原料保管员负责保管。规范原料的入库手续，具体做法如下：原料进厂后，首先由检验员抽检进行化验，填写原料检验单，检验的项目见《稻谷》（GB/T 1350）中稻谷的检验项目。检验合格后的原料，经检斤后，办理入库手续，并按种类、等级分类登记入账。入库的原料要分品种、水分、等级存放，并用标签或标牌标明原粮标识和检验状态标识。仓库的环境要有利于原料的储存，防止霉变。保管员要定期检查库存原粮的温度、水分等情况，发现的异常要及时向主管领导汇报。保管员要根据原粮情况及时通风和消毒，保证无虫无霉变。定期对仓库周围投放毒饵，消除鼠害。保管员对已出库的原粮及时办理出库手续，登记入账。定期核对账目，确保账、卡、物相符。

## 8.2　有机大米的加工

生产工艺如下：

原料→初清筛→平旋回转筛→去石机→一道磁选→胶辊砻谷机→谷糙分离筛→厚度机→二道磁选→一道碾米机→二道碾米机→三道碾米机→白米分级机→长度选→一道色选→二道色选→三道磁选→抛光→电子计量秤→包装

（1）稻谷清理

清除原料中的各项杂质，包括大杂、小杂、轻杂、“并肩石”等，以保证成品的纯度，达到品质的要求。稻谷清理后的净谷含杂总量不超过 0.6%，其中沙石不应超过 1 粒/kg，稗子不应超过 130 粒/kg。

设备操作指标：圆筒初清筛清理指标：大型杂质基本除净，如有稻穗夹杂，另行处理。自衡振动筛清理指标：大杂全部除去，大杂中不得混有谷粒，如有谷穗另行处理。除泥效率 65%以上；除轻杂效率 70%以上；除稗子效率 35%以上；清理出的各种下脚不得含有完整的粮粒。

比重去石机清理指标：净谷中含“并肩石”不超过 1 粒/kg；每千克石子中含稻谷不超过 50 粒。

（2）砻谷和谷糙分离及分级

将稻谷上的颖壳脱掉，清理干净，并将糙米中死青、活青粒等不饱满粒分离出来，保证后续工序的质量。净糙含杂总量不超过 0.5%，其中含矿物质不超过 0.05%。净糙米中含稻谷粒不超过 40 粒/kg，含稗子不超过 100 粒/kg。

胶辊砻谷机操作指标：砻下物碎米含量不超过 2%，谷糙混合物中含稻壳量不超过 0.8%，稻壳中含饱满粮粒不超过 30 粒/100 kg。

谷糙分离筛操作指标：回砻谷中含糙量不超过 10%；净糙米中含稻谷粒不超过 40 粒/kg；回本筛流量不超过净糙流量的 50%。

重力谷糙分离机操作指标：谷糙分离筛中含糙量不超过 100%；净糙米中含稻谷粒不超过 20 粒/kg；回本机流量不超过净糙量的 50%。

厚度分级机操作指标：分级后的糙米中不完善粒小于 30%；分离出的不完善粒中不应有正常（厚度尺寸）的糙米。

（3）碾米及成品整理

碾去糙米表面的糠层及大部分糊粉层，并筛除超过标准规定的大碎米、小碎米及糠粉，以达到国家标准要求。经碾米和成品整理后，大米的质量达到《大米》（GB/T 1354—2018）规定的要求，不合格的成品不准出厂。

碾米机操作指标：加工精度：精碾；糙出白率：大于等于 90.5%；碎米率：碎米小于等于 1.5%；含谷量：小于等于 6 粒/kg；增碎率：小于等于 8%；成品米温升：小于等于 16℃。本工艺为三机出白，采用铁辊筒，头机出熟率 30%～35%，二机出熟率 35%～40%，三机出熟率 30%，如遇陈粮及难加工的糙米，头机出熟率可稍高，新粮品质优良而且皮层较薄的糙米，头机出熟率可稍低。

白米分级筛操作指标：通过筛理后的成品中碎米和米糠容量达到 GB/T 1354—2018 中规定的要求。

白米长度选操作指标：经过大米精选机处理的大米碎米总量小于等于 5%，其中小碎含量小于等于 1%。碎米中完整米小于等于 3%。

大米色选机操作指标：色选机选别精度：当原料米中含异色粒在 5%以内时，其选别精度大于 99.6%，一道色选带出比①为 1∶4，二道色选带出比为 1∶5；电耗率 28 kW·h/t；出米率 70%。

（4）定量包装

2.5 kg 塑料袋包装，采用 ACS 电子计量秤人工定量，人工用 DZQ400/2DH 真空包装机进行封口。包装完毕后，每 2 个包装袋现装入纸箱内，用胶带人工封口，人工堆垛。

## 思考题

1．简述稻谷清理的主要机理和方法。

2．简述稻谷砻谷的主要目的、原理及常见设备。

3．糙米擦离碾白和碾削碾白的原理和碾米效果有什么不同？

4．稻谷砻谷的砻下物有哪些？为什么要进行分离？

5．谷糙分离的基本原理是什么？影响谷糙分离的因素有哪些？

6．碾米机分为几种类型？

7．如何评定碾米的工艺效果？

---

① 带出比是指色选机选出的不良品中杂质数量与良品物料粒数之比。

8．简述碾米的主要方法和基本原理。碾米中的喷风有哪些作用？

9．综述影响碾米工艺效果的主要因素。多机碾白有何特点？

10．怎样检测和评定碾米工艺指标？

11．稻谷成品及副产品整理包括哪些步骤？

12．成品整理的方法和设备有哪些？

# 任务3　有机食用油的加工

人类制取植物油的历史悠久，从原始时代暴晒植物籽仁取得油脂开始，逐步发展经历了人力机具榨油（如木榨、石榨或撞榨、杠杆榨等）、间歇式水压机榨油、连续螺旋榨油机榨油、预榨浸出或一次直接浸出法制油、水代法以至现代的超临界萃取法制油等阶段。目前世界上的制油方式主要有机械压榨法、溶剂浸出法及水代法等。考虑到有机理念，推荐使用机械压榨法来生产有机食用油。

## 1　生产流程

油料清理去杂→破碎→软化→轧坯→蒸炒→压榨→精炼

## 2　工艺原理和操作要点

（1）油料清理去杂

收购的油料（有机大豆、有机花生）中杂质种类较多。油料与杂质在粒度、密度、表面特性、磁性及力学性质等物理性质上存在较大差异，根据油料与杂质在物理性质上的明显差异，可以选择稻谷、小麦加工中常用的筛选、风选、磁选等方法除去各种杂质。大豆、花生常用12目筛网进行筛选去杂，要求清理后，大豆、花生含杂量不得超过0.1%；棉籽、油菜籽、芝麻含杂量不得超过0.5%；花生需要增加去壳、脱皮工序。利用花生剥壳机进行剥壳。剥壳的结果要使壳中含仁率控制在0.5%以内，仁中含壳率在2%～4%。脱皮可以采用米用砻谷机去红皮。

（2）破碎

破碎是在机械外力作用下将油料粒度变小的工序。对于大粒油料，如大豆、花生仁破碎后粒度有利于轧粒操作，对于预榨饼经破碎后其粒度符合浸出和二次压榨的要求。

对油料或预榨饼的破碎要求：破碎后粒度均匀，不出油，不成团，粉末少。对大豆、花生仁要求破碎成6～8瓣即可，预榨饼要求块粒长度控制在6～10 mm为好。

为了使油料或预榨饼的破碎符合要求，必须正确掌握破碎时油料水分的含量。水分过低将增大粉末度，粉末过多，容易结团；水分过高，油料不容易破碎，易出油。

破碎的设备种类较多，常用的有辊式破碎机、锤片式破碎机，此外也有利用圆盘剥壳机进行破碎。

（3）软化

软化是适当地调节油料的水分和温度，使其组织变软适合于轧坯的工序。

软化的作用在于通过对油料进行水分和温度的调节，改变其硬度和脆性，使其具有适宜的可塑性，以利于轧坯。对于含油量较低、品质较硬、较脆的油料，如大豆、水分含量低的棉籽、油菜籽等，软化是必不可少的。如未经软化就轧坯，势必会产生很多粉末或轧出的料坯过厚，这对压榨或浸出制油都不利，会严重影响出油率。所以，对于这类油料必须进行软化。对于含油量较高的油料，如花生仁、篦麻籽、茶籽仁、椰子等，一般不进行软化直接进行轧坯，不然易造成轧坯时出油等不良现象。

软化的工艺条件一般根据油料水分含量和含油率高低来具体掌握，适当地进行温度和水分的调节。几种油料软化的工艺条件见表 1。

**表 1　几种油料软化的工艺条件**

| 油料 | 软化水分/% | 软化温度/℃ | 软化时间/min |
|---|---|---|---|
| 大豆冷榨 | 10～12 | 45～50 | 20 左右 |
| 大豆热榨 | 15～16 | 70～90 | 20 左右 |
| 棉籽 | 10～12 | 60～65 | 10 左右 |
| 油菜籽 | 9 左右 | 50～60 | 10～15 |

软化设备应用较广的是层式软化锅。层式软化锅是一种圆柱形锅体并带有蒸汽夹层和搅拌装置的层式软化设备。它由锅体、搅拌叶、出料口、蒸汽管路和传动装置等部件组成。

（4）轧坯

把油料整籽或含油的籽仁进行处理，使其成为片状，这个处理过程称为轧坯，所得到的产品称为生坯。在植物油的生产过程中，轧坯起着重要的作用：一是破坏细胞组织，利于后期的蒸炒，使油容易从细胞内流出来；二是颗粒状的油籽轧成薄片，表面积增大，增加了出油面积，大大地缩短了油脂离开坯料的路程，容易出油。目前，油脂工厂使用的轧坯设备是轧坯机，利用压辊碾轧作用把油料制成薄片。坯料厚度：冷榨 0.3～0.6 mm，热榨 0.2～0.4 mm。

（5）蒸炒

将轧坯后的生坯经过加水、加热、烘干等湿热处理而变成熟坯的过程称为蒸炒。蒸炒使细胞壁内的蛋白质受热变性而凝聚，容易与油脂分离。经过蒸炒使小油滴凝聚成足以流出料坯的大油滴；由于蛋白质的变性，增加了细胞壁的渗透性，油易于流出；降低油的黏度，使其易于流动。物理过程分三步：润湿、蒸、炒。蒸炒方法主要有两种：湿蒸炒、干蒸炒。湿蒸炒效果较好，利于压榨出油，首先将料坯加水润湿，通过直接蒸汽加热，再经间接蒸汽烘干使料坯达到预定湿度与水分要求。湿润蒸炒按湿润后料坯水分不同又分为一般湿润蒸炒和高水分蒸炒。一般湿润蒸炒中，料坯湿润后水分一般不超过 14%，适用于浸出法制油以及压榨法制油。高水分蒸炒中，料坯湿润后水分一般可高达 16%，仅适用于压榨法制油。蒸炒温度一般控制在 105～110℃，蒸炒后料坯水分要降至 4%～5%，该过程在立式蒸炒锅内完成。

湿润蒸炒的关键在于均匀蒸炒。生产上的控制手段有：生坯质量合格和稳定（水分、坯厚及粉末度等）；均匀进料（平衡进出料速度，保证连续生产）；润湿操作均匀一致（防止结团）；蒸坯时充分利用料层的自蒸作用，防止硬皮的产生；蒸炒锅各层存料高度要合理，料门控制机构灵活可靠；加热应充分均匀，保证加热蒸汽质量及流量的稳定，夹套中空气和冷凝水的排除要及时；保证各层蒸锅的合理排气；保证足够的蒸炒时间；回榨油渣的掺入应均匀等。

（6）压榨

国内最常用的技术是使用螺旋榨油机连续式榨油，其工作原理如图1所示：旋转着的榨螺轴在榨膛内的推进作用下，使榨料连续地向前推进，同时榨料螺旋导程的缩短或根圆直径增大，使榨膛空间体积不断缩小而产生压力，把榨料压缩，并把料坯中的油分挤压出来，油分从榨笼缝隙中流出，同时将残渣压成饼块，从榨螺轴末端不断排出。

螺旋榨油机现主要有三种：ZX-10型榨油机（原95型）、ZX-18型榨油机（原200A-3型）和ZY-24型预榨机。ZX-10型榨油机结构如图2所示，它的结构简单，压力较高，可连续处理物料。该机由进料机构、榨螺轴、榨螺、榨条、出饼机构、传动系统、机架、底座等组成。

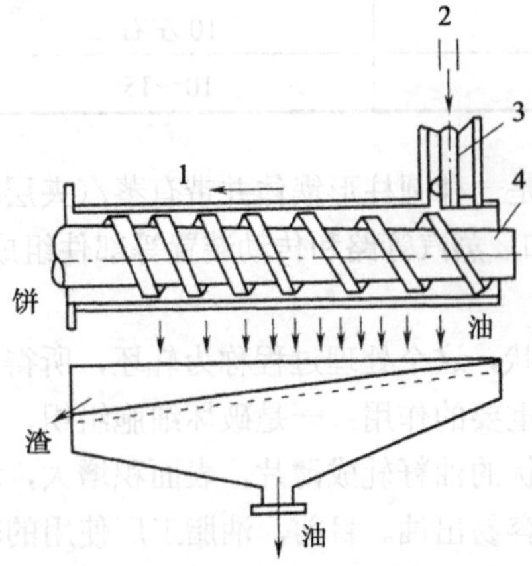


1—榨笼；2—榨料；
3—喂料器；4—榨螺轴

**图1 螺旋榨油机的工作原理**

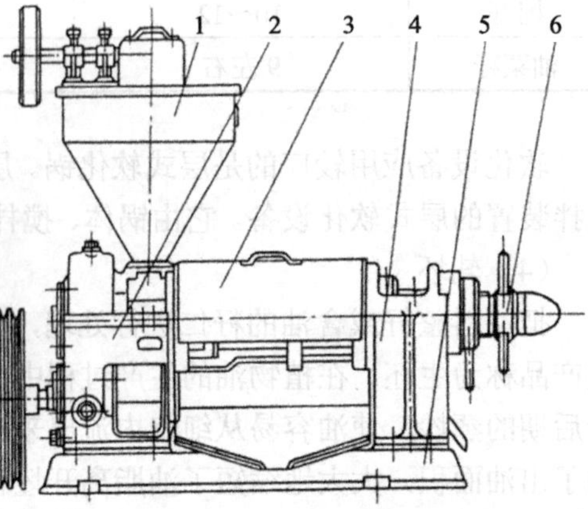


1—进料斗；2—齿轮箱；3—榨笼；
4—机架；5—底座；6—榨螺轴

**图2 ZX-10型榨油机结构图**

资料来源：胡永源．粮油加工技术[M]．北京：化学工业出版社，2006。

（7）精炼

前述经压榨得到的、未经精炼的植物油脂一般称为毛油（粗油）。其含有机械杂质、水分、胶溶性杂质、脂溶性杂质、微量杂质等，毛油的烹饪品质和储藏品质都不好。植物油精炼通常是指对毛油进行精制。毛油中杂质的存在，不仅影响油脂的食用价值和安全储藏，而且给深加工带来困难，但精炼的目的，又并非将油中所有的杂质都除去，而是将其中对食用、储藏、工业生产等有害无益的杂质除去，如棉酚、蛋白质、磷脂、黏液、水分等，而有益的成分，如生育酚等，又要保留。因此，根据不同的要求和用途，将不需要的和有害的杂质从油脂中除去，得到符合一定质量标准的成品油，就是植物油精炼的目的。

根据操作特点和所选用的原料，植物油精炼的方法可大致分为三类，即物理精炼、化学精炼和物理化学精炼。物理精炼又称机械精炼，即通过沉淀、过滤和离心分离的方法将毛油中的水分和机械杂质去掉；化学精炼包括碱炼、酸炼，碱炼主要是去除游离脂肪酸，酸炼是去除蛋白质及黏液物；物理化学精炼包括水化、吸附和蒸馏等，水化主要除去磷脂，吸附主要去除色素，而蒸馏则是为了去除臭味物质。上述精炼方法往往不能截然分开。

高档有机食用大豆油精炼工艺流程如图 3 所示。

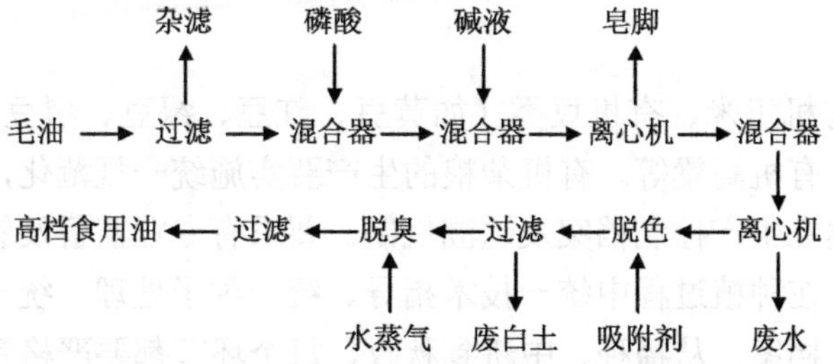


**图 3 高档食用豆油精炼工艺流程**

主要工艺参数：①过滤：过滤后毛油含杂不大于 0.1%；②碱炼：磷酸（浓度为 85%）添加量为油重的 0.05%～0.2%，碱液浓度 18～22°Bé①，超量碱为理论碱量的 10%～25%，脱皂温度 70～82℃，洗涤温度 90℃左右，软水添加量为油量的 10%～15%；③脱色：温度为 85～90℃，极限真空为 4.0～4.7 kPa，脱色温度下的操作时间为 20 min 左右，活性白土添加量为油重的 2.5%～5%；④脱臭：脱臭温度为 180℃左右，残压为 0.67～1.3 kPa，汽提蒸汽通入量为 30～50 kg/（t 油·h），脱臭时间为 6～7 h，柠檬酸添加量为 0.02%（配制成乙醇溶液），在 90℃油温时加入；⑤过滤：安全过滤温度不高于 70℃。

## 思考题

1．油料中有哪些杂质？这些杂质有哪些性质？
2．油籽为什么需要除杂？油料中的杂质在油籽加工过程中会产生哪些不良效果？
3．油料为什么要剥壳后制油？
4．轧坯的目的和要求有哪些？
5．蒸炒的目的有哪些？
6．螺旋榨油机是怎样实现压榨过程的？
7．机榨原油中的杂质有哪些？
8．什么是脱胶？脱胶的方法有哪些？
9．简述水化脱胶的原理。
10．影响水化脱胶的因素有哪些？
11．碱炼有哪些作用？
12．什么是脱色？其作用是什么？
13．影响吸附脱色的因素有哪些？生产中应怎样处理才能趋利避害？
14．什么是脱臭？其作用是什么？



① °Bé 为波美度，是表示溶液浓度的一种方法。把波美比重计浸入所测溶液中，得到的度数叫作波美度。当测得波美度后，从相应化学手册的对照表中可以方便地查出溶液的质量分数。

15．油脂脱臭为什么要在真空条件下采用水蒸气蒸馏的方法进行？
16．什么是脱蜡？其工作原理和作用是什么？

# 任务4 有机杂粮的加工

有机杂粮包括有机玉米、有机豆类（如黄豆、红豆、绿豆、黑豆等）、有机小米、有机薏米、有机燕麦、有机高粱等。有机杂粮的生产要实施统一规范化，严格控制基地有机杂粮的最终质量，建立生产控制档案及追溯机制。要求有专业监督及管理人员在产前、产中、产后进行服务，在种植过程中统一技术指导、统一种子处理、统一田间管理、统一病虫害防治、统一建立档案，从播种、中耕到秋收，每个环节都要严格管理，使有机杂粮从源头上保证品质。

## 1 有机玉米制品的加工

国内多采用玉米干法加工，又叫作玉米干磨加工，它通过对玉米原料进行清理、去皮脱胚、筛选、粉碎、分级等处理，生产出一系列粗细不等的玉米制品。玉米干法加工制品可以笼统地分为粉、糁、胚和皮四类，具体包括玉米糁、玉米粗粉、玉米细粉、玉米米、玉米胚芽、玉米皮及多种玉米混合制品等。

### 1.1 干燥有机玉米制品的加工流程

干燥→清理→水汽调质→脱皮→脱胚与破糁→ 分级选胚与提糁→研磨、筛分与精选

### 1.2 加工原理和过程

（1）玉米的干燥

玉米可以采用自然干燥和人工热风干燥方式，干燥机应选择符合 GB/T 16714、JB/T 13628、NY/T 370 规定的合格产品。干燥有机玉米的热风温度推荐值应符合表 1 的规定。玉米允许受热温度≤50℃。玉米一般的干燥安全水分含量要求在 13%～14%。

表1 干燥有机玉米的热风温度推荐值

| 热风温度/℃ | | | | |
|---|---|---|---|---|
| 循环式干燥机 | | 连续式干燥机 | | |
| 横流 | 混流 | 顺流、顺逆流、顺逆混流 | 混流 | 横流 |
| 70～80 | 100～110 | 一级加热：120～130<br>二级加热：130～140、110～120<br>三级加热：140～150、120～130、110～120 | 一级加热：100～110<br>二级加热：110～120、100～110<br>三级加热：120～130、110～120、100～110 | 70～80 |

（2）玉米清理

玉米的杂质含量一般在 1.0%～1.5%。玉米中的杂质，除并肩杂质外，玉米籽粒与其中杂质之间存在比较显著的差别，与小麦、稻谷相比，玉米清理相对比较简单和容易。玉米清理一般采用两筛、一去石、一磁选的工艺组合，其典型工艺流程为：毛玉米→初筛→二筛→去石→磁选→净玉米。玉米清理常用筛选法、风选法、比重分选法和磁选法。筛选法是玉米清理的主要方法。常用的筛理设备有振动筛和平面回转筛。用干法去石，主要使用吸式比重去石机。磁选一般采用永磁筒或永久磁钢。洗麦机对玉米进行充分的洗涤，可以除去玉米表面的泥灰和微生物，并能清除并肩石。吸风分离器可有效地去除玉米中的轻杂质。

（3）玉米水汽调质

玉米水汽调质是指在玉米加工过程中，用水或水蒸气湿润玉米籽粒而有利于脱皮提胚，改善玉米的加工性能。具体地说，通过水汽调质，可以增加玉米皮和胚的水分，造成与胚乳的水分差异，使皮层韧性增加，与胚乳的结合力减少，容易与胚乳分离，胚乳易被粉碎。而玉米胚在吸水后，体积膨胀，质地变韧，在机械力的作用下，易于脱落并保持完整。

玉米水汽调质可以采用冷水、热水或蒸汽。玉米水汽调质是为了湿润皮层和胚，仅有少量水分进入胚乳。玉米经水汽调质后，胚乳水分含量一般应在 13%左右，皮层水分在 19%～20%。如果水分过高，不仅会使成品水分含量过高，也不利于加工。玉米加水调质后，常常需要经过一定时间的静置处理后才能进行脱皮和脱胚。如果采用蒸汽加湿，可缩短静置时间或直接进入脱胚机。

不同的水温和润水时间对玉米粒和胚吸水量的影响也不同，而水温是主要的影响因素。润水时间相同的条件下，水温越高，吸水量也越大；当水温不高时，润水时间和水温相同的情况下，胚的吸水量一般大于玉米籽粒的吸水量；在水温相同时，吸水量随润水时间的延长而增加。在不同的气温条件下，应采用不同的水汽调质方式。在气温高的夏季、秋季，温度在 20℃以上时，只需加水调节而不用蒸汽调节；在气温低的冬天和初春季节，宜采用水和水蒸气同时进行调节。在冬季加工高水分玉米时，也可采用只加温不加水的方法。

（4）玉米脱皮

玉米脱皮的目的和意义：提升玉米制品的食用品性；提高工业用途的玉米制品的品质；玉米皮有较高的综合利用价值；提高玉米脱胚效率。湿法脱皮：玉米水分在 16%～17%。干法脱皮：玉米水分在 18%以上。

脱皮原理：脱皮设备有横式砂辊脱皮机、立式砂臼脱皮机，利用高速旋转的金刚砂刃对玉米皮层进行连续切削和摩擦，破坏玉米皮与胚乳和胚的结合强度，使玉米皮层逐步被碾削擦离，从而达到脱皮目的。遵循“多级轻碾”原则，玉米胚皮工艺通常采用 2～3 道串联脱皮路线。

（5）玉米脱胚与破糁

脱胚与破糁是胚与胚乳分离的重要工序，因为在脱皮过程中，只有一部分胚与胚乳分离，但大部分仍结合在一起，经脱胚破糁后能使胚进一步脱落。

玉米脱胚，是指通过施加一定的机械作用力，将脱皮后玉米的胚与胚乳之间的连接结构破坏，使胚芽脱离的过程。玉米破糁，是指将玉米胚乳结构破坏使之破碎成一定粒度的碎粒的过程。

在玉米脱胚与破糁的过程中，应尽量保持胚的完整而减少胚的损伤或过度损伤，为胚的分离提取和纯化提供良好的前提条件，从而保证脱胚和提胚获得最佳的提取率及纯度。

玉米脱胚与破糁设备主要有锤片式、打板式、碾辊式等几种类型。其中，锤片式脱胚破糁设备的工作原理与锤片式粉碎机类似，打板式脱胚破糁设备（如 MHXG 型脱胚机）类似于打麦机，碾辊式脱胚破糁设备（如 P-215 横式破糁脱胚机）类似于铁辊碾米机。

（6）分级选胚与提糁

玉米经过玉米加工设备脱皮、脱胚和破糁后，得到的制品实际上是一种混合物料，其中有整粒、大中小破碎物（糁）、胚和玉米面等。必须将这种混合物料进行分级、选胚与提糁，再分别送到下一道工序处理。避免直接进入玉米加工设备的下一道脱皮或破糁设备时，糁和胚进一步破碎，随糠排出，既浪费动力，又降低提胚率。

玉米糁、胚、皮三者之间形状差异比较明显，而且在密度、悬浮速度、破碎强度等方面的物理特性差异较大。通常采用筛选方法将在制品分级，采用风选法分离玉米皮，采用密度分选法或风选法将提糁胚分离，即提胚、提糁。

在分级选胚与提糁工艺中，常用的风选设备有吸式风选器和圆筒风选器。吸式风选器分离玉米皮时，吸风道的风速应控制在 5～6 m/s，在保证尽量吸净玉米皮的同时要防止玉米胚和轻质玉米糁料被吸走。用于胚、糁分离时，吸风道的风速应大于胚的悬浮速度，而小于糁的悬浮速度，一般为 9～13 m/s。

在分级选胚与提糁工艺中，常用的密度分选设备有吸式去石机、种子精选机和重力分级机等，其主要用于将已经风选和粒度分级后的物料按照密度进行分级处理，重力分级机是分离粒度大致相似、密度稍有差别物料的专用设备。破糁脱胚后的物料，经平筛分出玉米粉后，按粒度大小分级。胚、糁混合物，经风选器分出玉米皮后，进入重力分级机，按密度、悬浮速度的不同，将胚和糁分开。重力分级机由进料机构、分料装置、振动工作台、下料装置、纵横向调节装置、回流上料系统、振动电机、机架等几个结构组成。其中，振动工作台是用于物料分级的主要部件，为双向倾斜，可双向调节，其工作面为筛面。重力分级机在空气流的作用下使物料在工作面上运动时呈流化状态，从而强化物料的运动分层和分离效果。设备的下料装置位于工作台的纵向末端，全截面收集出口物料，由四个分料活门将出口物料分为胚、较轻糁、较重糁和胚糁混合物四种产品。

（7）研磨、筛分与精选

玉米经过提皮、提胚和提糁后剩余的物料，仍然是多种粒度不等、品质不同、组织结构互混的混合物，需要进入玉米加工粉路中进一步加工。这种物料中包括大量的胚乳碎粒与粗粉、一定量的玉米胚及其破碎物、少量的玉米皮及其破碎物，以及相当多的皮、胚和胚乳相互连带的破碎物。玉米胚是由脂肪、纤维素组成的，并具有弹性和韧性，抗压强度大；而玉米胚乳是脆性机体，其抗压强度小且易于破碎。所以利用这些特点，通过磨粉机和平筛的多次研磨与筛分，逐步薄刮、分离和研磨，制取含皮胚组织尽量少的玉米粉，同时进一步除皮、提胚和提掺。玉米加工粉路的发展方向，是尽量地为分离提净玉米胚和玉米皮创造有利条件，以加工多种用途的专用玉米粉、专用玉米掺、专用玉米胚等产品。此工序基本原理与小麦制粉类似，可以参看前述内容。

## 1.3 实训案例：联产工艺流程加工工艺

玉米联产加工工艺是指在玉米加工过程中，同时提取玉米糁、玉米胚和多种玉米粉的玉米加工工艺。该工艺是利用玉米的胚芽和胚乳的吸水性差异，以及吸水后的弹性、韧性及破碎强度的不同来分出胚芽，达到分出胚的目的。将玉米破碎、脱皮、脱胚后，再根据胚、胚乳和皮的粒度、密度及悬浮速度的不同，分出纯净的胚乳（含胚 1.2%）和胚、胚乳混合物，将混合物用空气重力分级，再把胚压扁，经筛理分出胚，可提得纯胚乳。该工艺是在为了获得玉米胚油而必须提取更多、更纯净的玉米胚的前提下发展起来的一种新的脱胚工艺，同时使产品的得率与纯度提高，也有利于充分利用玉米资源。

玉米联产加工工艺流程如下：

玉米→清理→水汽调质→脱皮→破糁脱胚→提糁提胚→磨粉与提胚

也可以将提胚、提糁后剩下的物料不磨成粉，直接使用。

日加工 90 t 玉米的联产工艺流程如图 1 所示。

先将毛玉米由下粮坑经斗式提升机送入毛玉米仓，储存量为 24 h 的加工量。毛玉米出仓后，采用自动秤计量，然后进入一台 SZ-100 型振动筛、一台 QSX-71 型吸式比重去石机，再进入 SZ-100 型振动筛，组成两筛、一去石、一磁选的清理流程，清理后的玉米，含尘杂质不超过 0.3%，其中，砂石不超过 0.02%。

水汽调质时，当气温在 0℃以下时，应采取加温水（40～50℃）、加气调节；气温在 0℃以上时，可采用室温水分调节（水温 20℃），不加蒸汽。玉米加水后的静置时间为 8～10 min，经过水汽调节后，玉米的水分一般达到 16%～18%。

脱皮工序采用 T-215 型脱皮机，两台串联使用。脱皮程度（指玉米脱掉果皮一半以上者）应不低于 70%，玉米的破碎率不要超过 15%。脱皮后经平筛分级，分级筛可采用改进的挑担平筛，将筛格层数减少，筛面用橡皮球清理，筛格通道加宽，采用三进口筛路。单位流量在 25～30 t/（$m^2$·24 h）。

破糁脱胚工序采用 P-215 型脱胚机，应将玉米破碎成 4～6 瓣，脱胚率达 80%以上。破糁脱胚后的物料用两仓平筛分级。采用双进口筛路，单位流量为 7.5～8.0 t/（$m^2$·24 h），分级后的大碎粒和完整的小粒玉米经风选器吸去皮后，重新回到破糁脱胚机。大糁和胚的混合物（5-7W）经风选器吸去皮后，进入一台重力分级机，精选出胚和大糁。

重力分级机分出的糁、胚混合物料，视完整胚的数量，确定回流或重筛。平筛中 7W 筛下物应送去重筛。设置重筛的目的是将各路来的粉料进一步分级，以便于同质合并后入磨，进行压胚磨粉，提高提胚和磨粉的效率。重筛采用两仓挑担平筛，单位流量为 6.5～7.0 t/（$m^2$·24 h）。磨粉压胚工序采用 4 道皮磨（磨辊总长度为 320 cm），每道提胚。重筛 8W 筛下物中含胚最多，进入 1 皮磨提胚。因此，1 皮磨粉机的磨辊技术特性是以压胚为主，其他磨粉机则既要考虑磨粉，又要兼顾压胚。

该流程的缺点是，脱皮后的分级筛流量过大，易产生堵塞现象。四道皮磨的负荷不均衡，3 皮、4 皮负荷过小。此外，采用每道提胚虽有利于提高提胚率，但各道提出的胚未经风选，使胚的纯度降低，影响胚的出油率。

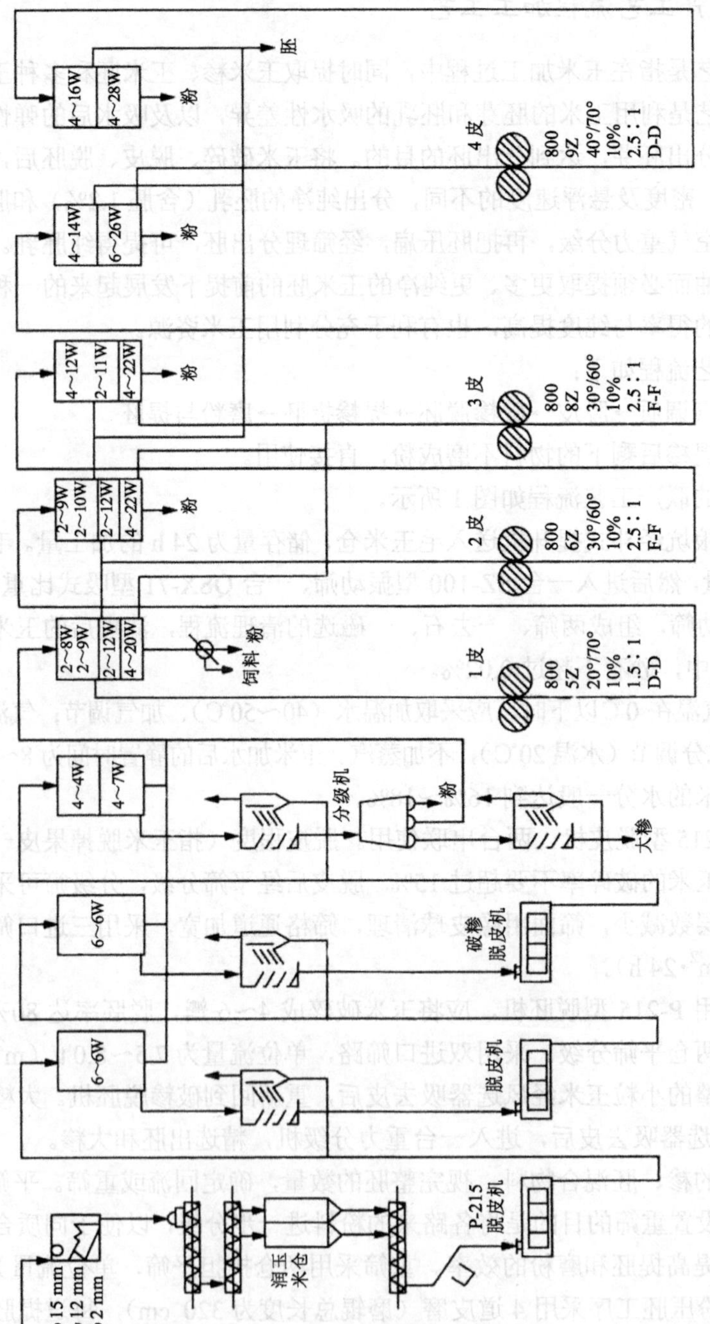


**图1　日加工 90 t 玉米的联产工艺流程**

资料来源：朱永义. 谷物加工工艺与设备[M]. 北京：科学出版社，2002。

## 2 有机小米的加工

粟，也叫谷子，脱壳后为小米。粟原产于我国北方黄河流域，种植历史悠久，早在夏代就有种植。粟生长耐旱，品种繁多，有白、红、黄、黑、橙、紫各种颜色的小米，俗称“粟有五彩”，也有黏性小米。小米的营养价值较高，蛋白质含量9.2%～14.3%，脂肪含量3.0%～4.6%，氨基酸种类齐全，每百克小米中含色氨酸19.2 mg，含蛋氨酸297 mg，并含有丰富的B族维生素。现今我国是世界上栽培谷子面积最大的国家。目前，全国谷子年种植面积约为140万$hm^2$，年总产量约为280万t左右，种植面积较大的省区有河北、山西和内蒙古等。

### 2.1 有机免洗小米的加工工艺

有机谷子收割后晾晒、风干。要求水分不超过15%，品种纯度保证在98%以上。国内多采用多机轻碾法，是指将小米经过砻谷分离过后采用多次碾米的方法，对小米进行加工。

工艺流程为：谷子去杂→砻谷→糙碎分离→碾米（1碾→2碾→3碾）→分级→吸糠粉降温→色选→磁选→包装→免洗小米成品。

这种加工方法具有以下特点：设备要求不高，操作简单，适合小工厂生产。

操作要点：

（1）去杂

工艺流程是：初清筛（筛除掉大杂）→振动筛（除掉中小杂）→吸风分离器（除掉轻杂）→去石机（去掉“并肩石”）→磁选（除掉金属物）。

振动清理筛：选用配有垂直吸风道的TQLZ型振动清理筛，是根据粟（谷子）的特点，使其既不堵塞筛孔，又能有效清除大杂、轻杂、瘪谷、稗子等异种杂粮，实际的筛面为第1层8目×8目、净孔径为2.53 mm，第2层14目×14目、净孔径为1.44 mm，既能留住小米，又能筛出小杂和砂粒；风道的吸口风速为7 m/s，能清除轻杂及稗子等轻质异粮。

（2）砻谷

采用差动对辊的胶辊砻谷机能使粟谷脱壳。砻谷机工艺参数为：线速40 m/s、线速差5 m/s。砻谷机的脱壳率达到95%以上。

（3）糙碎分离

糙米进碾米机前，增加一道糙碎分离，是该工艺的一大特点。由于小米具有粒度小、油性大的特点，进米机前的物料若含有一定量的糙碎和糠皮，会严重影响碾米效果和物料的流动，因此增加糙碎分离设备后，既能提出糙碎和糠皮，又能二次吸走未清除的谷壳，克服砻谷机谷壳含粮的问题，同时还能二次去石，除掉前面漏网的砂石，使成品小米洁净、品质高。

选糙机。由于粟的粒度不均匀，且粒度太小，绝对偏差值不大，因此必须采用重力式谷糙分离筛，利用粟和小米的密度不同，有相互不同的摩擦力，在双向倾斜、补充振动的分离板上进行谷糙分离。这种重力分离机的效果，受谷糙粒度差别的影响很小，但单位工作面积的产量，比按粒度差别分离的平转分离筛要小得多。因此，必须配备多层分离，需保证进料均匀一致。

（4）碾米

碾米机。碾米机仍然采用砂、铁组合，考虑到高精度的小米粒度更小，米糠的油性很大，有些小粒会穿孔或堵塞筛眼，影响出米率，因此碾米机的碾白室内要增强翻滚，减少挤压作用，筛孔配备为 0.8～0.9 mm，同时加强喷风和吸糠，形成低温碾米，尽量避免油性物质结疤成块，影响碾米机的正常工作和成品米的品质。

3 台不同线速的碾米机最佳工艺参数为：碾米机 1 的线速为 14 m/s，碾米机 2 的线速为 10 m/s，碾米机 3 的线速为 7 m/s。

（5）分级

使用分级筛。在碾制的过程中，有很少的糠疤和部分堵塞筛眼的情况，所以需要使用分级筛，采用具有风选效果的 MJZ 型分级筛，第 1 层筛面清除糠疤，第 2 层筛面去除碎米，通过垂直风道吸走糠粉，实际的筛面配置为第 1 层 9 目×9 目、净孔径为 2.16 mm，第 2 层 22 目× 22 目（0.1 mm 不锈钢丝）、净孔径为 1.05 mm。在第 1 道米机的后面，由于糠粉含量大，配置 1 台分级筛，第 2 台分级筛安装在最后，确保成品米的品质。

（6）吸糠粉降温

使用风选机，最佳风速为：9～11 m/s。

多机轻碾法加工得到的免洗小米，加工精度在 90%左右，水分含量 12%左右，无砂石，无霉变粒，杂质总量≤0.02%，色泽、气味、口味纯正，保持小米天然米香、清洁、卫生，不用清洗即可直接蒸煮食用。

## 2.2 有机小米制品的生产工艺

（1）有机小米粉

有机小米粉是以有机小米为原料经粉碎制得。小米制粉方法可分为干磨和湿磨两种。干磨即直接将净化后的小米用粉碎机一次性粉碎，其粉称为粗米粉；湿磨即先将小米用清水捞过，待米吸水并稍干，用磨面机粉碎过筛，称为细米粉。面粉细度正常通过 80 目以上筛孔的均匀细粉为精粉。小米制成粉后，达到了颗粒细化，更易于深加工，且有利于人体更好地吸收。另外，还有膨化小米粉，是将小米经高温高压膨化，再经深加工而制成的粉状产品，膨化小米粉可广泛用于保健食品、乳制品、冲剂营养品、休闲食品、营养早餐、婴儿食品、调味食品、固体饮料、蛋糕、糕点、饼干和面食等产品中。小米除了可作为原料来加工食品外，还可用作辅料研制各种多营养复合面粉、小米深加工产品等，为小米杂粮保健食品的开发开辟新途径。

小米粉加工工艺流程是：小米→浸泡→粉碎→制粉

选用新鲜没有霉变的小米，用水浸泡 2 h，取出晾干，用锤片式粉碎吹粉机粉碎，过 80 目以上筛，即可。稍微更改配方、工艺即可生产小米营养粉、小米方便米粉。

（2）有机小米方便粥

采用物理化学方法使小米内部形成小孔，而后在热水中成粥，成粥后经冷却进行速冻和烘干，恢复米形，即为产品。其加工流程图如图 2 所示。

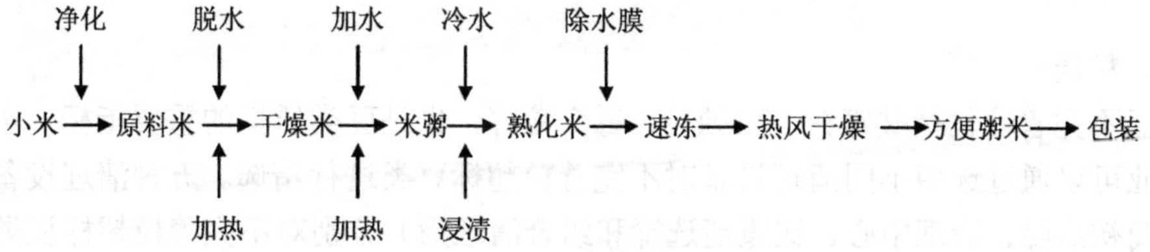


图 2　有机小米方便粥加工流程

操作要点如下：

1）选单一品种新鲜有机糯性小米（含水量为 13%～14%），去除杂质，放在烘箱中（80℃）烘 30 min，使水分降低 6%左右，也可用小火炒，使水分降低。

2）将烘干的米放入沸水中（米水比 1∶4），加盖煮沸 1 min，继续在 95℃以下保持 5～8 min，使米粒既不爆腰，淀粉又基本糊化。等水被吸完，再加 4 倍的 90℃温水，加盖保持 5～8 min，进一步吸水膨胀和糊化。

3）将膨胀完全的米捞到凉水中浸渍（17℃或不同风味的溶液）1 min 左右，避免成品凝结成块。

4）将浸渍过的米捞出用热微风吹干米表水膜，放入–30℃冰箱中速冻 4～8 h。

5）将冰冻的米放在 80℃烘干箱烘干 6～10 h，有条件的企业可以使用真空干燥。

6）将 20～50 g 米装入塑料袋中密封储存。

## 3　有机豆类的加工

### 3.1　真空包装有机豆类

此类产品加工步骤简单，保持有机原食材的特性，市场占有率高。主要加工环节分 4 步，即干燥、脱壳去杂、精选、包装。

（1）干燥

有机种植生产的豆类产品，收获后，可以采用自然晒干或者热风烘干的方式进行干燥，要求含水量降低到以下限值：黄豆≤13.0%，蚕豆≤14.0%，绿豆≤13.5%，豌豆≤12.0%。

（2）脱壳去杂

干燥后，豆类豆荚与籽粒比较容易剥离，使用拍打方式将豆粒与豆荚分离。常用设备为豆类剥壳机。基本原理就是通过旋转电机转动带动固定块转动搅拌晒干的豆子，使豆粒与豆壳实现自动分离。之后对豆子进行去杂处理，一般使用去杂机，工作原理为豆子从进料口进入机器，到达上层筛之前，通过调整进料箱中匀料调节板以控制料流量（配有透明观察窗方便观察料物流量）。使料自动均匀地散开分流到上层筛面上，根据筛面的振动和穿过物料层气流，使大豆之间的间隙度增大，豆子处于流化状态，促进了自动分级，比重大的石子落入底层与筛面接触，比重小的豆子浮向上层，在重力、惯性力和连续进料的推动下，下滑到净粮出口，其较轻的豆荚、尘埃、病变大豆等杂质被吸风带到吸风管出口。而比重大的石子在筛面振动系统惯性力和气流的作用下，相对去石筛面上滑，经聚石区移向重杂筛选区。从而达到去石清理效果。可以在允许范围内，通过选择筛面以及调节蝶形风来改变在上层筛面上集中的物料流比例。集中去除轻杂（草籽、豆荚等）和重杂（砂石、泥块）。

（3）精选

大豆不完善粒包括破碎粒、虫蚀粒、霉变粒等，也是豆类质量的重要指标，实际生产中，企业可以通过选用不同清理设备对不完善粒超标豆类进行精选。五种清理设备（振动筛、圆筒初清筛、清理中心、比重清选筛和组合清理筛）分别对不完善粒超标豆类进行清理处理，通过分析原豆和清理后的豆子不完善粒含量，以分析出不同设备清理不完善粒的优劣，从而提出最优的装备组合。

（4）包装

检测合格的豆类，验收标准参考《绿色食品　豆类》（NY/T 285—2021），计量后，真空包装即为产品。

## 3.2 有机豆腐

（1）豆腐加工工艺流程

原料→选豆清洗→浸豆→磨浆→过滤→煮浆→点浆→蹲脑→摊布→浇制→整理→压榨→成品

（2）操作要点

1）选豆。大豆存放期间，由于生命活动而消耗本身的蛋白质，所以陈豆的出浆率低。坏豆、霉豆的混入会影响豆腐的风味和质量。因此要尽量选择新豆、好豆，以提高出浆率和保证质量。

2）浸豆。浸豆可使豆子膨胀，蛋白质膜变脆，易于破碎，一般浸豆应掌握水温 5℃浸泡 24 h，15～20℃浸泡 6～7 h，30℃左右浸泡 5 h。浸豆的水质要清洁，避免混入油、酸、盐、碱等物质。硬度大的水不宜用来做豆腐。天热时要勤换水，防止发酸。

3）磨浆。一般是用磨把豆粒粉碎，破坏包裹蛋白质的膜，以利蛋白质浸出。为了使粒度均匀，可以磨两遍。在粉碎中，要边加水边磨，以得到细腻的膏状糊，提高大豆蛋白质的抽提率。磨浆时的加水量相当于干豆质量的 5 倍左右。

4）过滤。将磨好的豆浆移入布袋，榨取其汁。滤布孔眼粗细（120 目）要选择得当，要加水稀释。为消除过滤产生的泡沫，可以将食用油加入到 70～80℃的温水中搅匀后倒入豆浆中，以便使蛋白质提取干净。滤出的豆渣要反复用水洗 3 次。

5）煮浆。豆浆要煮沸腾 2～5 min，防止溢锅和糊锅。

6）点浆。通过投加凝固剂而使蛋白质由凝胶态转变成凝固的蛋白质网络而析出。豆腐质量的好坏，得率多少与点浆有很大关系，这是做豆腐的技术关键所在。点浆温度一般控制在 75℃左右，即豆浆加热结束后不能马上点浆，注意检测温度。温度高时，豆浆凝固快，组织大小不匀，豆腐有麻窝、空穴、质地粗糙。温度低时，凝固物过于柔软，不易保持形状。一般是用卤水（氯化镁）为凝固剂，一边加凝固剂，一边搅动，开始可以激烈搅动，以后逐渐减慢，出现凝固现象就停止。

7）静置（蹲脑）。点完浆后，要静置一段时间，并注意保温，析出物逐渐连成整体，即豆腐脑，待析出的豆清水不太混浊后就可以上包了。如果静止时间太短，蛋白质凝固物的结构物不牢固，包水性差，豆腐缺乏弹性，出品率较低。生产老豆腐时，要在静置结束后适当划脑，便于上包后排水。

8）摊布、浇制。包布要选择孔隙较大、粗壮结实的布料。质地太细，出水性能差；质地太粗，又容易流出蛋白质凝固体。浇制时先用温水洗一下包布，浇入后，将凝固的豆腐脑包严，按照制品的规格加压成型。此过程温度以70℃左右比较适宜，在50 kg/m$^2$左右压力下成型2 h，成型后洒上凉水，降低温度，拆开包，切分为成品。后期可以采用塑料盒分装。

## 思考题

1．玉米籽粒的组织结构包括哪些部分？各个部分的主要化学成分是什么？
2．评价玉米储存品质的指标有哪些？
3．玉米加工方法有哪些类型？
4．玉米水汽调质的目的和原理是什么？
5．玉米脱皮的目的是什么？玉米脱皮的方法有哪些？
6．玉米脱胚破糁的目的和工艺要求是什么？主要设备有哪些？
7．按照颗粒大小来分，玉米脱胚破糁后在制品有哪些类型？
8．分级选胚与提糁的目的是什么？主要方法有哪些？
9．玉米联产加工工艺流程有哪些类型？
10．什么是玉米糁？评价玉米糁的质量指标有哪些？
11．简述豆腐生产的机理和主要过程。

# 任务5　有机挂面的加工

## 1　挂面制作的基本原理和方法

按照配方，在原、辅料中加水，进行一定时间的搅拌混合和面，再经过一定时间的放置熟化使小麦粉中的蛋白质吸水膨胀而相互黏接形成面筋，同时使小麦粉中的淀粉吸水浸润饱满起来，从而使没有可塑性的小麦粉成为具有可塑性、黏弹性和延伸性的颗粒状湿面团，通过轧片把面团轧成一定厚度的面带，通过切片把面条纵切成一定宽度的面条。如果生产当天销售的湿切面，到此即可以切断出售。把面条定长切断，再通过保湿干燥，将鲜湿面条干燥到安全水分后通过切断、计量、包装等工序，即生产出成品挂面。

概括说，将原、辅料经过和面、熟化、压面、干燥、切断等工序，逐步完成面带中面筋的形成和均匀分布，并经过干燥工序达到面条储藏所要求的安全水分，就是挂面生产的基本原理。从挂面生产的基本原理可知，面筋形成的好坏是决定挂面质量的一个重要原因。

## 2　工艺流程

挂面的加工流程见图1。

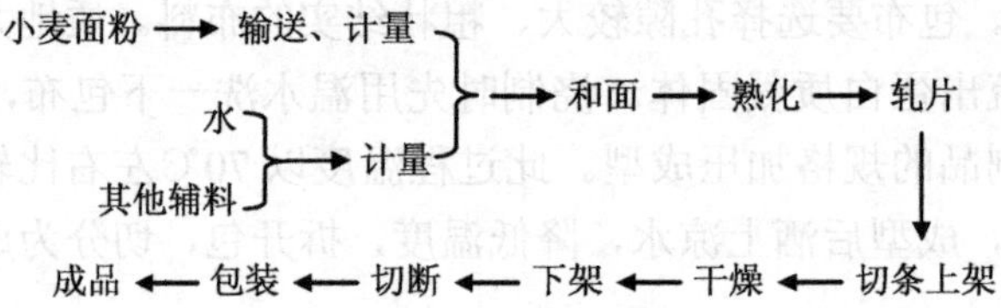


**图 1　挂面加工流程**

## 3　操作要点

### 3.1　配料

小麦粉：有机挂面使用有机小麦粉生产，要求面粉中蛋白质含量为 8%～10%，湿面筋含量为 28%～32%，灰分含量为 0.4%～0.65%，面团具有好的延伸性、弹性和可塑性，制出优质挂面。

水：水是制作挂面不可缺少的重要条件，在制面过程中必加水和面，其用量常为面粉总量的 1/3 左右，和面用水必须是软水（硬度 0～1.43 mmol/L）。水的硬度过大，硬水中的金属离子与面筋中蛋白质、淀粉结合，会降低面筋的延伸性和弹性、淀粉的可塑性，从而削弱面团的黏度和工艺性能。

食盐：食盐是挂面生产常用的辅料之一，不仅具有一定的调味作用，还是挂面形成面筋的强化剂与面团改良剂。因此，日本挂面生产及我国引进的挂面自动生产线以及手工拉面、方便面生产都用盐水和面。食盐在制面中的作用表现如下：

1）吸湿性强，分布在面筋性蛋白质周围，能起固定水分作用，有利于形成充分吸水膨胀、互相连接更加紧密的湿面筋网络结构。增强面筋质的弹性和延伸性，从而提高面团的内在质量，减少挂面的湿断条。

2）使和面时面粉吸水快而均匀，缩短和面时间，提高面团质量。

3）在一定程度上抑制某些杂菌生长和抑制酶的活力，能防止面团在热天很快变酸。

4）具有一定的调味作用。

食盐的添加有一个适量范围，过多使用食盐，会使面筋蛋白变质，降低湿面筋的数量和质量，使面团的弹性和延伸性同时降低。在挂面生产中其添加量为 2%～3%。

碱：挂面加适宜碱，其一，可使挂面产生较好的色泽，使面条呈淡黄色，显示出独有的风味。其二，可以增强筋力，煮时不易浑汤，复水性也可以加快。其三，可中和面粉中的游离脂肪酸，防止脂肪氧化酸败。但不宜加入太多，否则使面条硬度增加，甚至损坏面筋的网络结构，降低面团的加工性能。加碱可根据各地习惯而异，一般为小麦质量的 0.1%～0.2%。

### 3.2　和面

（1）和面的作用

在小麦粉中加入适量的水和其他辅料，经过一定时间的搅拌，使各种原辅料混合均匀；使小麦粉中所含的非水溶性蛋白质（麦胶蛋白和麦谷蛋白），吸水膨胀，相互黏连，逐步形成具有韧性、黏性、延伸性和可塑性、变形性能最佳的湿面筋。与此同时，小麦粉中在常温下不溶于水的淀粉粒子吸水湿润，逐步膨胀饱满起来，并使其胶化后的淀粉被面筋网络所包围，从而使原来没有黏连性、延伸性和可塑性的小麦粉转变成为具有黏弹性、延伸性和可塑性的湿面团，为轧片、切条和具有良好的烹调性能准备条件。和面工艺要求：料坯呈散豆腐渣状的松散颗粒，并且干潮适当，色泽均匀，不含生粉，手握能成团，轻轻揉搓能松散成小颗粒。

（2）影响和面效果的因素

1）加水量。加水量一般为面粉重量的 28%～32%。挂面生产中由于是机械压片、悬挂式烘干，为了减少压片时黏辊，悬挂时断条，烘干时消耗能量，生产中对加水量进行了限制。实际生产可以按表 1 加水。

表 1　100 kg 小麦粉加水量对照表（面团含水 33%）

| 小麦水分/% | 12 | 12.5 | 13 | 13.5 | 14 | 14.5 | 15 |
|---|---|---|---|---|---|---|---|
| 加水量/kg | 31.3 | 30.6 | 29.85 | 29.1 | 28.36 | 27.61 | 26.87 |

2）水温。和面用水温度以 20～25℃为宜。水温根据面粉中最适蛋白质吸水温度来掌握。实践证明，面粉中蛋白质的最佳吸水温度为 30℃左右，温度达到 50℃以上时，蛋白质受热变性影响湿面筋的形成。

3）和面时间。一般以 10～15 min 为宜，和面时间过长：温度升高，蛋白质热变性。和面时间过短：混合不均，面筋形成不够。

（3）和面操作

预先将精盐、食碱用温水化开，再加水至和面所需的水量，一般用水量为面粉总重量的 30%～32%。春、夏、秋季用常温水和面即可，冬季用 25～30℃的温水。食盐的用量为面粉重量的 1%～2%，冬季少加，夏季多加。在挂面生产中加入食盐（氯化钠），可以增强湿面筋的弹性和延展性，改善面团的工艺性能，减少挂面的湿断条，提高正品率：由于盐水有较强的渗透作用，所以在和面时可使面粉吸水快而均匀，容易使面头成熟；食盐有一定的保湿作用，在烘干时，湿面条不会过快干燥，容易控制干燥条件；食盐还有抑制杂菌生长和抑制酶活性的作用，能防止面团在热天酸败，而且食盐还有一定的调味作用。加入食碱（碳酸钠）和加入食盐对面筋质有相似的作用，还可以使挂面产生一种特有的碱性风味，吃起来比较爽口。将玉米粉和小麦粉一起投入和面机，加入水，开动和面机，和面的时间不少于 20 min。在开机过程中，控制好每次进料量，保证均匀一致地掌握适宜的加水量。干面头和半干面头必须经过浸泡才能加入和面机内，而且要把加入量和用水量与总用水量统一起来，以免和出的面团过软或过硬。使用和面机一定要注意安全。国内和面机多数为卧式双轴和面机，结构如图 2 所示。在机器运行过程中，应经常检查发动机的发热情况、皮带运行情况，发现问题及时处理；清理打扫和面机时，一定先切断电源再进行，如发现意外停车，必须将机内的物料卸放干净后再启动电动机，以免损坏电动机或传动件。

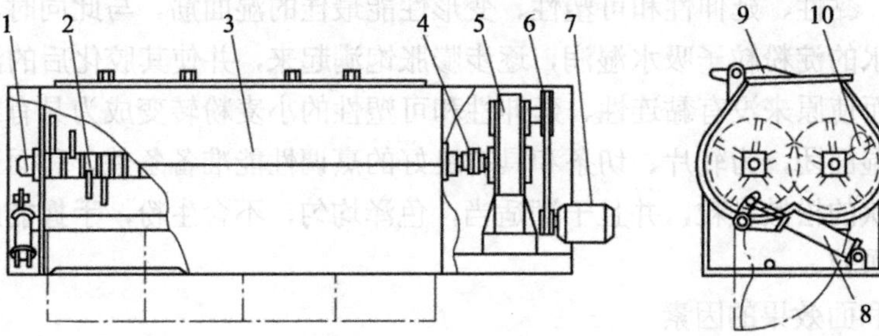


（a）正面图　　（b）侧面图

1—轴承座；2—搅拌轴；3—箱体；4—联轴器；5—减速器；

6—皮带及大小链轮；7—电动机；8—汽缸；9—盖；10—搅拌轴

**图 2　卧式双轴和面机**

### 3.3　熟化

熟化即放置成熟，或自然成熟的意思，也就是借助时间的推移来自动地改善原料、半成品或成品的品质的过程。挂面制作中“熟化”，俗称“醒面”或“存粉”，即把经过和面后的颗粒状面团存放一段时间，促使水分子最大限度地渗透到蛋白质内部，进一步形成面筋质，改善面团的工艺性质。

熟化可以使水分最大限度地渗透到蛋白质胶体粒子的内部使之充分吸水膨胀互相黏连，进一步形成面筋网络组织；通过低速搅拌或静置，消除面团的内应力使面团内部结构稳定；促进蛋白质和淀粉之间的水分自动调节达到均质化，起到对粉粒的调节作用；对下道复合压片工序起到均匀喂料的作用。熟化过程中若采用长时间的静置，面团会黏连结块。为防止面团结块，熟化一般都采用低速搅拌的方法。熟化时间一般为 10～20 min。和面时间+熟化时间=30 min。搅拌速度在面料能保持松散的颗粒状态和不影响供料的前提下，搅拌速度越慢越好，以 8～10 r/min 为宜。理想的熟化温度为 25℃。

### 3.4　轧片与切条

轧片，又称压面、辊轧，把经过和面与熟化的散料，通过几道轧辊形成面带。轧片方法有两种。单片压延：散料直接经轧辊初压成面带，再依次通过几组轧辊逐步压薄到所需厚度。复合压延：散料同时通过两对轧辊压成两条面片，再经过一对轧辊把它们压成一块面片，再依次通过几组轧辊，逐步把面片压薄，如图 3 所示。

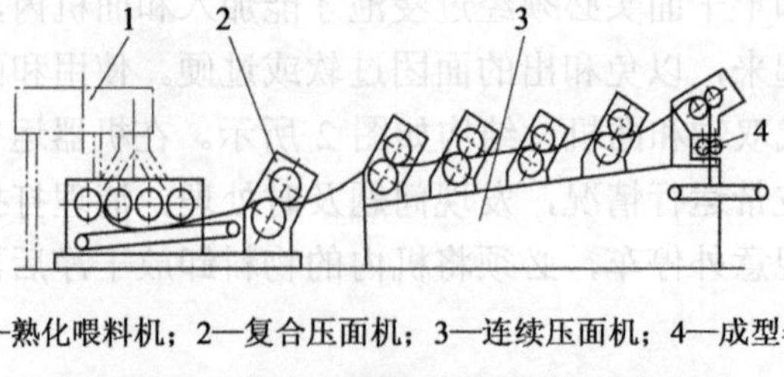


1—熟化喂料机；2—复合压面机；3—连续压面机；4—成型器

**图 3　熟化、复合、连续压片及成型器的配置**

资料来源：胡永源. 粮油加工技术[M]. 北京：化学工业出版社，2006。

轧片的作用：一是将松散的面团辊压成细密的、达到规定厚度要求的薄面片；二是压延过程中，面筋蛋白逐渐由零乱、无序状态转为有序状态，面筋蛋白受压变细，成为纤维状，沿压延方向分配，同时将淀粉颗粒包裹其中，形成更为完善的面筋网络体并最终在面片中均匀排列，使面片具有一定的韧性和强度以保证产品质量；三是压延使面带水分分布更加均匀。

轧片的工艺要求是面片厚薄均匀、平整光滑、无破边、无洞孔、色泽均匀并有一定的韧性和强度。

压面机类型（按轧辊排列方式不同划分）：①卧式压面机：每对轧辊呈水平排列。调轧距难，进料易。②立式压面机：每对轧辊沿竖直方向排列。进料难，调轧距易。③倾斜式压面机：每对轧辊呈45°或60°倾斜排列。进料易，调轧距易。面片的厚度由第1道的4 mm变为最后一道的1 mm。注意面团的喂入情况，保持喂料均匀不断。

在面条成型器内有面刀，面刀的槽宽有 1 mm、1.5 mm、2 mm、3 mm、6 mm，根据需要使用不同槽宽的面刀。湿面条的长度为1.4 m。

## 3.5　干燥

挂面干燥是挂面生产工艺中十分重要的工序，它直接影响挂面正常烹调性能和挂面产品质量。如果干燥不当，会发生酥条，降低挂面成品质量，严重地影响生产的正常进行。热空气将热能传递给湿面条，湿面条内的水分就向外扩散，汽化，离开湿物料进入热空气。挂面干燥的关键是采用合理的温度和湿度，使表面水分汽化速度等于内部水分扩散速度，达到降低水分（40%～45%降低至14%）、固定面条组织的目的，从而利于储存。

（1）干燥机理

用面杆悬挂在隧道式烘干室套筒滚子链条上或索道式烘干室固定在钢索上的面杆挂架上的湿挂面，随着链条或钢索的移动缓慢地匀速前进，与烘道中流动着的干燥介质（烘房热空气或常温的空气）接触，把热量传给湿挂面表面，表面水分逐步蒸发，扩散到周围干燥介质中去。这样湿挂面表面的水分就低于湿挂面内部的水分，产生了水分的“浓度差”，也称“内外水分差”或“水分梯度”。有了浓度差就会产生扩散现象，湿挂面内部的水分就会逐步扩散到表面上来。湿挂面表面的水分被流动着的干燥介质带走，内部水分再扩散到表面进行蒸发，如此连续进行，使湿挂面逐渐干燥。

（2）关键问题

当已干燥的挂面吸收空气中的水分后，会发生轻微膨胀，使原有的细微裂纹扩大，内伤暴露，用手握住一把挂面一捏，就碎裂为长短不一的短面条或碎面条，下锅一煮就变成面糊，这就是通常所说的“酥面”或“酥条”现象。

根据一般物体的干燥原理与挂面干燥的特殊性，可知发生酥面的原因是在干燥过程中，湿挂面的外扩散快于内扩散。因此防止发生酥面的方法是防止湿面条表面结膜，控制外扩散速度，使外扩散与内扩散基本平衡。主要措施是在主干燥阶段保持一定的相对湿度，这种特殊的烘干方法叫作“保湿烘干”或者叫作“调湿干燥”。

（3）烘干过程

预干燥（冷风定条）→主干燥（保潮出汗和升温降潮）→终干燥（降温散热）

冷风定条。冷风定条是挂面干燥的预备阶段。所谓冷风定条，就是只进行通风，不加热，少排潮，以自然蒸发为主来降低湿挂面的表面水分，使湿挂面尽快失水收缩，初步固定挂面的形状，防止因自重拉伸而断条。在这个阶段，干燥室室内温度一般低于车间温度1～5℃，相对湿度为85%～95%，干燥时间占干燥总时间的10%～20%。根据引起面条断条的界限含水率为27%～28%，湿挂面的水分应降低在28%以内。但具体应根据各地不同的气候条件和各生产部门不同的烘干室情况灵活掌握，原则是要求悬挂在隧道里的湿挂面停止伸长。

保潮出汗。在这个阶段应逐步加温，不排或少排潮，保持较高的相对湿度，使湿面条在热、潮、闷的环境下发汗，使内部水分畅快地向外扩散。这个阶段的温度一般控制在35～40℃，相对湿度以80%～90%为宜，干燥时间占干燥总时间的10%～15%，湿挂面的水分应该从28%以内降低到25%以内。这个阶段使水分外扩散与内扩散速度基本平衡，面条内部水分缓慢扩散到表面蒸发。在这种情况下，湿挂面内部水分向表面扩散的道路畅通，如同人体在闷热的环境中出汗一样，使湿挂面内部的水分畅通无阻地逐步向表面扩散，出现了一种近似于“返潮”的现象，这就是“保潮出汗”的特殊表现。

升温排潮。升温排潮是挂面干燥的主要阶段。在此阶段，进一步提高干燥室室内的温度，同时大量地排潮，适当降低相对湿度，使挂面在高温低湿的热通风中，迅速蒸发水分。一般在这个阶段，温度为40～45℃，相对湿度由85%逐步降低到65%左右，干燥时间占总时间的30%～35%。湿挂面的水分从25%降低到16%左右，挂面已经基本干燥。

降温散热。这是挂面干燥的最后阶段。在这一阶段，可以继续不断地通风，缓慢降低温度，降温速度为0.5℃/min，逐渐达到或略高于室温，同时继续蒸发掉一部分水分，达到产品质量标准所规定的水分低于14.5%。在这一阶段，温度一般降至高于室温2～10℃，相对湿度为60%～70%，干燥时间占干燥总时间的20%～30%。

## 3.6 切断、包装

烘干后的干挂面，送包装房冷却至15～25℃，切段，每段长180～260 mm。称量后用复合薄膜密封包装，防止吸湿软化甚至霉变，特别在梅雨季节，加盐挂面，不宜用纸卷简易包装。包装剩下的面头，加面粉中进行和面再加工。

## 思考题

1. 简述挂面和面的基本机理和过程。
2. 食用碱在挂面中的作用有哪些？
3. 简述熟化的作用和工艺要求。
4. 简述轧片的作用和技术要求。
5. 简述挂面烘干的基本原理。
6. 论述挂面烘干过程和各过程的特征。

# 任务 6　有机面包的加工

## 1　面包的定义分类

根据《面包质量通则》（GB/T 20981），面包指以小麦粉、酵母、食盐、水为主要原料，加入适量辅料，经搅拌面团、发酵、整形、醒发、烘烤或油炸等工艺制成的松软多孔的食品，以及烤制成熟前或后在面包坯表面或内部添加奶油、人造黄油、蛋白、可可、果酱等制品。主要分为软式面包、硬式面包、起酥面包、调理面包。

### 1.1　按照面包用途分类

1）主食面包。主食面包是当作主食来消费的，包括吐司面包（平顶或枕形面包）、大圆形面包、法式面包等。根据国际上主食面包的惯例，以面粉量作基数计算，糖用量一般不超过 10%，油脂低于 6%。主食面包通常是与其他副食品一起食用，所以本身不必添加过多的辅料。国内厂家和面包房多采用二次发酵法制作。

2）点心面包。点心面包是供消费者作为甜点食用的，市场上常见的花式面包就属于该类。其品种甚多，包括夹馅面包、油炸面包圈等。与主食面包相比，其结构更为松软，体积大，风味优良，除面包本身的滋味外，尚有其他原料的风味。

### 1.2　按照面包质感分类

1）软式面包（soft bread）：是指组织松软、气孔均匀的面包。例如，汉堡包、热狗、三明治等。我国生产的大多数面包属于软式面包。我国消费者喜欢的吐司面包和大部分花式面包都属于软式面包。

2）硬式面包（hard bread）：是指表皮硬脆、有裂纹，内部组织柔软的面包。例如，法国长棍面包、俄罗斯面包，以及我国哈尔滨生产的大列巴等。

## 2　实训案例一：有机主食面包的生产

（1）配方

中种面团：高筋有机面粉 70 g、即发干酵母 0.6 g、水 42 g。

主面团：高筋有机面粉 30 g、食盐 2 g、有机砂糖 8 g、有机黄油 8 g、有机奶粉 4 g、水 16 g。

（2）操作过程

原辅料→调粉→一次发酵→调粉→二次发酵→切块揉圆→成型→醒发→烘烤→冷却→成品

第一次发酵：根据配方先进行中种面团的调制与发酵，高筋有机面粉、即发干酵母、水混合搅拌调制成面团，在 27～28℃的条件下发酵 7～8 h，待面团发酵成熟后，可进行第二次发酵。

第二次发酵：按配方，在搅拌机内继续投入相关主辅料，搅拌成面团。调好的面团在恒温恒湿发酵箱内进行发酵，发酵条件为温度 28～30℃、相对湿度 80%～85%，发酵时间为 1～2 h，发酵至成熟。

成型、醒发：将发酵好的面团分块，滚圆，成型，然后放入醒发箱中醒发 50～80 min，温度 38～40℃，相对湿度 85%。

烘烤：烘烤温度 180～200℃，时间 15～30 min。

吐司面包通过不同装模改变土司外观造型。通过调节糖的添加量可以制作出甜吐司或咸吐司，往面团里添加可可粉、绿茶粉、全麦粉、黑麦粉、黑芝麻糊、蔬菜汁、蔬菜粒等辅料可制作出口味各异、营养丰富的特色吐司面包。吐司面包还可以通过整型阶段或醒发后，包卷馅或辅以面包装饰料等，生产新式吐司面包。

## 3 实训案例二：有机丹麦面包的生产

丹麦面包（Danish bread）又称起酥面包，属于高档次面包，通常是欧洲人的早餐面包。丹麦面包是在发酵面团中裹入奶油，经过反复压片、折叠，利用油脂的润滑性和隔离性使面团产生清晰的层次，经醒发烘烤后，制成口感酥松、层次分明、入口即化、奶香浓郁的特色面包。丹麦面包品种多样、馅料不同、口味不同。

（1）配方

面团配料：高筋有机面粉 170 g，低筋有机面粉 30 g，有机细砂糖 50 g，有机黄油 20 g，有机奶粉 12 g，有机鸡蛋 40 g，盐 3 g，干酵母 5 g，水 88 g。

裹入用油：有机黄油 70 g。

（2）操作过程

面团搅拌：面粉、糖、盐、酵母、奶粉加入搅拌机搅匀，再加入蛋、水，继续搅拌，直到面团起筋，抻开面团时，可以勉强形成一层薄膜即可。加黄油继续搅拌至微光滑即可。

冷藏松弛：面团覆盖保鲜膜，置于冷藏室松弛（0～5℃）60 min 以上。

分割：根据包油的规格对面团进行分割。

包油：在案板上撒点面粉，将裹入用油压成薄片，把冷冻好的面团取出，擀成长方形面片，宽度比黄油的长度要长一点，长度是黄油宽度的 2 倍；将黄油放在面片的中间，把左右两边的面片折过来，接口处捏紧；将裹了黄油的面片擀成长方形的大片，右边的 1/3 折过来，再把左边的 1/3 也折过来，再将面片对折，这样就完成了一次三折；把折好的面片裹上保鲜膜放入冰箱冷藏松弛 20 min。将松弛好的面片取出，重复一遍前面的过程（擀薄，折叠），也就是完成两轮三折；再把面片放入冰箱冷藏松弛 20 min。将松弛好的面片再次取出，擀成大约 5 mm 厚的大片。

整形：利用前面的面片可以整形为丹麦土司、丹麦牛角包、葡萄干丹麦肉桂卷、丹麦水果排等形态。

发酵：成型的面团坯子，放入发酵箱（28℃左右）发酵 1～1.5 h，发酵到原来的 2～2.5 倍大。

烘烤：上火 200℃，下火 180℃，烘烤 10～15 min 即可。

## 思考题

1. 简述面包生产基本工艺流程。
2. 面包面团调制分几个阶段？如何应用？
3. 面团发酵过程中的主要反应有哪些？如何控制面团的发酵？
4. 什么叫醒发？简述其作用及工艺参数。
5. 面包烘烤分几个阶段？简述其特点。
6. 糖在焙烤食品加工中具有哪些作用？
7. 简答酵母的分类及各类酵母的优缺点。
8. 判断面团成熟度的方法有哪些？
9. 成型适宜程度的判别方法有哪些？
10. 简述影响面包内部组织的因素。
11. 延缓面包老化的措施有哪些？
12. 简述面包的工艺流程。
13. 为什么冷却好的面包一般要及时进行包装？
14. 简述面包辅料（乳、蛋、糖、油）对面团的影响。
15. 影响面团发酵的因素有哪些？
16. 面包烘烤后，为何要冷却后再包装？
17. 什么是面包比容？为什么比容不是越大越好？
18. 为什么发酵成熟的标态是闻到比较强烈的酒香和酸味？发生了何种反应？
19. 在分块搓圆、成型阶段为什么要防止气体逸出？该气体有什么作用？
20. 面包面团调制过程中，为什么黄油要最后加入？
21. 面包在烘烤过程中会有哪些变化？

# 任务7　有机饼干的加工

饼干是以小麦粉、糖、油脂等为主要原料经面团调制、辊轧、成型、烘烤等工序制成的方便食品，其特点是糖和起酥油含量高，含水分较低。

## 1　饼干的分类

《饼干质量通则》（GB/T 20980—2021）中对饼干分类进行了规范，按加工工艺的不同把饼干分为 13 类，主要类型如下：酥性饼干、韧性饼干、发酵饼干、威化饼干、夹心饼干、曲奇饼干、压缩饼干、蛋圆饼干、煎饼、蛋卷、水泡饼干、装饰饼干和其他饼干。市场常见的饼干类型为前三种。

酥性饼干是以谷类粉（和/或豆类、薯类粉）等为主要原料，添加油脂，添加或不添加糖及其他配料，经冷粉工艺调粉、成型、烘烤制成的，断面结构呈多孔状组织，口感酥松或松脆的饼干。

韧性饼干是以谷类粉（和/或豆类、薯类粉）等为主要原料，添加或不添加糖、油脂及其他配料，经热粉工艺调粉、辊压、成型、烘烤制成的，一般有针眼，断面有层次，口感松脆的饼干。置于水中易吸水膨胀的韧性饼干称为冲泡型韧性饼干。韧性饼干又可细分为4种：普通韧性饼干、冲泡韧性饼干、超薄韧性饼干、可可韧性饼干。

发酵饼干是以谷类粉、油脂等为主要原料，添加或不添加其他配料，经调粉、发酵、辊压、成型、烘烤制成的酥松或松脆，具有发酵制品特有香味的饼干。发酵饼干也可细分为3种：甜发酵饼干、咸发酵饼干、超薄发酵饼干。

## 2 韧性饼干的加工

韧性饼干生产的基本工艺流程是：

原辅材料的选择与处理→面团调制→面团辊轧→成型→烘烤→冷却→包装→成品

### 2.1 韧性面团的调制

韧性面团俗称"热粉"，其和面工艺称为热粉工艺，这种面团要求具有较强的延伸性、适度的弹性，柔软、光润，并要有一定程度的可塑性。通过两个阶段完成。第一阶段是使面粉在适宜条件下充分胀润，使面筋蛋白质水化物彼此联结起来，形成面筋的网状结构。第二阶段是继续搅拌，将已形成的湿面筋在机浆不断撕裂下逐渐超越其弹性限度而使弹性降低。这样面团接近终了时，湿面筋含量逐渐降低，面筋吸收的水分会离析出来而使面团变得较为柔软，并且弹性显著降低，这是调粉完毕的重要标志。

影响韧性面团调制工艺的有关因素如下：

1）配料次序：先将面粉、水、糖等原料一起投入和面机中混合，然后再加入油脂继续进行搅拌。这种投料次序是为了使面粉在适宜的条件下充分吸水，有利于面筋的形成。

2）糖、油用量：因高糖、高油脂会影响面团中面筋的形成，所以一般韧性面团的用糖量不超过面粉重量的30%，油脂用量不超过面粉重量的20%。

3）控制面团的温度：韧性面团的温度常控制在36～40℃，这样可以加速面筋形成，缩短面团调制时间。但面团温度过高，化学疏松剂易分解挥发，影响产品的酥松程度。

4）面粉面筋量的选择：生产韧性饼干，一般面粉的湿面筋含量在30%以下为宜。如面粉面筋含量过高，可掺入5%～10%（以面粉为基准）的淀粉。淀粉可冲淡面筋，限制面团的弹性，并可缩短调粉时间。但淀粉的用量不可过多，否则，不仅使面团的黏合力下降，还会使成品易破碎，成品率下降。

5）调粉机的选择：要求调粉机在搅拌过程中，桨叶对面团能不断地拌和、拉伸和撕裂，面团受到较强的拉伸混合作用，使面筋的筋力减弱而保证调粉第二阶段的正确完成。调粉时间与转速要达到韧性面团的工艺要求除了要用热水调粉，还要保证调粉第二阶段的正确完成。第二阶段完成的标志是面团的硬度开始降低。通常采用卧式双桨搅拌机，调制时间控制在20～25 min，转速控制在25r/min左右。

6）面团的静置：一般静置15～20 min。可使拉伸的面团恢复其松弛状态，达到张力消除及弹性、黏性下降的目的，此静置作用是调粉过程所不能取代的。不过，面团是否需要静置要由面团的具体性能而定，若面团已经调制得很好就无须再进行静置。

面团调制结束的判断：观察调粉机的搅拌桨叶上黏着的面团，当可以在转动中很干净地被面团黏掉时，即接近结束。用手抓拉面团时，不黏手，触感柔软，感到面团有良好的伸展性和适度的弹性，撕下一块，其结构如牛肉丝状，用手拉伸则出现较强的结合力，拉而不断、伸而不缩。

## 2.2 韧性面团的辊轧

原理：面团在压面时受机械作用，使它受到剪力和压力而变形，从而使面团产生纵向和横向的张力，通过多次折叠和旋转 90°后的辊压，使面带受到的张力均匀分布，避免张力不均引起变形，见图 1。

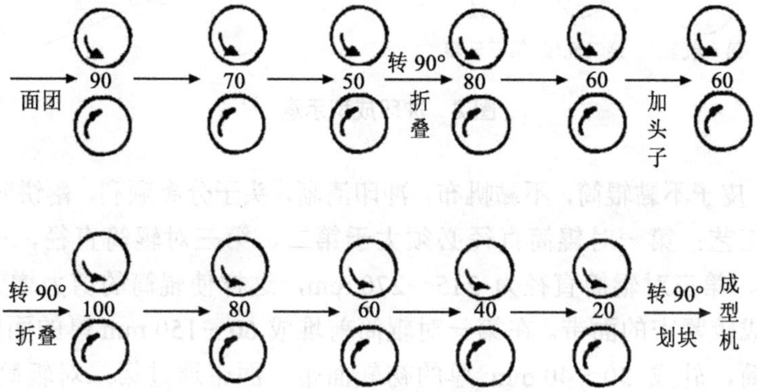


**图 1 多道辊轧示意**

辊压的作用：①排除面团中的部分气泡，防止饼干坯在烘烤后产生较大的孔洞。②提高面团的结合力，使成品表面光滑，有较好的层次结构。冲印后花纹保持能力强。③使弹性减弱。合理的辊压和转向使调粉由于无定向运动产生的不均衡张力消除，从而弹性减弱。④将面团辊压成形状规则、厚度符合成形要求的面片，便于成形操作，辊压过程一般为 9～13 次，辊压时要经过多次折叠并旋转 90°。若不旋转 90°和折叠会使纵向张力超过横向张力，成型后的饼干坯会发生纵向收缩变形。

辊轧时，为防止面带黏辊筒、黏帆布现象，可在面带上均匀地撒少量面粉。注意撒粉不宜过多，否则会减弱面带各层结构之间的结合力，烘烤时制品内部容易形成大的气泡，影响产品质量。

注意事项：①压延比不宜超过 3∶1。②头子加入量一般要小于 1/3，但弹性差的新鲜面团适当多加。③韧性面团，一般用糖量高，而油脂较少，易引起面团发黏。为了防止黏辊，可在辊轧时均匀地撒少许面粉，但要避免引起面带变硬，造成产品不疏松及烘烤时起泡的问题。

## 2.3 成型

饼干成型设备随着配方和品种不同，有摆动式冲印成型机、辊印成型机、辊切成型机、挤条成型机、挤浆成型机、挤花成型机及钢丝切割机等多种形式，各适应不同品种及花样的饼干生产。韧性饼干用冲印成型或者辊切成型，制成各种动物、玩具饼干。酥性饼干特别是含油量高的饼干则用辊印、辊切、挤花、挤条等成型机成型。韧性饼干面团弹性较大，采用凹花有针孔的印模，印模的针孔主要是为了防止烘烤时出现表面起泡和洼底现象。

(1) 冲印成型

冲印成型是将面团辊轧成连续的面带后，用印模将面带冲切成饼干坯的方法。一般采用摆式冲印机，见图 2，这种成型方法适应性广，可用于多种品种的生产，技术也比较容易掌握，目前仍是我国许多饼干厂家采用的主要方法。

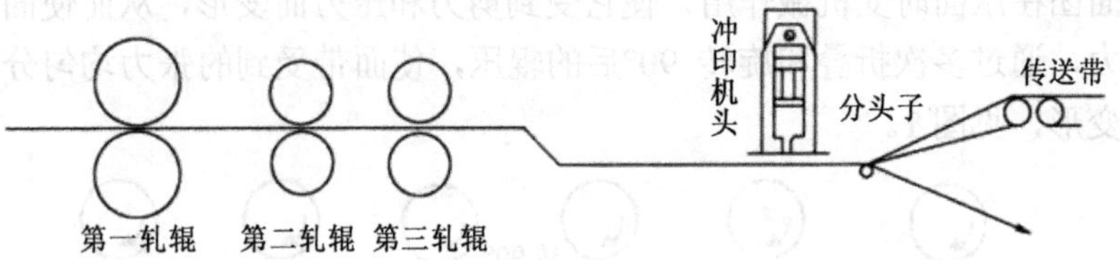


**图2 冲印成型示意**

操作要求：皮子不黏辊筒，不黏帆布，冲印清晰，头子分离顺利，落饼时无卷曲现象。

冲印成型工艺：第一对辊筒直径必须大于第二、第三对辊筒直径，一般为 300～350 mm，第二、第三对辊筒直径为 215～270 mm，这样使辊筒的剪力增大，即使较硬的面团也能轧成较紧密的面带。在第一对辊筒前堆成 60～150 mm 厚的面团，由输送带穿过第一对辊筒，轧成 30～40 mm 厚的初轧面带。面带通过第二对辊筒后，为 10～12 mm 厚，应防止断裂，特别是面团软硬有变化时，更应注意，若需要可适量撒面粉。第三对辊筒压成的面带厚度为 2.5～3 mm，可根据品种进行调节。冲印成型的特点之一是在冲印后将饼坯与头子分离，头子用另一条角度约为 20°的斜帆布向上输送，再回到第一对辊筒前面的帆布上重复压延。这也是完成冲印的最后一道工序，常称为分拣。韧性饼干和苏打饼干面团因具有一定的弹性，头子的分离工作并不困难；酥性饼干面团头子分离时，由于面皮弹性小，结合力差，机械运转不协调时，头子容易断裂，会给分拣工作带来困难。

注意事项：发现面带黏辊，表面可撒少许面粉；面带黏帆布，可在第一对辊筒前的帆布上撒面粉；辊筒必须有刮刀，清洁辊筒表面的粉屑；辊筒加工要求光洁度高，硬度高；辊筒的运转速度要随时加以调节，防止面带被拉断或拉长，以及重叠涌塞，破坏皮子的合理压延比（一般不超过 1∶4）；辊筒间的面带不能绷得太紧，否则会使纵向张力增强，造成冲印后的饼坯在纵向收缩变形。

(2) 辊切成型

人们根据辊印成型机的原理将冲印成型机作了改进，设计出了目前国际上较流行的新式设备辊切成型机（rotary cutter）。辊切成型机集辊印、辊切于一体，可单辊或双辊模具使用，结构先进完善，主要用于生产韧性饼干。其机身前半部分与冲印成型机相同，是多道压延辊，成型部分由一个扎针孔、一个压花纹的花纹芯子辊和一个截切饼坯的刀口辊组成，如图 3 所示。经压延后的面带，先经花纹芯子辊压出花纹（若是韧性、苏打饼干，则同时扎上针孔），再在前进中经刀口辊切出饼坯，然后由斜帆布输送带分离头子。在芯子辊和刀口辊的下方各有一个直径相同的与两辊对转的橡胶辊，它的作用是压花和作为切断时的垫模。

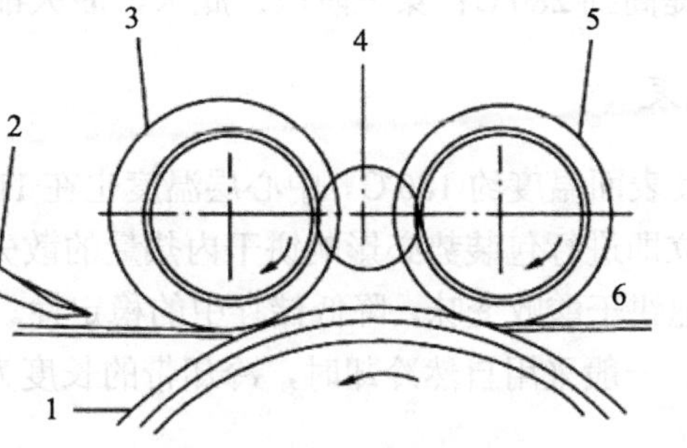


1—橡胶辊；2—头子分离；3—切口切辊；4—调节器；5—花芯辊；6—帆布

**图 3　辊切成型机示意**

这种机械不仅具有占地小、效率高、制片灵活、厚薄可调节、噪声小等优点，还有一个重要优点是对面团的适应性较强，不仅适宜于韧性、苏打饼干，也适应酥性、甜酥性饼干，同时适合生产各类高、中档，咸、甜、厚、薄饼干。

## 2.4　韧性饼干的烘烤

一般采用传动式平炉，长 40～60 m，分为若干个温区。饼干坯在每一个温区有着不同的变化，即冷凝、膨胀、定型、脱水和上色。

1）冷凝阶段：饼干坯进入烤炉后的开始阶段饼坯表面温度低，使炉内最前部的水蒸气冷凝成"露滴"，凝聚在饼干的表面增大饼坯的水分，直到表面达到 100℃为止。这段时间很短。但是饼干坯表面结构中的淀粉粒在高温高湿条件下迅速膨胀糊化，使烘焙后的饼干表面产生光泽。

2）膨胀过程：当温度达 35℃时，配方中加入的碳酸氢铵即开始分解产生二氧化碳和氨气。当温度达 65℃时，碳酸氢钠也开始分解，并且随着温度升高，上述分解越来越快，由于饼坯具有湿面筋所特有的对气体的抗张力，在突然形成的强大的气压膨胀下，饼干的厚度急剧增加。另外，受热后，饼坯内部水分开始蒸发：烘烤时，水分都通过饼坯表面进行蒸发。当饼坯内部水分汽化时，体积增加许多，这也是饼坯体积胀发的原因之一。

3）定型：这是烘烤过程的延续，疏松剂分解完毕，同时表层温度已达到 100℃左右，表面淀粉、蛋白质受热凝固，使厚度逐渐变薄、定型，一直到烘烤结束，厚度不会再有多大的变化。烘烤完毕时，饼子成品和生坯相比，酥性饼干一般增长 160%～250%，韧性饼干增长 200%～300%。

4）脱水：饼干坯中的水分有游离水、吸附水和结合水三种形式。在烘烤过程中游离水容易排除，胶粒吸附水次之，结合水的排除最难。烘烤前阶段排出的水分主要是游离水和吸附水；中间阶段排出的水分除游离水和吸附水，尚有少量结合水；后阶段主要是结合水。

5）上色阶段：饼干坯脱去大量水分后，进入表面美拉德反应和焦糖化反应的变化。pH 与美拉德反应速率有关，pH 越低，反应速率越慢；pH 越高，反应速率越快。一般认为 pH 为 8 时，美拉德反应上色最明显。

韧性饼干的烘烤管理要求：第一阶段：较高的底火温度，较低的面火温度；第二阶段：

底火不变，面火逐步提高到280℃；第三阶段：底火、面火都降低到200℃。

### 2.5 饼干的冷却包装

刚出炉的饼干，其表面温度约180℃，中心层温度也在110℃左右，含水量8%～10%，质地非常柔软，此时立即进行包装势必影响饼干内热量的散失和水分的继续蒸发，不仅饼干易变形，而且会加速饼干酸败变味，降低储存中的稳定性。因此，必须将其冷却到38～40℃，才能进行包装。一般采用自然冷却时，冷却带的长度为炉长的1.5倍才能使饼干达到温度和水分要求。

刚出炉的饼干非常柔软，特别是油、糖用量高的甜酥性饼干更软，略受外力的影响就容易变形。因此，在冷却过程中，要求饼干铺在平整的冷却运输带上，不要互相重叠，避免剧烈翻动或碰撞，以免饼干弯曲变形。

刚出炉的饼坯若立即置于低温、低湿的环境中，或用鼓风机吹，对饼干品质是有害的。因为骤然降温、强烈的热量交换和水分急剧蒸发，会使饼干内部产生内应力，当应力超过一定限度时，饼干就会出现裂缝。所以，饼干出炉后不能骤然冷却，要避免用鼓风机吹，必要时需在冷却带上加装罩子，以免冷却速度过快。冷却最适宜温度为30～40℃，相对湿度为70%～80%。

目前较长的烤炉，一般在后区域即停止加热、开始降温，这样就可以防止饼干出炉后突然遇冷而产生内应力，造成裂缝或者变形。不过，饼干在炉内降温时间不宜太长，因为饼干过度冷却、变硬，会造成出炉后刮饼困难。

冷却至适宜温度的饼干应立即进行包装、储藏和上市出售。饼干包装必须符合国家卫生标准。饼干最适贮存温度为18℃以下，相对湿度不超过75%，避光保存。

## 3 酥性饼干的加工

酥性饼干是指以小麦粉、糖、油脂为主要原料，加入膨松剂和其他辅料，经冷粉工艺调粉、辊压或不辊压、成型、烘烤制成的表面花纹多为凸花，断面结构呈多孔状组织，口感酥松或松脆的饼干；其水分不大于4.0%，碱度（以碳酸钠计）不大于0.4%。典型代表物为桃酥、曲奇。酥性饼干外观花纹明显，结构细密，孔洞较为显著，呈多孔性组织，口感酥松，属于中档配料的甜饼干。酥性饼干生产选用低筋面粉，糖与油脂的用量要比韧性饼干多一些，一般要添加适量的辅料，如乳制品、蛋品、蜂蜜或椰蓉等营养物质或赋香剂。生产这种饼干的面团是半软性面团，面团弹性小，可塑性较大，饼干块形厚实而表面无针孔，口味比韧性饼干酥松香甜，主要作点心食用。

酥性饼干生产的基本工艺流程是：

原辅材料的选择与处理→面团调制→辊印成型→烘烤→冷却→包装→成品

酥性饼干生产的主要设备有：卧式调粉机、轧皮压片机、辊印式成型机、远红外隧道电烤炉、出炉架、180°转弯冷却输送机、过渡架、饼干整理机及包装机等。

### 3.1 酥性面团的调制

酥性面团因其温度接近或略低于常温，比韧性面团温度低得多，因此常被称作“冷粉”。在面团调制过程中要控制面筋的吸水率，从而使其具有较好的可塑性和有限的黏弹性。使面团有结合力，不黏辊和模具，成品有良好的花纹，具有保存能力，形态不收缩变形，烘烤后具有一定的膨胀率。

在具体调制面团时应注意以下几个问题。

（1）配料次序

先将油、糖、水等辅料在调粉机中预混均匀，然后再投入面粉、淀粉、奶粉等原料，继续调制成合适的面团。这样的配料顺序不仅可以缩短面团调制时间，更主要的是使面粉在一定浓度的糖浆及油脂中吸水胀润，从而限制面筋蛋白质的吸水，控制面筋的形成。

（2）糖、油脂用量

糖和油脂都具有反水化作用，是控制面筋胀润的主要物质，因此它们在酥性面团中的用量都较高。一般糖的用量可达面粉重量的 32%～50%，油脂用量达到面粉量的 40%～50%或更高一些。

（3）加水量

在调制酥性面团时，加水量不能过多。加水太多，面筋蛋白质就会大量吸水，为湿面筋的充分形成创造了条件，另外，要注意调粉过程中不能随便加水，更不能一边搅拌一边加水，面团一遇水，立即成筋。加水量控制在 3%～5%，最终面团的含水量在 16%～20%为宜。

（4）调粉温度

酥性和甜酥性面团属冷粉，但面团温度过低会使黏性增加，结合力较差而无法操作，使表面不光，花纹不清，韧缩变形。面团温度过高，会提高面筋蛋白质的吸水率，增加面团的筋力，同时温度过高还会使面团中的油脂外溢，使面筋蛋白质胶粒表面的结合力减弱，造成面团松散，无法压出整张皮子，表面不光，饼干结构遭到破坏。因此，面团的温度应控制在 20～26℃，冬季面团的温度可以比该温度稍高 2～3℃。

在实际操作中，冬季可用水或糖水的温度来调节面团温度；夏季气温高要使用冰水和经过冷藏的面粉、油脂来调节面团温度，这样才能获得较为理想的面团。

（5）调制时间

调制时间过长，会使面团的筋性增大，造成韧缩，花纹不清，表面不光，起沟，凹底，体积收缩变形，饼干不酥松。一般调制的时间为 5～10 min。

（6）头子的添加

头子是饼干成型工序中在冲印或辊切成型时分下来的面带部分。头子应返回到前道工序中重新进行制坯。其中一部分要在面团调制时加入，另一部分要在辊轧面带时加入。头子因经多次辊轧和较长时间放置，其内部含有较多的湿面筋，弹性也较大。如果把头子大量加入正在调制的面团中，势必要增加面团的筋力，所以不可过多使用。头子的加入量必须控制在面团量的 1/10～1/8，但当面团筋性太弱，达不到酥性面团应有的弹性时，可适量多添加头子，以弥补该面团筋力的不足。头子与新鲜面团之间的温差也不能太大，否则会影响整个面团的温度。

（7）淀粉的添加

淀粉加入是为了降低吸水率，冲淡面筋浓度。对于面筋含量较高的面粉，调制酥性面团时加入淀粉是很必要的，添加淀粉的结果就是使面团的黏性、弹性和结合力适当降低。但添加量不宜过多，只能使用面粉量的 5%～8%，过多使用会影响饼干的胀发力和成品率。

（8）静置

酥性面团调制完毕是否需要静置，要视面团各种性能而定。若面团按预定的规程和要求调制完毕出现黏性过大、胀润度不足及筋力较差等情况时，即可采取静置措施，使这种调粉不足的面团通过静置来获得补偿（与韧性面团的静置作用恰好相反）。通常静置时间为 5～10 min。

### 3.2　酥性面团的辊压

酥性面团采用辊印成型的一般不需要辊轧。直接进入下一道成型工序。

若采用冲印或辊切方式成型，酥性面团辊轧的目的是要得到平整的面片，但长时间辊轧，会形成面片的韧缩。由于酥性面团中油、糖含量多，轧成的面片质地较软，易于断裂，所以不应多次辊轧，更不要进行 90°转向，一般以 3～7 次单向往复辊轧即可，也有采用单向一次辊轧的。酥性面团在辊轧前不必长时间的静置，酥性面团轧好的面片厚度约为 2 cm，较韧性面团的面片更厚，这是由于酥性面团易于断裂，另外酥性面团比较软，通过成型机的轧辊后即能达到成型要求的厚度。

### 3.3　成型

（甜）酥性面团都不必经过辊轧就可以直接成型。高油脂饼干一般都采用辊印成型，辊印成型饼干的花纹是冲印成型无法比拟的。

（1）辊印成型

辊印成型机结构如图 4 所示，面团调制完毕后，即置于加料斗中，在喂料槽辊及花纹辊相对运动中，面团首先在槽辊表面形成一层结实的薄层，然后将面团压入花纹辊的凹模中。花纹辊压入的面团表面不能十分平服，经切线方向的刮刀切去多余的面屑，花纹辊中的饼坯受到包着帆布的橡胶辊吸力而脱模。饼坯由帆布输送带送入烤炉网带或钢带。其特点是没有头子，省略了许多机械动作，也减少了生产管理环节。

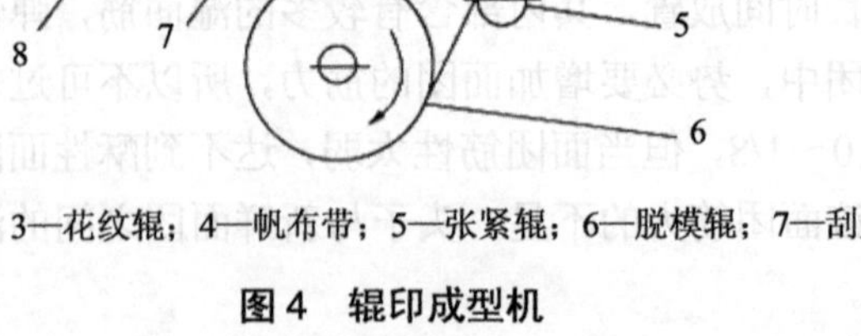


1—料斗；2—面团；3—花纹辊；4—帆布带；5—张紧辊；6—脱模辊；7—刮刀；8—喂料辊

图 4　辊印成型机

辊印成型对面团的要求：面团稍硬一些，弹性小一些。面团过软会造成喂料不足，脱模困难，刮刀铲不清饼坯底板上多余的面屑，使饼坯外圈留有边尾形态不完整。弹性过大会出现半块或残缺不全的饼坯。但面团也不能过硬及弹性过小，过硬的面团同样会使压模不结实，造成脱模困难及残缺，烘出饼干表面有裂纹，破碎率增大。

（2）辊切成型

辊切成型集冲印成型和辊印成型于一体，是将面团辊轧成连续的面带后，面带先由花纹辊压出饼坯的花纹，然后前进，再用后方的刀口辊将印好花纹的面带切成饼坯，与此同时产生了头子。再由斜帆布分去头子，重新调面或压延。由于这种成形机是先将面团压延成面带，然后再辊切成形，因此，具有广泛的适应性。它既可生产韧性饼干、苏打饼干，又可生产酥性和甜酥性饼干，这种成型法在国际上得到了广泛的应用。在国内，由于印辊的制造难度较大，尚未推广使用，但它的先进性和合理性已经显示了它的发展前景。

### 3.4 酥性饼干的烘烤

隧道式烤箱采用下列工艺，时间 4～6 min。

第一阶段：较高的底火温度，较低的面火温度；

第二阶段：底火不变，面火逐步提高到 280℃；

第三阶段：底、面火都降低到 200℃。

如果烤箱不能分段烘烤，炉温则控制在 240～260℃，烘烤 3.5～5 min，成品含水率为 2%～4%。

## 4 发酵饼干的加工

市面常见的发酵饼干为苏打饼干。发酵饼干是利用生物膨松剂（酵母）与化学疏松剂相结合制作的饼干，可以分为咸发酵饼干和甜发酵饼干两种。酵母在生长繁殖过程中产生二氧化碳，使面团胀发，在烘烤时二氧化碳受热膨胀，再加上油酥的起酥效果，形成疏松的质地和清晰层次的内相。面团经过发酵，其中的淀粉和蛋白质部分地分解成易被人体消化吸收的低分子营养物质，使制品具有发酵食品特有的香味，由于化学疏松剂的作用，制品表面有较均匀的起泡点，又因含糖量极少，所以表面呈乳白色略带微黄色泽，口感松脆。

### 4.1 发酵饼干的配方

发酵饼干要求有较大的膨胀率，应使用强力粉。但是，为了提高饼干的酥松程度，一般都配入 1/3 的弱力粉。标准配比是油∶糖=10∶（0～1.5），（油+糖）∶小麦粉=1∶（4~6），配方中增加蘑菇便可制成蘑菇苏打饼干，添加洋葱汁便可制成葱油苏打饼干，添加芝麻仁便可制成芝麻苏打饼干。其典型配方如表 1 所示，选用有机原料。

**表 1 发酵饼干各种配方实例** 单位：kg

| 工序 | 原辅料用料 | 咸奶苏打饼干 | 芝麻苏打饼干 | 葱油苏打饼干 | 蘑菇苏打饼干 |
|---|---|---|---|---|---|
| 第一次调粉 | 小麦粉（强） | 40 | 35 | 40 | 50 |
| | 白糖 | 2.5 | 1.5 | 1.5 | 3.5 |
| | 鲜酵母 | 1.5 | 1.2 | 2 | 2.5 |
| | 食盐 | 0.75 | 0.5 | 0.75 | 0.8 |

| 工序 | 原辅料用料 | 咸奶苏打饼干 | 芝麻苏打饼干 | 葱油苏打饼干 | 蘑菇苏打饼干 |
|---|---|---|---|---|---|
| 第二次调粉 | 小麦粉（弱） | 50 | 55 | 50 | 40 |
| | 饴糖 | 3 | 2 | 1.5 | 2 |
| | 精炼油 | 8 | 8 | 10 | — |
| | 猪板油 | 4 | 5 | 4 | 6 |
| | 人造奶油 | 6 | 5 | — | 10 |
| | 奶粉 | 3 | 2 | 1 | 1.5 |
| | 鸡蛋 | 2 | 2.5 | 2 | 3 |
| | 白芝麻 | — | 4 | — | — |
| | 洋葱汁 | — | — | 5 | — |
| | 鲜蘑菇汁 | — | — | — | 3 |
| | 碳酸氢钠 | 0.4 | 0.3 | 0.25 | 0.4 |
| | 碳酸氢氨 | — | — | 0.2 | 0.2 |
| | 面团改良剂 | 0.002 | 0.002 5 | 0.002 | 0.003 |
| 擦油酥 | 小麦粉（弱） | 10 | 10 | 10 | 10 |
| | 猪板油 | 1 | 5 | 5 | 2 |
| | 人造奶油 | 4 | — | — | 3 |
| | 食盐 | 0.35 | 0.3 | 0.5 | 0.5 |

### 4.2 发酵饼干面团的调制与发酵

面团的调制与发酵一般采用两次发酵法。

（1）第一次调粉和发酵

原辅料的用量：①面粉：总量的40%～50%；②酵母：0.5%～1.5%；③温水：40%～42%（标准粉）、42%～45%（特制粉）。

技术指标：调粉时间：卧式调粉机中4 min；温度：冬天28～32℃，夏天25～28℃；发酵时间：4～6 h或6～10 h；发酵终点面团的pH为4.5～5。

经过第一次发酵后酵母在面团中得到充分繁殖，以增加面团发酵潜力。酵母的呼吸和发酵作用时产生的$CO_2$使面团体积膨松，继续发酵产生的$CO_2$超过面团本身抗胀限度，使面筋的网络结构破坏而塌架。同时无氧呼吸产生的乙醇使面筋溶解和变性。乳酸菌和醋酸菌的代谢产物——乳酸和醋酸也使面筋蛋白质变性。通过上述一系列变化使面团弹性降低到理想的程度。

（2）第二次调粉和发酵

原辅料的用量：①面粉：剩余50%～60%面粉，最好使用弱质粉，可使口感疏松形态完美。②温水：量的多少与第一次发酵程度相关，第一次发酵愈老，则加水量就愈少。③小苏打：在调粉将要完毕时加入，有利于面团光滑。④其他辅料：油脂、盐、磷脂、饴糖、奶粉、蛋。

工艺技术指标：调粉时间：5 min；面团温度：30～33℃（冬天），28～30℃（夏天）；发酵时间：3～4 h。第二次配料中有大量油脂、食盐及碱性疏松剂，使酵母作用变得困难，但酵头中大量酵母的繁殖，使面团具有较强发酵潜力。

（3）影响发酵的因素

1）面团温度：因酶的活性和酵母的活力对温度有一定要求，发酵最佳温度为28～32℃。要根据冬、夏气温作适当升、降温调节。温度过高，则易产酸，不利酵母生长繁殖，温度过低，使发酵迟缓，面团发不透也易产酸，体积发得不足。

2）加水量：加水量取决于面粉的吸水率。较软的面团湿面筋形成度高，抗胀力弱，发得快，体积大。正常情况下面团体积随加水量增加而增大。

3）用糖量：第一次发酵时若补充1%～1.5%的饴糖或葡萄糖，有助于加快发酵速度。过量的糖对发酵极为有害。糖浓度较高的面团，会产生较大的渗透压力，使酵母细胞萎缩，并造成细胞原生质的分离而大大降低酵母活力。

4）用油量：苏打饼干的用油量与酥松度密切相关。油脂能影响发酵。油脂会在酵母细胞膜周围形成一层不透性的薄膜而阻碍酵母正常的代谢作用。这种作用使用液体油脂时由于油脂流散度高而更剧烈，故常用猪油或固体起酥油。为解决提高酥松度，又减少对发酵的影响，一般部分油脂和面粉、食盐等拌成油酥在辊轧时加入。

5）用盐量：苏打饼干的用盐量一般是1.8%～2%。盐最显著的特点是抑制杂菌的作用，同时也抑制酵母。可通过分批加入以避免对酵母的抑制。通常以盐总量的30%在第二次发酵时加入。其余70%在油酥中加入，以防止数量过多对酵母作用的影响。盐对面筋有增强其弹性和坚韧性的特点，使面团抗胀力提高。食盐又是面粉中淀粉酶的活化剂，会增加淀粉的转化率，供给酵母充分的糖分。

6）酵母的质量和面粉性能也极为重要。

### 4.3　发酵饼干面团的辊轧

把配方中剩余的盐、起酥油拌匀成油酥，对苏打饼干面团多采用往返式压片机，这样便于在面带中加入油酥，反复压延。苏打饼干面团的每次辊轧的压延比不宜过大，一般控制在1∶2～1∶2.5，否则，表面易被压破，油酥外露，饼干膨发率差，颜色变劣。逐渐压薄，进行折叠并旋转90°，再辊轧，达到面团光滑细腻。

### 4.4　成型

凡是面团具有一定韧性的饼干品种都可用冲印成型，发酵饼干面团采用冲印成型，详见韧性饼干成型。

### 4.5　烘烤、冷却与包装

在烤炉温度为260～280℃下，烘烤6～8 min即可，成品含水常在2.5%～5.5%。出炉冷却30 min，整理、包装成为成品。

注意事项：各种原辅料须经预处理后才可用于生产。小麦粉需过筛，以增加蓬松性。剔除杂质；糖需溶化；油脂融化成液态；各种添加剂需溶于水过滤后加入。在面团辊轧过程中，需要控制压延比：未夹油酥前不宜超过3∶1；夹油酥后一般要求2～2.5∶1。辊轧后与成型机前的面带要保持一定的下垂度，以消除面带压延后的内应力。

## 思考题

1. 饼干有哪几类？其产品有何特点？其工艺和配方上有何区别？
2. 请简单介绍饼干加工的基本工艺。
3. 饼干生产中对原料有何要求？
4. 请介绍不同种类面团调制的方法及区别（主要介绍酥性、韧性和发酵面团）。
5. 简述辊轧的目的及操作要点。
6. 为什么饼干出炉时不宜采用强风快速冷却？
7. 为什么韧性饼干的生产宜采用带有针柱的凹花印模？
8. 发酵饼干面团发酵一般采用二次发酵法，第一次发酵的目的是什么？
9. 韧性面团的调制要分哪两个阶段来控制？

# 任务 8　有机糕点的加工

## 1　知识准备

糕点是以面粉、糯米、砂糖、油脂为主要原料，配以蛋品、乳品、果仁等辅料，经过面团或面浆调制、成型、装饰等加工工序，以人们的嗜好要求为基础制成的调理食品。

《糕点通则》（GB/T 20977—2007）中糕点是按加工工艺分类的，按热加工和冷加工，糕点的分类如表 1 所示。

**表 1　糕点分类**

| | | |
|---|---|---|
| 热加工糕点 | 烘烤糕点 | 酥类、松酥类、松脆类、酥层类、酥皮类、水油皮类、糖浆皮类、松酥皮类、硬酥皮类、发酵类、烘糕类、烤蛋糕类 |
| | 油炸糕点 | 酥皮类、水油皮类、松酥类、酥层类、水调类、发酵类、糯核类 |
| | 水蒸糕点 | 蒸蛋糕类、印模糕类、韧糕类、发糕类、松糕类 |
| | 熟粉糕点 | 热调软糕类、印模糕类、切片糕类 |
| | 其他 | 除烘烤糕点、油炸糕点、水蒸糕点、熟粉糕点外的熟加工糕点 |
| 冷加工糕点 | — | 冷调韧糕类、冷调松糕类、蛋糕类、油炸上糖浆类、萨其马类 |

糕点是粮油食品中的一大类，品种繁多，分类复杂。根据糕点的用料及产品特征可分为两大类。

（1）蛋糕

蛋糕是最常见的一种产品类型，市售蛋糕多属于烘烤糕点的烤蛋糕类。蛋糕是以鸡蛋、面粉、砂糖为主要原料制成的具有浓郁蛋香味、质地松软或酥散的焙烤方便食品。根据其配料的不同又可分为以下几类：

海绵蛋糕：又称清蛋糕，有丰富的、细密的气泡结构，质地松软，富有弹性。

油脂蛋糕：质地酥散，滋润，带有油脂尤其是奶油的特有香味。

水果蛋糕：在油脂蛋糕中加入 1 种或几种水果制成的果味蛋糕。根据果料加入的多少又可分为重型、中型和轻型 3 种水果蛋糕。

装饰大蛋糕：以海绵蛋糕或油脂蛋糕为糕坯，经过适当装饰制成的具有一定艺术品位的喜庆蛋糕。糕体装饰得华贵而又高雅，精美而又别致。

（2）点心

点心是继面包和蛋糕之后发展起来的一大类焙烤食品，品种丰富，各有特色。点心配方中蛋用量少，有的甚至完全不用，质地酥松，主要依靠油脂、糖以及化学疏松剂的作用。点心按商业习惯又分为中式点心和西式点心。

中式点心：多以小麦粉为主要原料，以油、糖、蛋为辅料，油脂侧重于植物油和猪油，调味料多用糖渍桂花、玫瑰、味精、十三香等，风味以甜味和天然香味为主，成熟方式有焙烤、蒸煮和油炸。

西式点心：在选料上，专用面粉、油、糖、蛋、奶并重，油脂侧重于奶油，同时使用较多的巧克力、鲜水果等。风味上带有浓郁的奶香味，并常带有香精、香料形成的各种风味。成熟方式以焙烤为主。

## 2 实训案例：有机戚风蛋糕的加工

（1）配方

蛋白 500 g，蛋黄 250 g，泡打粉 10 g，低筋面粉 500 g，盐 5 g，白砂糖 350 g，水 325 g，塔塔粉 5 g，色拉油 250 g。有机配料不低于 95%。

（2）操作要点

1）蛋黄糊制作。先将水、白砂糖和盐放入盆子中，搅拌至糖溶化，加入色拉油混合；再加面粉、泡打粉（事先过筛），拌成糊状。最后加入蛋黄并搅拌均匀，备用。

2）蛋白膏制作。将蛋白与塔塔粉放入搅拌缸中，高速搅打；当蛋白打至乳白时，加入糖，继续搅打。不时检查蛋白的搅打程度，一直搅打到蛋白出现峰状为止。

3）蛋黄糊和蛋白膏的混合。先将约 1/3 蛋白膏倒入蛋黄糊中搅匀；再将其倒回搅拌缸中与剩余蛋白膏一起搅拌均匀即可。

4）烘烤。烘烤戚风蛋糕的温度比一般海绵蛋糕低，厚坯：炉温上火 180℃、下火 150℃；薄坯：炉温上火 200℃、下火 170℃，蛋糕出炉后可以倒扣在冷却架上，减少收缩。

（3）注意事项

1）制作戚风蛋糕时，蛋白的搅打程度应控制在软峰阶段（湿性发泡），即以蛋白膏的峰尖略为下弯为宜。蛋白的搅打程度对戚风蛋糕的质量有重要影响。搅打不足，蛋糕体积小，不疏松；搅打过度，蛋白膏太硬，与蛋黄部分不能均匀混合，使成品的质地变差。

2）塔塔粉的作用在于稳定蛋白泡沫。塔塔粉是一种有机酸盐（酒石酸氢钾），它可以使蛋白膏的 pH 降低至 5~7，此时蛋白泡沫稳定。塔塔粉的加入量为蛋白量的 0.5%～1%。

3）糖可增加蛋液的黏度，使泡沫稳定。但黏度太大，蛋液不容易充分发泡，使搅打时间延长。故搅打时，一般后加糖，这样打出的蛋白膏体积较大，但为了安全起见，糖不宜加得太迟。

4）油脂具有消泡作用。在制作乳化海绵蛋糕时，加入蛋糕油可以抵抗油脂的消泡作用。由于制作戚风蛋糕不加蛋糕油，所以要注意油脂的影响。在分蛋时，蛋黄不能混入蛋白，因蛋黄含有较多的脂肪。此外，搅打蛋白的设备（搅拌缸、搅拌头）事先应清洗干净。

## 3 实训案例：有机中式糕点的加工

### 3.1 桃酥加工

（1）原料与配方

有机低筋粉 1 kg，有机糖粉 350 g，有机食用油 344 g，有机鸡蛋 50 g，小苏打 10 g，葱 25 g，精盐 13 g。

（2）生产工艺流程

配料→制坯→成型→刷蛋液→装饰→烘烤→成品→冷却

（3）操作技术要点及注意事项

1）搅拌。配料是决定桃酥品质的重要工序，主要是由油、糖粉、面调制而成的。首先将面粉放在桌上，使呈盆形，然后将糖粉、油、鸡蛋、小苏打、盐和葱屑放在其中，拌匀擦透，调成软硬适宜松散状面团。

2）成型。将糖油面搓成长条，摘剂子，每只重 15 g，揿扁成凹凸不平的圆形皮子即可。可以使用模具。成型时，将擦透的半成品放入木制圆形的模子内，用力按压，使其在模内黏结，用薄片刮去多余的粉屑。再将模内的葱油桃酥生坯敲出，敲出的桃酥码入烤盘，要轻拿轻放，防止走形，码盘的距离要适合于加温焙烤，块间距离要均匀。

3）焙烤。为增加制品表面光泽，可涂蛋液后再入炉烘烤，炉温是决定桃酥品质的关键。如温度过高会烤焦，表层不易出裂纹；温度过低则延长焙烤时间，水分大量散失，制品干硬，色泽灰白。炉温应以 160～180℃、烤 8～9 min 为宜，桃酥出现裂纹并稍带黄色为熟。

4）冷却。桃酥焙烤出炉之后，余热未散尽，桃酥发软，需要一定的冷却时间，冷却后即为成品。

### 3.2 常州马蹄酥

（1）原料与配方

配方（制 200 只）：有机低筋粉 4.8 kg、绵白糖 2.05 kg、酵种 25 g、饴糖 25 g、食碱 10 g、豆油 1.95 kg。

（2）生产工艺流程

配料→和面→成型→烘烤→成品→冷却

（3）操作技术要点及注意事项

1）将面粉（1.8 kg）放入面缸，放入酵种。把绵白糖（350 g）、豆油（350 g）分放在面粉的两边，倒入开水 500 g，拌和揉成油糖面团。再将食碱（5 g）用 25 g 热水溶化后倒入，反复揉匀，划开透气，5～6 min 后揉和到一起，制得糖油面团约 3 kg。

2）将食碱（5 g）用 25 g 热水溶化后倒入面缸，再放入面粉（3 kg）、绵白糖（1.6 kg）、（豆油 1.6 kg）拌和，搓匀即成糖油酥 6.2 kg。

3）将糖油面团搓成长条，摘剂子 200 只（每只重 15 g），揿扁成边薄中厚的圆形皮子，每只包入糖油酥（31 g），收口捏拢，揿扁后用擀棰成直径约 6.7 cm 的酥坯。然后在酥坯正面刻上马蹄印，将饴糖用热水 75 g 稀释后，涂刷在酥坯面上，待桶炉烧热，将酥坯底面抹少许清水贴入炉中（每炉可贴 100 只），炉口上盖一水钵，用微火烘烤。4 min 后，端去水钵，将绵白糖（50 g）撒入水中，覆盖水钵（不使漏气），同时用湿布塞住桶炉风口，焖约 3 min。待炉内糖烟消散、热气冒出时，端去水钵，出炉即成。

本品呈金黄色，酥软微脆、香甜盈口、油而不腻，为常州地方特色点心，是馈赠亲友的佳品。

## 3.3 广式月饼

（1）配方

1）皮料（10 kg）：有机面粉 5 kg、糖浆 4～4.2 kg、花生油 1.2 kg、碱水 80～90 g

糖浆配方：白砂糖 3.25 kg、清水 1.13～1.3 kg、柠檬酸 1.7～2.3 g

碱水配方：碱粉 16.9 g、小苏打 2 g、开水 67.5 g

饰面料：鸡蛋液 500～1500 g

2）馅料：广式月饼馅料非常丰富，不同馅料配料如表 2 所示。

表 2 广式月饼常见馅料

| | 配料表 |
|---|---|
| 莲蓉月饼（莲蓉馅约 53 kg） | 红莲蓉：莲子 17 kg、白砂糖 25.6 kg、花生油 5.12 kg、碱水 940 g、猪油 4.29 kg<br>白莲蓉：莲子 11.6 kg、白砂糖 34.8 kg、猪板油 2.3 kg、花生油 3.48 kg、碱水 780 g |
| 玫瑰豆沙月饼（玫瑰豆沙约 43 kg） | 赤豆 14.3 kg、白砂糖 20.1 kg、花生油 7.33 kg、糖玫瑰 1 kg、碱水 140 g |
| 五仁甜肉月饼（五仁甜肉馅约 42.4 kg） | 糖渍肥肉 15 kg，白砂糖、南杏仁、瓜子仁、糖冬瓜各 2.5 kg，核桃仁、芝麻、清水各 2 kg，榄仁、熟糯米粉各 4 kg，糖橘饼、糖玫瑰、花生油各 1 kg，汾酒 400 g |
| 榄仁莲蓉肉月饼（榄仁莲蓉馅约 53.2 kg） | 莲蓉 39.5 kg，榄仁 1.5 kg，熟冰肉、糖冬瓜粒各 1 kg |
| 蛋黄莲蓉月饼（蛋黄莲蓉馅约 53.2 kg） | 莲蓉 48.4 kg、咸蛋黄 384 只 |
| 豆沙肉月饼（豆沙肉馅约 43 kg） | 豆沙 39.5 kg、熟冰肉 2.6 kg、糖冬瓜粒 1 kg |
| 榄仁豆沙肉月饼（榄仁豆沙肉馅约 43 kg） | 豆沙 39.5 kg、榄仁 1.54 kg、熟冰肉、糖冬瓜各 1 kg |
| 豆蓉肉月饼（豆蓉肉馅约 43 kg） | 豆蓉 39.5 kg、熟冰肉 2.6 kg、糖冬瓜 1 kg |
| 烧鸡月饼（烧鸡馅约 42.3 kg） | 烧鸡（净肉）4 kg，糖渍肥肉 14 kg，熟芝麻、南杏仁各 1.3 kg，核桃仁、瓜子仁各 2 kg，白砂糖 3.83 kg，精盐、白酒、芝麻油各 167 g，糖橘饼 500 g，榄仁 3.3 kg，北茹 1 kg，胡椒粉 16.7 g，柠檬叶 33 g，红色甜姜 333 g，花生油 833 g，熟糯米粉 4.83 kg，味精 6.7 g，清水 2.33 kg |
| 金腿月饼（金腿馅约 50.9 kg） | 金华火腿（净肉）4.84 kg，糖渍肥肉 16.9 kg，熟芝麻、南杏仁各 2 kg，核桃仁 3.22 kg，瓜子仁 2.4 kg，胡椒粉 20 g，白酒、芝麻油、食盐各 200 g，熟糯米粉 5.83 kg，花生油 1 kg，糖橘饼 603 g，白砂糖 4.62 kg，榄仁 4 kg，柠檬叶 40 g，味精 8 g，清水 2.8 kg |
| 腊肠叉烧月饼（腊肠叉浇馅约 42.3 kg） | 腊肠 4 kg，叉烧 5 kg，核桃仁 2 kg，瓜子仁 1.67 kg，南杏仁 1.33 kg，胡椒粉 17 g，白酒、精盐、芝麻油各 167 g，熟糯米粉 4.83 kg，花生油 833 g，糖橘饼 500 g，熟芝麻、糖莲子各 1.67 kg，白砂糖 10.8 kg，榄仁 5.33 kg，味精 6.7 g，柠檬叶 33 g，清水 2.33 kg |
| 五仁咸肉月饼（五仁咸肉馅 44.5 kg） | 糖渍肉 15 kg，白砂糖、南杏仁、瓜子仁、糖冬瓜各 2.5 kg，核桃仁、芝麻、精盐、清水各 2 kg，糖橘饼、糖玫瑰、花生油各 1 kg，柠檬叶 100 g，榄仁、熟糯米粉各 4 kg，汾酒 400 g |

（2）操作要点

1）制糖浆：先将清水的3/4倒入锅内，加入白砂糖煮沸5～6 min，再将柠檬酸用少许水溶解后加入糖溶液中。如果糖溶液沸腾剧烈，要将剩余的清水逐渐加入锅内，以防止糖液溅泻。煮沸后改用慢火煮30 min左右，煮至剩下的糖液约4 kg即成月饼糖浆，储放15～20 d后才能使用。

2）制碱水：取碱粉16.9 g，加入小苏打2 g，用开水67.5 g溶解，冷却后使用。

3）制皮面：将面粉放在台板上围成圈，放入糖浆和碱水，充分混合后再加入花生油，然后徐徐加入面粉，揉搓成细腻发暄的软性面团。面团要在1 h内成型完毕。

4）制馅：按不同品种配制成馅。

5）成型：南北各地制作广式月饼方法大致相同。在包馅时，除馅心配方略有不同外，皮馅比例也有差异，如广东制品的皮馅比例为1∶（4～6），沪式制品为1∶（1.6～1.8），滇式制品为1∶1.2，京式制品为1∶1.45，东北各地制品为1∶0.88。先将饼皮压成扁圆薄片，然后放入馅心，揉圆收口朝下，装入特制的木模印内或已加热的铜模内（模印上刻有产品名称，模内先刷层油）用手轻轻压实，再用木模敲击台板，小心将饼磕出（铜模可在烘烤后脱膜）。生坯上烤盘，准备烘烤。

6）烘烤；生坯表面刷一层清水，入炉（炉温150～160℃）烤5 min左右，待饼面呈微黄色后取出刷上鸡蛋液，再入炉烘烤15 min左右，如饼面呈金黄色，腰面呈象牙色即成。若炉温200℃，烘烤13 min；若炉温250℃，烘烤10 min。

本品质量标准：

1）外形：圆整饱满，纹印清晰不糊，四周饼腰微凸，饼面不凹缩，没有毛边、爆裂、漏馅等现象。

2）色泽：饼面棕黄色，金黄油润，圆边象牙色泽（乳黄色），底部棕黄而不焦黑。

3）组织：皮馅厚薄均匀，馅料中的肉膘、果料、蜜饯大小均匀、软硬适度，皮馅紧贴。

4）口味：皮质松软、爽口不腻、无膻味，具有各品种的特色风味。

## 思考题

1．什么是蛋糕？它分为几类，其特点是什么？

2．海绵蛋糕多孔泡沫组织形成的原理是什么？

3．油脂蛋糕的冷油法和热油法是如何进行的？

4．蛋糕加工使用的蛋品是什么？其他蛋品少用或不用的原因是什么？

5．乳化的含义是什么？乳化剂的含义是什么？

6．鸡蛋在蛋糕加工中的作用有哪些？

7．蛋糕加工对小麦粉的要求有哪些？

8．小麦粉含有哪些成分？其对蛋糕加工的影响如何？

9．什么是淀粉的老化？

10．蛋糕加工专用小麦粉的改良方法有几种？改良所要达到的目的有哪些？

11．乳化剂在蛋糕加工中的作用是什么？蛋糕加工常用的乳化剂有哪几种？

12．糖和甜味剂在蛋糕加工中的作用有哪些？常用的糖和甜味剂有哪几种？

13. 油脂在蛋糕加工中的作用是什么？蛋糕加工常用的油脂有哪几种？
14. 蛋糕制作中使用的膨松剂有哪些？各自有什么优缺点？
15. 蛋糕加工中使用最多的香味剂是哪几种？
16. 海绵蛋糕泡沫体形成的影响因素有哪些？各自所起什么作用？
17. 蛋糕烘烤的目的是什么？
18. 请简述蛋糕加工的基本过程。

# 任务 9　有机休闲食品的加工

## 1　知识准备

休闲食品（leisure food）其实也是快速消费品的一类，是人们在闲暇、休息时所吃的食品。其最贴切的解释是吃着玩的食品。其主要分类有：干果、膨化食品、糖果、肉制食品等。干果、肉制食品在本书其他任务里有阐述，本节主要介绍使用粮食为主原料生产的膨化食品。膨化食品，国外又称挤压食品、喷爆食品、轻便食品等，是近些年国际上发展起来的一种新型食品。它以谷物、豆类、薯类、蔬菜等为原料，经膨化设备的加工，制造出品种繁多、外形精巧、营养丰富、酥脆香美的食品，因此，独具一格地形成了食品的一大类。由于生产这种膨化食品的设备结构简单，操作容易，设备投资少，收益快，所以发展得非常迅速，并表现出了强大的生命力。目前，市场上常见产品类型如雪米饼、薯片、虾条、虾片、爆米花、米果等。

广义上的膨化食品，是指凡利用油炸、挤压、沙炒、焙烤、微波等技术作为熟化工艺，在熟化工艺前后，体积有明显增加现象的食品。从物理定义上来看，膨化是利用相变和气体的热压效应原理，使被加工物料内部的液体迅速升温汽化、增压膨胀，并依靠气体的膨胀力，带动组分中高分子物质的结构变性，从而使之成为具有网状组织结构特征，定型的多孔状物质的过程。膨化食品是指以膨化工艺过程生产的食品。

## 2　膨化食品的生产技术

### 2.1　实训案例一：有机香脆薯片

薯片是最常见的休闲食品之一，其生产原理是利用油炸膨化。

（1）原料准备和要求

有机马铃薯、有机大豆油

（2）工艺流程

清洗→脱皮→切片→浸烫→脱水→油炸→脱油→调味→冷却→包装

（3）操作要点

切片：手工切片不均匀，一般选用旋转刀片自动切片。切片厚度根据块茎采收季节、储藏时间、水分含量多少而定。刚采收的马铃薯块茎饱满，含水量高，切片厚度掌握在 1.8～2.0 mm。储藏时间长，水分蒸发量大，块茎固形物含量高，切片厚度以 1.6～1.8 mm 为佳。切好的薯片要放在水池中用清水洗净表面的淀粉，防止预煮时淀粉糊化黏片，影响油炸效果。

浸烫：将洗净的薯片倒入沸水中热烫 2～3 min，煮至切片熟而不烂，组织比较透明失去马铃薯的硬度。目的是破坏马铃薯中酶的活性，防止高温油炸褐变，同时失去组织内部水分，使其易于脱水。预煮好的马铃薯片立即倒入冷水池中冷却，防止薯片组织进一步受热软化破碎。同时为防止薯片高温时变褐或变红，需加入适量的柠檬酸进行护色。为了提高油炸薯片的风味，增加薯片的外观色泽，提高消费者的食欲，护色后的薯片可以在加有1%～2%的食盐和加有一定量色素柠檬酸的水池中再浸泡 10～20 min，使盐味和色素渗透到整片中，这样油炸后的薯片咸淡适宜，外观好。

脱水：将加盐和着色符合工艺要求的薯片从水池中捞起，再倒入脱水机中脱去部分游离水。因薯片表面含水太高油炸时表面起泡，泡内含油，既影响产品外观，也增大耗油量，薯片脱水越高越好。

油炸：采用水油混合油炸机，因为水油比重不同，水在下边，油在上层受热炸制薯片。用来炸制薯片的油脂采用耐高温、不易挥发、不易酸败变质的棕榈油。油温在 210～230℃的条件下，油炸薯片的色泽均匀，表面含油量少，油耗低；如果在低于 200℃的较低温度下油炸，薯片表面颜色深，含油量多，影响产品质量。

调味冷却：采用自动调味机，调味滚筒采用不锈钢制作，薯片在滚筒的旋转中均匀翻动，采用翻滚法或喷雾法加入调料，调味均匀以满足不同消费者的口味。

包装：经调味冷却至常温后，根据不同的设计要求选用充气包装机进行装袋，称重，包装，最后入库销售。

### 2.2 实训案例二：三维立体膨化食品

三维立体膨化食品是一种较为新颖的膨化食品。其按所使用的原料不同可分为马铃薯三维立体膨化食品和谷物三维立体膨化食品，谷物三维立体膨化食品以成本低廉而更具市场优势。三维立体膨化食品的外观不落窠臼，一改传统膨化食品扁平且缺乏变化的单一模样，采用全新的生产工艺，使生产出的产品外形变化多样、立体感强，并且组织细腻、口感酥脆，还可做成各种动物形状和富有情趣的妙脆角、网络脆、枕头包等，所以一经面世就以其新颖的外观和奇特的口感受到消费者的青睐。

（1）主要原料

玉米淀粉、大米淀粉、马铃薯淀粉

（2）工艺流程

配料、混料→预处理→挤压→冷却→复合成型→烘干→油炸→调味、包装

（3）操作要点：

配料、混料：该工序是将干物料混合均匀与水调和达到预湿润的效果，为淀粉的水合作用提供一些时间。这个过程对最后产品的成型效果有较大的影响。一般混合后的物料含水量在 28%～35%，由混料机完成。

预处理：预处理后的原料经过螺旋挤出使之达到 90%～100%的熟化，物料是塑性熔融状，并且不留任何残留应力，为下一道挤压成型工序做准备。本工序由特殊螺旋设计，有效的恒温调节机构来控制，一般设定温度为 100～120℃，中压在 2～3 个大气压。

挤压：这是该工艺的关键工序，经过熟化的物料自动进入低剪切挤压螺杆，温度控制

在 70～80℃。经过特殊的模具，挤压出宽 200 mm、厚 0.8～1 mm 的大片，大片为半透明状，韧性好。其厚度直接影响到复合成型和烘干的时间，所以模具中一定装有调节压力平衡的装置来控制出料均匀。

冷却：挤压过的大片必须经过 8～12 m 的冷却长度，有效地保证复合机在产品成型时的脱模，为节省占地面积，可把冷却装置设计成上下循环牵引来保证最少 10 m 的冷却长度。

复合成型：该工序由三组程序来完成。第一步为压花：由两组压花辊来操作，使片状物料表面呈网状并起到牵引的作用。动物形状或其他不需要表面网状的片状物料可更换为平辊使其只具有牵引作用。第二步为复合：压花后的两片经过导向重叠进入复合辊，复合后的成品随输送带进入烘干，多余物料进入第三步回收装置，由一组专往挤压机返回的输送带来完成，使其重新进入挤压工序，保证生产不间断。

烘干：挤出的坯料水分处于 20%～30%，而下一道工序之前要求坯料的水分含量为 12%，由于这些坯料此时已形成密实的结构，不可迅速烘干，这就要求在低于前面工序温度（通常为 60℃）的条件下，采用较长的时间来进行烘干，以保持产品形状的稳定。另外，为使复合后的坯料不致互相黏连，最好装有微振动装置使产品烘干后能互相独立。

油炸：烘干后的坯料进入油炸锅以完成蒸煮和去除水分，使产品最终水分达到 2%～3%。坯料因本身水分迅速蒸发而膨胀 2～3 倍，并呈立体状，造型栩栩如生。然后再进行甩油去除油腻感而进入最后一道工序。

调味、包装：该工序可根据消费者的口感来进行产品表面喷涂粉状调味料，用自动滚筒调味机和喷粉机或用八角调味机来完成即可。

## 2.3　实训案例三：有机雪饼的加工

雪饼通常用粳米或糯米制作，目前我国市场上流行的各种雪饼即为粳米焙烤膨化产品。在焙烤膨化中，饼坯在焙烤炉中的过程可划分为三个阶段，即软化段、膨化段、着色段。其过程如下：

米饼坯（加热）→饼坯软化（加热）→饼坯延展→饼坯膨化（水分汽化）→着色→干燥硬化→制品

饼坯从进入焙烤炉中开始，发生了如下变化：

生坯的性质与结构状态发生了变化：生坯受热，水分温度迅速升高，淀粉凝胶开始崩解，淀粉从老化状态逐步回到糊化状态，软化为具有一定弹性和可塑性的料坯。

生坯内的水分性质及空气发生变化：加热使生坯水分转变为气体迅速汽化，同时，饼坯中的空气受热体积增大，形成向外的膨胀力。温度越高，空气和水蒸气形成的膨胀压力越大，使生坯容积发生了膨胀，成为疏松多孔的成形制品。

（1）原辅料的验收

有机大米的验收，选用无杂质，颗粒饱满，无黄、无霉变、优质的晚粳米，大米验收依据《绿色食品　稻米》（NY/T 419—2014）进行。

大米的存储：大米经验收后，在避光、常温、干燥和有防潮设施处储存。存储条件要求清洁、干燥、通风良好，无虫害及鼠害，严禁与有毒、有害、有腐蚀性、易发霉、发潮、有异味的物品混存。

（2）生产工艺

浸米→磨粉→蒸练→揉练→成型→一干→收坯→二干→理坯→膨化→淋油→喷糖→理饼、整列→包装机→装袋封口→装箱→入库

（3）操作要点

浸米：规定数量的合格大米倒入浸米桶内，并对大米质量进行感官检验，放水进行浸泡，并保证水流能够正常循环。达到浸泡时间后，开始进行沥水，根据产品不同，浸米时间有差异。工作中随时用毛巾将浸米桶表面擦拭干净，并确保放米池内外的卫生。

磨粉：大米经过沥水后，再经磨粉机处理，磨成细度均匀的米粉。工作中随时将磨粉机及其周围清洁干净，对磨粉机内壁附上的米粒进行清扫，夏季每班二次，冬季每班一次。

蒸练：将米粉加入带有搅拌器的蒸锅中，加入一定量淀粉（约3%）、白糯米粉（1%～2%）和水（10%），通过蒸汽加热形成米团，蒸汽压力一般在0.03 MPa左右，时间为8～10 min。每班对蒸锅表面用水冲洗两次，除去粉尘等。

揉练：蒸练好的米团经过水槽降温至50℃左右，经过2～3道水槽和揉练机，使之形成质地均匀的米团。含水量在47%～50%。每周及停机时对揉练机内作彻底清洁，清除附在内壁及螺旋推进器上的米团等。

成型：经过揉练的米团经过成型机，被压成薄厚均匀的薄片，再经成型压辊形成一定形状、大小均匀的饼坯。工作中保持成型机外观清洁，不得附有蜡油及粉尘等，清除成型机下散落的米团，周末对滚轮及模具等附上的杂物彻底清除。

一干：成型后的饼坯进入一次干燥箱，干燥箱内的温度控制在75～80℃，经过8层的运转，出口处饼坯的含水量在18%左右。一干水分的含量对后续膨化有非常重要的影响。工作中及时清扫一干箱内的散落坯，每周对一干箱内壁及各蒸汽管道进行清洁。

收坯：一干后的饼坯经过冷却输送，温度下降至室温，用专用的坯筐收集，放置于恒温室使饼坯水分能够分布一致。

二干：饼坯经过在恒温室内放置后，再投入到二干机内进行烘干，温度为75～85℃，干燥至水分11%～12%即可。工作结束后用气枪将各仓门内的坯渣吹干净，并用毛巾将坯仓内外及二干机表面擦拭干净，并将二干机内掉坯扫干净。

理坯：二干后的饼坯放置45～50 min后，经过理坯机使之在膨化机网带上形成一定间距和行距，即预留出膨化时需要的空间。工作前用气枪将输送网吹干净，清除附在上面的粉尘等杂物；每天结束后将托盘内废料清理干净，并将膨化机表面用毛巾擦拭干净，将输送网及燃烧器上饼屑等杂物用气枪吹干净。

膨化：排列好的饼坯在经过膨化机（远红外烤箱）预热区后，在膨化区吸收一定的热量时，迅速膨化，在膨化后，温度逐渐下降，整个膨化过程完成。烘烤在远红外烤箱对饼坯进行焙烤膨化，炉温250℃，约2 min米饼坯会膨化，但刚膨化时颜色不好，继续焙烤对米饼进行上色。

淋油：膨化后的饼坯为素饼，该过程所使用的油脂为食用棕榈油，在淋油时，应加入小料，小料的主要成分为食用盐和谷氨酸钠，一份油料添加量分别为500 g和20 g，在经过淋油机后，吸收一定量的油脂，油温要求在60～70℃。

喷糖：淋油后的饼干，经过输送带到喷糖机，使饼干表面附上均匀的糖浆。糖浆为食用明胶水与糖粉的混合物，常用喷糖调味的糖浆组成：明胶水 0.2 kg，白砂糖粉 0.9 kg，

葡萄糖粉 0.1 kg，香精适量，色素少许。工作前应将糖槽及喷糖皮带等按配制的消毒液对其消毒，用清水将消毒液清除，再用毛巾擦拭干净。工作结束后将糖槽内的糖浆由喷糖嘴全部放完，将热水注入糖槽冲洗残余糖浆及喷糖嘴管道内的残余糖浆，喷糖嘴的螺帽应取下置热水内洗干净再装上。用热水将喷糖输送带上的残糖浆冲洗干净，用刮刀将喷糖皮带滚轮及回收糖刮板刮干净后用热水将其冲干净。将喷糖机表面的糖浆及水等用气枪或毛巾清洁干净；必要时进行再次干燥，风温 80℃。最终雪饼产品含水量在 3%左右，松脆可口，米香浓郁，是一种低热值早餐谷物食品。

理饼、整列：前述饼干经过理饼机、整列机排列成均匀的形状，便于包装机进行包装，在过程中对不合格品进行挑拣。

包装：为确保所生产的产品为绿色食品，包装前 30 min 所生产的产品不作为绿色食品出售；在包装过程中，对包装材料进行检验，所使用的包材符合《绿色食品　包装通用准则》（NY/T 658—2015）；经过内膜包装、外袋、外箱包装后，即为成品。

入库：成品经过检验后，主要判定依据有《食品安全国家标准　膨化食品》（GB 17401—2014）、《食品安全国家标准　食品添加剂使用标准》（GB 2760—2014）、《膨化食品质量通则》（GB/T 22699—2022）等国家标准。出具相应的检验证明入库。入库后的成品分类放置，离墙离地，留有消防通道及运输通道，做好防鼠、防盗、防火等工作，并要通风干燥，避免受潮。

注：人员、设备消毒按公司消毒程序进行，消毒液浓度为 $100\times10^{-6}$ 的次氯酸钠溶液。

## 2.4　实训案例四：有机蔬菜膨化谷物泡芙的加工

这类小麦圈、星星泡芙、泡芙条适合婴幼儿，作为辅食，丰富 6 月龄以上婴幼儿饮食，入口即化，也可作为小儿零食食用。本产品使用有机食材，100%天然，全谷物、纯水果和蔬菜制成，无人工色素，无人工调味，不含任何转基因成分，含有较多的维生素和矿物质。

（1）配方

配方 1：菠菜和苹果泡芙

有机大米 100 g，有机蛋黄 40 g，有机苹果酱 120 g，有机菠菜 30 g，有机黄油 10 g，有机面粉 5 g，有机牛奶 25 g

配方 2：红薯泡芙

有机大米 100 g，有机蛋黄 40 g，有机红薯泥 100 g，有机苹果酱 60 g，有机黄油 10 g，有机面粉 5 g，有机牛奶 25 g

说明：蛋清也可以作为配料加入配方中，根据产品研发需求，尝试多种有机蔬菜膨化谷物泡芙的制作。

（2）工艺过程：搅拌→挤注→烘烤→冷却→包装

（3）操作要点

搅拌：大米可以提前研磨，过 40 目筛，将所有原料放入搅拌机或食品加工机中，使用快速搅拌至光滑细腻。

挤注：面糊泵入挤注机，通过挤注的方式，成型于烘烤带上。

烘烤：烤箱预热到 180℃，烘烤 10 min，然后关小火至 120℃，再烤 20 min。

## 思考题

1. 香酥薯片生产时，马铃薯切片后为什么需要热烫几分钟？
2. 膨化技术与烘焙产品（面包、饼干、蛋糕）的疏松技术有什么联系与区别？
3. 膨化有哪些方式？
4. 收集市面上婴幼儿泡芙产品的标签信息，分析其配料、执行标准的异同。

# 任务 10 有机调味品的加工

## 1 有机酿造酱油的加工技术

目前，我国酱油多种酿造工艺并存。酱油按照发酵工艺不同，主要分为天然晒露、稀态发酵、固稀发酵、固态发酵（固态无盐、固态低盐及固态高盐）。传统的名特优产品仍多采用天然晒露工艺酿制而成，但此工艺原料利用率较低，生产成本较高，因此成品价位也相对较高，其市场占有率不高。目前，我国以低盐固态酿造酱油为主，其占全国酱油生产总量的85%以上，此种酱油一般为三级。本实训案例使用有机黄豆作为主要原料，采用高盐稀态发酵法生产优质有机酱油。

### 1.1 原料准备和要求

大豆为有机大豆，且符合《大豆》（GB 1352—2009）及《食品安全国家标准　粮食》（GB 2715—2016）规定。

面粉、麸皮应符合 GB 2715—2016 规定。

食盐应符合《食品安全国家标准　食用盐》（GB 2721—2015）及《食用盐》（GB/T 5461—2016）规定。

水应符合《生活饮用水卫生标准》（GB 5749—2022）规定。

添加剂应符合《食品安全国家标准　食品添加剂使用标准》（GB 2760—2014）和《有机产品　生产、加工、标识与管理体系要求》（GB/T 19630—2019）规定。

### 1.2 工艺流程

高盐稀态发酵法生产有机酱油流程见图 1。

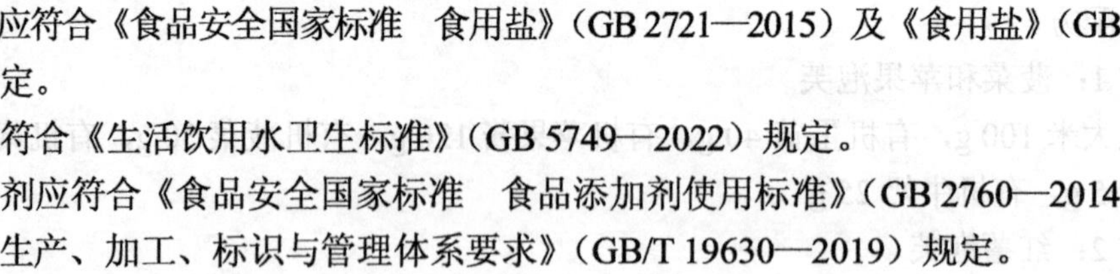


图 1　高盐稀态发酵法生产有机酱油流程

## 1.3　操作要点

（1）种曲制造

菌种可采用米曲霉、酱油曲霉或适用于酱油生产的其他霉菌。

1）米曲霉试管种的培养

凡用于菌种培养的皿具要经彻底清洗和灭菌。试管灭菌前尚需配上棉塞，并用防潮纸包扎管口。试管菌种用豆汁培养基的配方和制作如下：选新鲜大豆，用水浸泡务使吸胀，捞出并用水清洗，然后加入 5～6 倍大豆量的清水煮沸 2～5 h。煮豆时注意补水，最后用药棉过滤，即得豆汁。每 100 g 大豆可制得 5°Bé豆汁 100 mL。之后按 $MgSO_4 \cdot 7H_2O$（0.05%）、$(NH_4)_2SO_4$（0.05%）、$KH_2PO_4$（0.1%）、可溶性淀粉（2.0%）、琼脂（2.0%），使用 5°Bé豆汁定容至 100 mL，pH5.5～6.5，即可。

新配制并经灭菌的斜面培养基，应置 25～30℃条件下培养 3～4 d，检查确无污染方可使用。在无菌条件下移接的米曲霉斜面菌种，于 28～30℃条件下培养 72 h，待菌株发育成熟才可采用。为使菌种保持良好特性，应定期做好分纯工作，宜半年进行一次，留选生产性能好的菌株。

2）锥形瓶种培养

锥形瓶种培养基采用麸皮 80%、豆饼粉 10%和面粉 10%。经混合后，拌入 1.0～1.1 倍清水，充分拌匀，装入预先洗涤、干燥、配好棉塞及经 0.1MPa 蒸汽压灭菌 60 min 的 250 mL 锥形瓶中。装瓶量以料厚 1 cm 为度。培养基要经 0.1MPa 蒸汽压灭菌 60 min。灭菌后随即将曲料摇松。待凉后在无菌条件下接种。培养温度为 28～30℃。培养过程摇瓶两次，首次在曲料开始发白结块时进行；相隔 4～6 h 当曲料再行结块时，则进行第二次摇瓶。瓶中培养 72 h，米曲霉发育成熟即可使用，或者存冰箱待用。

瓶种的质量要求：培养成熟的瓶种，菌丝发育粗壮、整齐、稠密，顶囊肥大，孢子呈黄绿色，发芽率不低于 90%，孢子数达 90 亿个/g 曲（干基）以上。

3）种曲的培养及质量要求

制作种曲用具要求清洁，竹匾及曲室消毒处理。种曲培养基采用麸皮 80%、豆饼粉 15%，面粉 5%。拌水量为原料的 100%～110%。上述物料常压蒸煮 60 min。熟料经摊凉、搓散，降温至 30℃即可接入锥形瓶纯种，接种量为原料量的 0.1%～0.2%。曲料用竹匾培养，料厚为 1～1.2 cm。曲室温度前期 28～30℃，中、后期 25～28℃。曲室干湿球温差，前期为 1℃，中期 1～0℃，后期 2℃，培养过程翻曲两次，当曲料品温达 35℃左右，稍呈白色并开始结块时，进行首次翻曲，翻曲要将曲料搓散，当菌丝大量生长，品温再次回升时，要进行第二翻曲。每次翻曲后要把曲料摊平，并将竹匾位置上下调换，以调节品温。当生长嫩黄色的孢子时，要求品温维持在 34～36℃，当品温降到与室温相同时才开天窗排除室内湿气。种曲培养 72 h。成熟的种曲应置清洁、通风的环境中存放。种曲的质量要求：种曲的孢子数要求 50 亿个/g 曲（干基）以上，孢子发芽率应不低于 90%。

（2）原料处理

食盐溶液的配制：原盐用水溶解后，要经过滤沉淀，待澄清后方能使用。本工艺所用食盐溶液浓度为 18°Bé/20℃。

浸豆罐先注入 2/3 容量的清水，投豆后将浮于水面的杂物清除。投豆完毕，仍需从罐的底部注水，务使污物由上端开口随水溢出，直至流出的水清澈为止。浸豆过程应换水 1～2 次，免使豆变质。浸豆务求充分吸水，浸至豆粒膨胀无皱纹，带弹性，以两指挤捏时易使皮肉分开，将豆粒切开不发现干心时可视为适度。出罐的大豆，晾至无水滴出为止才投进蒸料罐蒸煮。

大豆的蒸煮用常压或加压蒸煮均可。若用加压蒸煮工艺，进蒸汽前应将管道的冷凝水排清。进气时尽量开大汽阀，使罐内迅速升压。蒸煮时要注意排清罐内的冷空气。蒸煮所用蒸汽压力为 0.18 MPa，经保压 8～10 min 后立即排气脱压，并要求在 20 min 内使熟料品温降至 40℃左右。熟料质量要求经蒸煮的大豆，组织变柔软，色呈淡褐，有熟豆香气，手感绵软。

（3）制曲

曲室、曲池及用具必须经清洁，并经灭菌（可用 5%漂白粉溶液喷洒）。种曲用量为原料的 0.1%～0.3%。种曲应先与 5 倍量左右的面粉混合搓碎，以利接种均匀。熟豆应与种曲及面粉充分混合，使种曲的孢子和面粉黏附豆粒表面。曲料进池要求速度快，厚度均匀、疏松程度一致。料层厚度控制在 30 cm 以内，初进池的曲料含水量控制在 45%左右。曲料进池后品温调整为 30～32℃，当品温上升，应启动风机，风温控制在 30～31℃，相对湿度要求 90%以上。当曲料出现发白结块，品温达 35℃时进行首次翻曲，使曲料松散，翻曲后要将曲料拨平，并使品温降至 30～32℃，待品温回升，曲料再次结块则进行第二次翻曲。第二次翻曲后，注意做好压缝工作，以防进风短路。制曲后期，菌丝已着生孢子，此时要求室温保持 30～32℃，干温球温差 2℃左右，以利孢子发育。整个培养过程共 40～44 h。

酱油曲的质量要求：酱油曲水分 28%～32%，蛋白酶活力（福林法）1 000 单位/g 曲（干基）以上。

（4）发酵

发酵容器的型式不限，但应设假底及出料品。所用的材质应能防止腐蚀。

酱油曲用 18°Bé/20℃食盐溶液拌湿后才进发酵罐（或池）内。制醪时食盐溶液用量为原料量的 2～2.5 倍。

制醪后的第三天起进行抽油淋浇，淋油量约为原料量的 10%，其后每隔一周淋油一次，淋油时注意控制流速，并在酱醅表面均匀淋浇，避免破坏酱醅的多孔性状。

发酵期 3～6 个月。此时豆粒已溃烂，酱醅色泽已变暗褐，醅液氨基酸态氮含量约为 1 g/100 mL，前后一周无大变动时，意味醅已成熟，可以放出酱油。抽油后，头滤渣用 18°Bé/20℃食盐溶液浸泡，10 d 后抽二滤油，二滤渣用加盐后的四滤油及 18°Bé/20℃食盐溶液浸泡，时间也为 10 d，放出三滤油后，三滤酱渣改用 80℃热水泡一夜，即行放油，抽出的四滤油应即加盐，使浓度达 18°Bé/20℃，供下批浸泡二滤酱渣使用。四滤渣含食盐量应在 2 g/100 g 以下，氨基酸含量不应高于 0.05 g/100 g。

淋油前及结束后，所用工具（水泵及胶管），应注意清洁。每批发酵完毕，要及时清渣，发酵容器要彻底清洗，并用 5%漂白粉液涂擦灭菌。场地必须保持清洁。

（5）配兑

各滤生酱油的质量应按《酱油、食醋、酱类的检验方法》（SB 74-78）进行检测，然后按产品等级标准进行配兑。

（6）加热沉淀

经配兑的酱油，加热至 90℃，送进沉淀罐静置沉淀 7 d。

（7）灭菌

已澄清的酱油，必须经 60℃加热灭菌 30 min 后，才装瓶出售。

## 2 有机食醋的加工

固态发酵制醋是我国食醋的传统生产方法。其特点是采用低温糖化和酒精发酵，应用多种微生物协调发酵，配用多量的辅料和填充料，用浸提法提取食醋。固态法食醋的优点是香气浓郁，口味醇厚，色深质浓。缺点是生产周期长，劳动强度大，出醋率低。常见的固态发酵制醋有：大曲醋、小曲醋、麸曲醋。

大曲，又称块曲或砖曲，以大麦、小麦、豌豆等为原料，经过粉碎，加水混捏，压成曲醅，形似砖块，大小不等，让自然界中各种微生物在上面生长而制成，呈大砖状，因其体积大故得名“大曲”。所含的微生物以根霉菌、毛霉菌、曲霉和酵母菌为主，并有大量其他野生菌混杂其中，故产品风味好。其工艺复杂、生存周期长。

小曲，也叫酒药，用小米（高粱）为原料，并增加几种中药，呈小方块状，因其体积故得名“小曲”。正因为曲块小，发生热量少，故适用于中国南方气候条件。所含的微生物主要是根霉菌和酵母菌。对原料选择性强，适用于糯米、大米、高粱等原料。

麸曲，这是现代才发展起来的，用纯种霉菌（曲霉）接种以麸皮为原料的培养物，可用于代替部分大曲或小曲。目前，麸曲法白酒是我国白酒生产的主要操作法之一，其白酒产量占总产量的 70%以上。其成本低、制曲周期短、糖化力强、对原料适应性强。

### 2.1 工艺流程

甘薯干（或高粱、碎米）→磨粉→麸皮谷壳混合→润水→蒸熟→出锅摊冷→拌匀（加麸曲、酒母、水）→入缸→边糖化边发酵→拌糠接种醋酸菌→翻醅→成熟醋醅→加盐陈酿→淋醋→陈酿→勾兑→加热灭菌→包装→成品

### 2.2 操作要点

（1）原料配比及处理

有机甘薯干（或高粱、碎米）100 kg、有机谷糠 80 kg、有机麸皮 120 kg、润水 275 kg，蒸料后熟料加水 180 kg、麸曲 50 kg、酒母 40 kg，用于酒精发酵阶段。

谷糠 50 kg、醋酸菌种子醅（即成熟生醋醅）40 kg，用于醋酸发酵阶段。

食盐 7.5～10 kg，用于陈酿阶段。

原料处理：将薯干或碎米等粉碎，加麸皮和细谷糠拌和，加水润料后以常压蒸煮 1～2 h，再焖 1 h，或在 0.15 MPa 压力下蒸煮 40 min，出锅冷却至 30℃左右。

（2）淀粉糖化及酒精发酵

在冷却的熟料中加入混合干料总重量 60%的冷水，同时加入酒母和打碎的麸曲，充分翻拌，制成含水量为 60%～62%的醅。把醅移入缸中并压实，入缸醅温为 24～28℃，室温为 28℃左右。醅入缸的第二天，当品温升至 38～40℃时，进行第一次翻醅（也称倒缸），调节温度和水分，进行淀粉糖化和酒精发酵（也称双边发酵）。发酵期间控制品温在 35℃

以下，发酵 5 d（冬季可延至 7 d），酒醅中酒精含量达 7%～8%（夏季可能在 6%左右）。

（3）醋酸发酵

酒醅成熟后，在酒醅中拌入谷糠和醋酸菌种子醅，并充分混匀制成醋醅，进行醋酸发酵。在醋酸发酵期间，控制品温在 38～41℃，每天翻醅 1 次。一般每经 24 h 后醅面品温高达 40℃以上，而中层、底层品温与表面比较相差很大，所以每天必须进行翻醅调温，这样不使表层品温过高，同时中、底层醋醅也能接触空气，使发酵顺利进行。当品温下降至 35℃左右时，醋酸发酵基本结束。及时向醋醅内加盐，并拌匀，再放置两天进行后熟。醋酸发酵周期一般为 10～20 d。

（4）熏醅

把发酵成熟的醋醅放置于熏醅缸内，缸口加盖，用文火加热至 70～80℃，每隔 24 h 倒缸 1 次，共熏 5～7 d，所得熏醅具有其特有的香气，颜色红棕且有光泽，酸味柔和，不涩不苦。熏醅后可用淋出的醋单独对熏醅浸淋，也可对熏醅和成熟醋醅混合浸淋。

（5）陈酿

有醋醅陈酿和醋酸（半成品）陈酿两种方法。醋醅陈酿是把加盐的成熟醋醅（醋酸含量在 7%以上）移入缸内压实，在醅面上盖一层食盐，缸口加盖，放置 15～20 d 后翻醅 1 次，再行封缸，陈酿数月后淋醋；醋酸陈酿是把醋酸含量在 5%以上的半成品醋（头醋）封缸陈酿数月。经陈酿的食醋质量有显著提高，色泽鲜艳，香味醇厚，澄清透明。

（6）淋醋

采用三循环法（也称三次套淋法），即用二醋浸泡成熟醋醅 20～40 h，淋出头醋、剩下的渣子为头渣；用三醋浸泡头渣 20～24 h，淋出二醋，剩下的渣子为二渣；用清水浸泡二渣淋出三醋，三渣可作饲料。头醋为半成品，二醋和三醋于淋醋时浸泡之用。

（7）配制及杀菌

陈酿醋或新淋出的头醋都称为半成品，在出厂前在澄清池内沉淀并按质量标准进行配兑，在 80～90℃灭菌 15～30 min，或者高温短时杀菌和超高温杀菌，即得成品醋。

## 思考题

1. 酿造酱油的主要原辅料都有哪些？
2. 制曲要经过哪些步骤？种曲和产曲的制备工艺有什么不同？
3. 酱油发酵工艺方法有哪些？各自特点是什么？
4. 酱油发酵工艺要点是什么？
5. 食醋酿造的工艺原理是什么？
6. 食醋酿造的工艺流程都有哪些主要环节？

# 项目二　有机果蔬制品加工技术

本项目主要介绍了有机果蔬制品加工技术，包括有机果蔬的干制、糖制、制汁、罐藏、速冻和腌制加工技术等，重点讲解这些有机果蔬产品的加工原理、工艺流程、操作要点、实例实训。

## 任务1　有机果蔬加工前的预处理

### 1　果品的选别和分级

进厂的原料绝大部分含有杂质，且大小、成熟度有一定的差异。果品原料选别和分级的主要目的首先是剔除不合乎加工的果品，包括未熟或过熟的、已腐烂或长霉的果品，还有混入果品内的砂石、虫卵和其他杂质，从而保证产品的质量。其次，将进厂的原料进行预先的选别分级，有利于以后各项工艺过程的顺利进行。如将柑橘进行分级，按不同的大小和成熟度分级后，就有利于制定出最适合于每一级的机械去皮、热烫、去囊衣条件，从而保证有良好的产品质量和数量，同时也降低能耗和减少辅助材料的用量。选别时，将进厂的原料进行粗选，剔除虫蛀、霉变和伤口大的果实，对残、次果和伤害不严重的则先进行修整后再应用。果品的分级包括大小分级、成熟度分级和色泽分级几种，视不同的果品种类及这些分级内容对果品加工品的影响而分别采用一项或多项。

在我国，成熟度分级常用目视估测的方法进行。在果品加工中，桃、梨、苹果、杏、樱桃、柑橘等常先要进行成熟度分级。大部分目视分成低、中、高三级，以便于能合理地制定后续工序。速冻酸樱桃常用灯光法进行色泽和成熟度分级。色泽的分级与成熟度分级在大部分果品中是一致的，常按色泽的深浅分开。

除了在预处理以前分级外，大部分罐藏果品在装罐前也要进行色泽分级。按体积大小分级是分级的主要内容，几乎所有的加工果品均需按大小分级。

分级的方法有手工分级和机械分级。

（1）手工分级

在生产规模不大或机械设备配套不全时，经常用手工分级，同时可配备简单的辅助工具，如圆孔分级板、蘑菇大小分级尺等。分级板由长方形板上开不同孔径的圆孔制成，孔径大小视不同的果品种类而定，通过每一圆孔的为一级。但不应在孔内硬塞下去，以免擦伤果皮。另外，果实也不能横放或斜放，以免大小不一。除分级板外，还有根据同样原理设计而成的分级筛，其适用于果品，而且分级效率高，比较实用。

（2）机械分级

采用机械分级可大大提高分级效率，且分级平均一致，目前常用的机械有：滚筒式分级机、振动筛和分离输送机等。这些分级机的分级都是依据原料的体积和重量不同而设计的。随着计算机的发展，把计算机与分级机连接在一起，利用计算机鉴别被分离果品的色泽、重量或体积，这样使果品的分级可完全实行自动化，现已成功地用于苹果、猕猴桃等的分级。除了各种通用机械外，果品加工中有许多专用的分级机械，如橘片专用分级机和菠萝分级机等。

## 2 果品的清洗

果品原料清洗的目的在于洗去果品表面附着的灰尘、泥沙和大量的微生物以及部分残留的化学农药，保证产品的清洁卫生，从而保证制品的质量。果品原料在生产过程中常有许多来自土壤和植物器官的微生物。据报道，长有“烟煤”的甜橙，其表面的带菌数达每平方厘米几千个甚至几十万个，某些有伤害的果品也同样含有大量的微生物。洗涤对于减少物料的带菌数，特别是耐热性芽孢，具有十分重要的意义。另外，现代农业常大量使用农药，洗涤对于除去果品表面的农药残留也有一定的意义。对于农药残留的果品，例如枇杷等要手工剥皮的果品以及制取果汁、果酒、果酱、果冻等制品的原料，洗涤经常应在水中加化学洗涤剂。常见的有盐酸、醋酸，有时用氢氧化钠等强碱以及漂白粉、高锰酸钾等强氧化剂，可除去虫卵，减少耐热菌芽孢。近年来，更有一些脂肪酸系的洗涤剂如单甘油酸酯、磷酸盐、蔗糖脂肪酸酯、柠檬酸钠等应用于生产。有机生产的果品，清洗环节可以简化，一般用清水洗涤即可。

用于果品清洗的机械多种多样，典型的有如下几种：

（1）滚筒式清洗机

滚筒式清洗机的主要部分是一个可以旋转的滚筒，筒壁成栅栏状，与水平面呈 3° 左右的倾斜，安装在机架上。滚筒内有高压水喷头，以 300～400 kPa 的压力喷水。原料由滚筒一端经流水槽进入后，即随滚筒的转动与栅栏板条相互摩擦至出口，同时被冲洗干净。此种机械适合于质地比较硬和表面不怕机械伤害的原料。李、黄桃等均可用此法。

（2）喷淋式清洗机

喷淋式清洗机的基本原理是在清洗装置的上方或下方均安装喷水装置，原料在连续的滚筒或其他输送带上慢慢向前移动，受到高压喷水的冲洗。喷洗成效与水压、喷头与原料间的距离以及喷水的水量有关，压力大，水量多，距离近，则成效好。此法常在柑橘制汁等连续生产线中应用。

（3）压气式清洗机

压气式清洗机的基本原理是在清洗槽内安装有许多压缩空气喷嘴，通过压缩空气使水产生剧烈的翻动，物料在空气和水的搅动下进行清洗。在清洗槽内的原料可用滚筒、金属网、刮板等传递。此种机械用途广，常见的有草莓洗果机。

（4）桨叶式清洗机

桨叶式清洗机的基本原理是在清洗槽内安装有桨叶的装置，每对桨叶垂直排列，末端装有捞料的斗。清洗时，槽内装满水，开动搅拌机，然后可连续进料，连续出料。新鲜水也可以从一端不断进入。

## 3 果品的去皮、切分、去心（核）

（1）果品的去皮

果品外皮虽有一定的营养成分，但坚硬、口感不良，对加工制品均有一定的不良影响。如柑橘外皮含有精油和苦味物质；桃、梅、李、杏、苹果等外皮含有纤维素、果胶及角质；荔枝、龙眼的外皮木质化。因而，一般要求去皮。只有在加工某些蜜饯、果汁和果酒时因为要打浆、压榨或其他原因不用去皮。

果品去皮时，只要求去掉不可食用或影响制品品质的部分，不可过度，否则会增加原料的消耗，且产品质量低下。果品去皮的方法很多，常见的有手工去皮、机械去皮、碱液去皮、热力去皮及冷冻去皮，此外还有处在研究中的酶法去皮、真空去皮、火焰去皮、紫外线去皮等。

1）手工、机械去皮

手工去皮是用特别的刀、刨等工具人工削皮，应用较广。其优点是去皮干净、缺失率少，并可有修整的作用，同时也可以去心、去核、切分等同时进行。在果品原料质量较不一致的条件下能显示出其优点。但手工去皮费工、费时、生产效率低、大量生产时困难较多。此法常用于柑橘、苹果、梨、柿、枇杷等果品。

机械去皮采用专门的机械进行。机械去皮机主要有以下三大类：旋皮机，主要原理是在特定的机械刀架下将果品皮旋去，适合于苹果、梨、柿、菠萝等大型果品；擦皮机，利用内表面有金刚砂、表面粗糙的转筒或滚轴产生摩擦力而擦去表皮，这种方法常与热力去皮连用，如桃的去皮；专用的去皮机械，专门为某种果品去皮而设计，如菠萝去皮机。

机械去皮比手工去皮的效率高、质量好，但一般要求去皮前原料有较严格分级。另外，用于果品去皮的机械，特别是与果品接触的部分应用不锈钢制造，否则会使果肉褐变，且由于器具被酸腐蚀而增加制品内的重金属含量。

2）碱液去皮

碱液去皮是果品原料去皮中应用最广的方法，其原理是利用碱液的腐蚀性来使果品表皮内的中胶层溶解，从而使果皮分离。

绝大部分果品如桃、李、苹果等，皮是由角质、半纤维素组成，较坚硬，抗碱能力也较强。有些种类的果皮与果肉的薄壁组织之间主要是由果胶等物质组成的中层细胞，在碱的作用下，此层甚易溶解，从而使果品表皮剥落。碱液处理的程度也由此层细胞的性质决定，只要求溶解此层细胞，这样去皮合适且果肉光滑，否则就会腐蚀果肉，使果肉部分溶解，表面毛糙，同时也会增加原料的消耗缺失。

碱液去皮常用氢氧化钠，因此物腐蚀性强且价廉。也可用氢氧化钾或者与氢氧化钠的混合液，但氢氧化钾较贵。有时也用碳酸氢钠等碱性稍弱的碱，或者用碳酸钠（土碱与石灰的混合液），这种方法适用于果皮较薄的果品。为了帮助去皮可加入一些表面活性剂和硅酸盐，因它们可使碱液分布平均，易于发生作用。

碱液去皮时碱液的浓度、处理的时间和碱液温度为三个重要参数，应视不同的果品原料种类、成熟度和大小而定。碱液浓度高，处理时间长及温度高会增加皮层的松离及腐蚀程度。适当增加任何一项，都能加速去皮作用。如温州蜜柑囊瓣去囊衣时，0.3%左右的碱液在常温下需 12 min 左右，而 35～40℃时只需 7～9 min，在 0.7%的浓度下 45℃时仅 5 min

即可。生产中必须视具体情形灵活把握，只要处理后经轻度摩擦或搅动能脱落果皮，且果肉表面光滑即为适度的标志。几种果品的碱液去皮参考条件如表1所示。

**表1 几种果品的碱液去皮参考条件**

| 果品种类 | NaOH浓度/% | 液温/℃ | 处理时间/min | 备注 |
|---|---|---|---|---|
| 桃 | 1.5～3 | 90～95 | 0.5～2 | 淋或浸碱 |
| 杏 | 3～6 | 90以上 | 0.5～2 | 淋或浸碱 |
| 李 | 5～8 | 90以上 | 2～3 | 浸碱 |
| 苹果 | 8～12 | 90以上 | 2～3 | 浸碱 |
| 海棠果 | 20～30 | 90～95 | 0.5～1.5 | 浸碱 |
| 梨 | 8～12 | 90以上 | 2～3 | 浸碱 |
| 全去囊衣橘片 | 0.3～0.75 | 30～70 | 3～10 | 浸碱 |
| 半去囊衣橘片 | 0.2～0.4 | 60～65 | 5～10 | 浸碱 |
| 猕猴桃 | 10～20 | 95～100 | 3～5 | 浸碱 |
| 枣 | 5 | 95 | 2～5 | 浸碱 |
| 青梅 | 5～7 | 95 | 3～5 | 浸碱 |

经碱液处理后的果品必须立刻在冷水中浸泡、清洗，反复换水。同时搓擦、淘洗，除去果皮渣和黏附余碱，漂洗至果块表面无滑腻感，口感无碱味为止。漂洗必须充分，否则有可能导致果品制品，特别是罐头制品的pH偏高，导致杀菌不足，使产品败坏，同时口感也不好。为了加速降低pH和便于清洗，可用0.1%～0.2%的盐酸或0.25%～0.5%的柠檬酸水溶液浸泡，这种方法还有防止果品变色的作用。

盐酸比柠檬酸好，因盐酸离解的氢离子和氯离子对氧化酶有一定的抑制作用，而柠檬酸较难离解。同时，盐酸和原料的余碱可生成盐类，抑制酶活力。盐酸更兼有价格低廉的优点。

碱液去皮的处理方法有浸碱法和淋浸法两种。

a. 浸碱法：可分为冷浸与热浸，生产上以热浸较常用。将一定浓度的碱液装在特制的容器（热浸常用夹层锅）中，将果实浸一定的时间后取出搅动，摩擦去皮，漂洗即成。简单的热浸设备常用夹层锅，用蒸汽加热，手工浸入果品、取出、去皮。大量生产可用连续的螺旋推进式浸碱去皮机或其他浸碱去皮机械。其主要部件均由浸碱箱和清漂箱两部分组成。

b. 淋碱法：将热碱液喷淋于输送带上的果品上，淋过碱的果品进入转筒内，在冲水的情形下与转筒内表面接触，翻动摩擦去皮。杏、桃等果实常用此法。碱液去皮优点甚多，第一，适应性广，几乎所有的果品均可应用碱液去皮，且对表面不规则、大小不一的原料也能达到良好的去皮目的。第二，碱液去皮把握合适时，缺失率较少，原料利用率较高。第三，此法可节省人工、设备等。但必须注意碱液的强腐蚀性，注意安全，设备容器等必须由不锈钢制成或用搪瓷、陶瓷，不能使用铁或铝制容器。

3）热力去皮

果品先用短时间的高温处理，使其表皮迅速升温而松软，果皮膨胀破裂，与内部果肉组织分离，然后迅速冷却去皮。此法适用于成熟度高的桃、杏、枇杷等。热力去皮的热源主要有蒸汽（常压和加压）与热水。蒸汽去皮一般采用近 100℃的蒸汽，这样可以在短时间内使外皮松软，以便分离。具体的热烫时间，可根据原料的种类和成熟度而定。

用热水去皮时，小量的可采用锅内加热的方法。大量生产时，采用带有传送装置的蒸汽加热沸水槽。果品经短时间的热水浸泡后，用手工剥皮或高压冲洗。桃可在 100℃的蒸汽下处理 8～10 min，淋水后用毛刷辊或橡皮辊冲洗；枇杷经 95℃以上的热水烫 2～5 min 即可剥皮。

4）冷冻去皮

将果品在冷冻装置中经轻度表面冻结，然后解冻，使皮放松后去皮，此法适用于桃、杏、核桃内皮的去除。笔者研究发现：核桃仁在–40℃下迅速冷冻，然后在 0℃下用强冷风吹核桃仁皮即可脱落。

5）酶法去皮

果胶酶可使柑橘囊瓣中的果胶水解，脱去囊衣。将橘瓣放在 1.5%果胶酶液中，在 35～40℃、pH 2.0～3.5 的条件下处理 3～8 min，可达到去囊衣的目的。酶法去皮能充分储存果品的营养、色泽及风味，是一种理想的去皮方法。但酶法去皮只能用在果皮较薄的原料上，且成本高。

（2）果品原料的切分、去心（核）、修整破碎

体积较大的果品原料在罐藏、干制、加工蜜饯时，为了保持适当的形状，需要适当地切分。切分的形状则根据产品的标准和性质而定。制果酒、果汁，果品原料加工前需破碎，使之便于压榨或打浆，提高取汁效率。核果类加工前需去核，仁果类则需去心。有核的柑橘类制罐头时需去种子。枣、柑橘、梅等加工蜜饯时需划缝，刺孔。罐藏或蜜饯加工时为了保持良好的形状外观，需对果块在装罐前进行修整。

上述工序在小量生产或设备较差时一般手工完成，常借助于专用的小型工具。如枇杷、山楂、枣的通核器，匙形的去核心器，金柑、梅的刺孔器等，规模生产常用多种专用机械，如劈桃机、多功能切片机和专用切片机。果品的破碎常由破碎打浆机完成。刮板式打浆机也常用于打浆、去籽。制取果酱时果肉的破碎也常采用绞肉机进行。果泥加工还用磨碎机或胶体磨。葡萄破碎、去梗、送浆联合机为我国葡萄酒厂的专用设备，成穗的葡萄送入进料头后，经成对的破碎辊破碎后，去梗，再一起送入发酵池中，自动化程度很高。

## 4　果品的烫漂

果品的烫漂在生产中常称预煮，即将已切分的或经其他预处理的新鲜原料放入沸水或热蒸汽中进行短时间的处理。主要目的在于：

①果品原料经过烫漂处理后可以钝化其内部的酶，排除果实内部空气，防止果品多酚类物质及色素、维生素 C 等发生氧化褐变，具有稳固或改进色泽的作用。

②原料经烫漂后，组织细胞死去，膨压消失，改变了细胞膜的通透性。在果品干制、糖制过程中，水分易蒸发，糖分易渗入，不易产生裂纹和皱缩。

③烫漂可以除去果品表面的大部分污物、虫卵微生物及残留农药。

④由于空气从组织中排出，体积缩小，烫漂以后组织比较透亮，色泽明亮。

但是烫漂同时要缺失一部分营养成分，热水烫漂时，果品要缺失相当的可溶性固形物。

果品烫漂常用的方法有热水和蒸汽两种。热水烫漂的优点是物料受热平均，升温速度快，方法简便。缺点是可溶性固形物缺失多，其烫漂用水的可溶性固形物浓度随烫漂的进行不断加大，且浓度越高，果品中的可溶性物质缺失越多，故应不断更换。

果品烫漂的方法可用手工在夹层锅内进行，现代化生产常采用专门的连续化机械。依其输送物料的方式，目前主要机械有链带式连续预煮机和螺旋式连续预煮机。

果品烫漂的程序应根据果品的种类、块形、大小、工艺要求等条件而定。一般情形下，特别是罐藏时，从外表上看果实烫至半生不熟，组织较透亮，失去新鲜果品的硬度，但又不像煮熟后的那样柔软即被认为适度。烫漂条件也以果品中的最耐热的过氧化物酶的钝化作标准，特别是在干制和冷冻时更如此。

## 5 果品的抽空处理

某些果品如苹果、梨等内部组织较松，含空气较多，对加工特别是罐藏不利如变色、改变风味、组织形状不良、果块上浮、腐蚀罐壁、降低罐内真空度，使罐头内容物品质发生变质，需进行抽空处理，即将原料在一定的介质里置于真空状态下，使内部空气释放出来，代之为糖水或无机盐水等介质。

果品的抽空装置主要由真空泵、气液分离器、抽空锅组成。真空泵采用食品工业中常用的水环式，除能产生真空外，还可带走水蒸气。抽空锅是带有密封盖的圆形筒，内壁用不锈钢制造，锅上有真空表、进气阀和紧固螺丝。

果品抽空的具体方法有干抽和湿抽两种，分述如下。

（1）干抽法

将处理好的果品装于容器中，置于 90 kPa 以上的真空室或锅内抽去组织内的空气，然后吸入规定浓度的糖水或盐水等抽空液，使之埋住果面 5 cm 以上，当抽空液吸入时，应防止真空室或锅内的真空度下降。

（2）湿抽法

将处理好的果实浸没于抽空液中，放在抽空室内，在一定的真空度下抽去果内的空气，抽至果品表面透亮。

果品所用的抽空液常用糖水、盐水、护色液三种，根据种类、品种和成熟度而选用。原则上抽空液的浓度越低，渗透越快；浓度越高，成品色泽越好。

抽空处理的条件和参数主要有：

1）真空度。真空度越高，空气逸出越快，一般在 87～93 kPa 为宜。成熟度高，细胞壁较薄的果品真空度可低些，反之则要求高些。

2）温度。理论上抽空液温度越高，渗透成效越好，但一般不宜超过 50℃。

3）抽气时间。果品的抽气时间依品种而定，一般抽至抽空液渗入果块，而呈透亮状或半透亮状即可，生产时应做小型试验。

4）果品形态。理论上受抽面积越大，抽气成效越好。小块比大块好，切开好于整果，皮核去掉的好于带皮核的。但这应根据生产标准和果品的具体情形而定。

## 6 果品的护色

果品去皮和切分之后，与空气接触会迅速变成褐色，从而影响外观，也破坏了产品的风味和营养品质。这种褐变主要是酶褐变。由果品中的多酚氧化酶氧化具有儿茶酚类结构的酚类化合物，最后聚合成黑色素。关键的作用因子有酚类底物、酶和氧气。因为底物不可能除去，一般护色措施均从排除氧气和抑制酶活力两方面着手，在加工预处理中所用的方法有下述几种。

（1）食盐水护色

将去皮或切分后的果品浸于一定浓度的食盐水中，原因是食盐对酶活力有一定的抑制和破坏作用；另外，氧气在盐水中的溶解度比空气小，故有一定的护色成效。果品加工中常用1%～2%的食盐水护色。桃、梨、苹果、枇杷类均可用此法。用此法护色后应注意漂洗净食盐，这点对于果品尤为重要。

（2）熏硫和亚硫酸盐溶液护色

此方法广泛适用于常规果蔬食品，依据《有机产品　生产、加工、标识与管理体系要求》（GB/T 19630—2019），硫黄与亚硫酸盐不能在有机食品中使用。

（3）酸溶液护色

酸性溶液可降低 pH 以及果品多酚氧化酶的活力，而且由于氧气在酸液中的溶解度较小而兼有抗氧化作用，大部分有机酸还是果品的天然成分，所以优点甚多。常用的酸有柠檬酸、苹果酸或抗坏血酸，但后者费用较高，故除了一些名贵的果品或速冻时加入外，生产上一般采用柠檬酸，浓度在0.5%～1%。

除以上三种护色方法外，烫漂和抽空处理也是常用的护色方法，且成效很好。

## 思考题

1．试述果蔬加工中原料变色的机理以及控制措施。
2．请简述果蔬采收后商品化处理的流程和主要环节。
3．防止酶促褐变的主要方法有哪些？
4．果蔬烫漂的主要作用有哪些？

# 任务 2　有机果蔬干制品的加工

我国干制历史悠久，许多果蔬干制品如红枣、柿饼、葡萄干、荔枝干、笋干、金针菜、香菇、木耳等，都是畅销国内外的传统产品。有机果蔬干制品中脱水蔬菜、冻干蔬菜粉、冻干果干等都是市场畅销类型。

果蔬干制在有机果蔬加工中占有重要地位。干制设备可简可繁，生产技术容易掌握，可以就地取材，当地加工，生产成本比较低廉。果蔬干制品种类多、体积小、质量轻、携带方便，并且易于运输和保存。此外，果蔬干制品可以调节果蔬生产的淡旺季，有利于解决果蔬供应问题，对勘测、航海、旅行、军用、宇航等方面都具有重要意义。

## 1　有机果蔬干制原理

果蔬腐败多数是由于微生物繁殖的结果。微生物在生长和繁殖过程中离不开水和营养物质。果蔬中既含有大量的水分，又含有各种营养物质，如糖、蛋白质、有机酸和维生素等，是微生物优质的天然培养基，只要遇到适当的机会（如创伤、衰老），微生物就会乘机而入，造成果蔬腐烂。另外，果蔬本身存在着各种酶，支配果蔬的新陈代谢，果蔬在采收后，即使不被微生物所污染，营养物质也会逐渐消耗，最终消耗到不宜食用的地步。

通过干制脱掉果蔬组织中的大部分水，降低果蔬的水分活度，抑制微生物生长；果蔬本身以及微生物体内酶的活性同时也受到抑制，生命活动停止或处在假死的状态，产品因此得以长期保存。

## 2 有机果蔬干制设备与方法

在常压或减压环境中利用人工控制的工艺条件进行干制食品，有专用的干燥设备。常见设备有柜式干燥设备、隧道式干燥设备、滚筒干燥设备等。

（1）柜式干燥设备

特点：间歇型，小批量、设备容量小、操作费用高。操作条件：空气温度＜94℃，空气流速 2～4 m/s。适用对象：果蔬或价格较高的食品。作为中试设备，摸索物料干制特性，为确定大规模工业化生产提供依据。

（2）隧道式干燥设备

隧道式干燥机的工作原理与箱式干燥机相同，以半连续式运行。装满料盘的小车从隧道的一端进入，从另一端移出，每辆小车在干燥室内停留的时间为食品干燥需要的时间。

根据物料和热空气的运行方向是否一致分为顺流干燥和逆流干燥。顺流干燥，干制品水分难以降到 10%以下，因此吸湿性较强的食品不宜选用顺流干燥方式。逆流干燥，由于在干端处空气条件高温低湿，干制品的平衡水分将相应降低，最终水分可低于 5%。

（3）滚筒干燥设备

滚筒干燥设备的加热部件是表面高度抛光的铬钢圆筒，圆筒内部由蒸汽、热水或其他加热剂加热。物料在滚筒上形成 0.1～1.0 mm 厚的薄层，当滚筒回转 3/4～7/8 周时，物料已干燥到预期的程度，被刮刀刮下。适合液体、膏状、泥状等湿物料。

（4）真空冷冻干燥

在冷冻状态下，将食品中的水变成冰，再在高真空度下，将冰直接从固态变成水蒸气（升华）而脱水，故又称为升华干燥。要使物料中的水变成冰，同时由冰直接升华为水蒸气，则必须要使物料的水溶液保持在三相点以下。

冷冻干燥的条件：真空室内的绝对压力至少＜500Pa，国内设备真空度一般在 40～90Pa。冷冻温度＜-4℃。

冷冻干燥可以保持新鲜食品的色、香、味及营养成分。适合于热敏食品以及易氧化食品的干燥；冰晶体升华留下空间，使固体框架结构不变，食品干燥后成为疏松多孔状物质，复水性好；由于操作在高真空和低温下进行，需要高真空设备和制冷设备，投资费用大，且操作费用也高，故产品成本高。一般用于生产高附加值功能食品、生物制品等。

（5）真空油炸干燥

真空油炸干燥是利用在减压状态下，食品中水分汽化温度降低，能在短时间内迅速脱水，实现在低温条件下对食品进行油炸。热油脂既作为食品脱水传热的中间体，又是改善食品风味的重要因素。因此，真空油炸干燥将脱水干燥和油炸有机地结合为一体，生产出兼有两种效果的食品。

## 3 有机红枣的干制

（1）工艺流程

原料→挑选→分级→装盘→烘干→包装→成品

（2）工艺要点

1）采收：为了保证产品的质量，必须适时和有计划地采收。根据生产加工能力，分期采收，及时加工。避免一次采收过多，加工不及时造成腐烂。

2）风选除杂：将红枣中的树叶、杂草、尘土、石子筛选出去。

3）皮带人工挑选：将风选后的红枣落入皮带上，在输送电机的作用下，输送皮带带动红枣向前运动，工人在设备的两侧对病虫枣、破头枣等进行挑选工作。

4）分级：枣在分级机内进行挑选，根据枣的大小，分成 5 个等级，即特级、一级、二级、三级和等外级。

5）气泡喷淋：红枣在气泡机与水结合的作用下，做上下翻滚运动，从而表面上的灰尘及微生物杂物被洗去。清洗过程后，对红枣热烫，一般在 90℃左右的热水中烫漂 3 min。

6）毛刷高压喷淋清洗：红枣随毛刷滚动，在垛口形毛刷的作用下，在不同方向上滚动，毛刷的软毛可以伸入红枣的褶皱中，清除里面污物，高压喷淋同时工作，清洗红枣。

7）金属网带震动沥水。

8）装盘，烘干：每平方米烘盘面积上的装枣量一般在 12.5～15 kg，装枣厚度以不超过两层枣为宜，枣小可以适当增大装枣量。

温度管理：

预热阶段：要求烘房内温度平稳上升，红枣表面温度在 35～40℃（手握微感烫手）。后期以拇指压枣可见皮部出现微皱纹，枣体的温度在 45～50℃。此时红枣表面有层水雾。温度逐渐上升至 55℃。此过程需要 4 h 左右。

蒸发阶段：把烘房的温度上升至 65℃（不能超过 65℃），此温度持续 4 h 左右，使枣内的水分大量散发。干燥完成阶段温度逐步降低，使枣果内部的水分比较均匀一致，枣果内部的可蒸发水分减少，蒸发速度变缓，此时烘房内温度不低于 50℃即可。

9）滚杠风干：将红枣向前输送，在滚杠的转动下使大枣旋转，在高风的作用下吹去表面水分，减少红枣在烘房内的烘干时间，提高烘房效率。

10）冷风回软：将烘干后的红枣放在冷却机的网带上，在网带和风机的共同作用下，使大枣的温度迅速降低，增加产品的口感。

11）挑选：采用滚杠挑选结合人工挑选去除次品。

12）紫外杀菌：烘干的红枣在滚杠输送带上随滚杠向前运行，运行过程中滚杠通过自转带动大枣旋转，使红枣杀菌更均匀、更彻底，提高产品的质量，保证产品的保质期。

13）包装：根据公司产品的需要进行不同规格包装。

## 4 冻干有机草莓

（1）工艺流程

选择新鲜草莓→清洗、去柄→沥干→冷冻回软→切片→装盘→装仓→预冻→冷阱制冷→真空排气→真空升华干燥→出仓→称量→真空包装。

（2）操作要点

1）选料。成熟的、无斑点的、无腐烂的新鲜有机草莓，除去柄及叶子，用清水清洗3～4次，然后沥干。

2）冷冻回软。本工艺是采用单体速冻的草莓粒，在（–10±2）℃条件下冷藏48 h回软后切片，把每个草莓切成3～4片，使每片厚度为6～8 mm。也可以不切片，整颗冻干。

3）预冻。将装好盘的草莓放入冻干仓内进行冻结，温度为–35℃，冻结时间为1～2 h，使草莓的中心温度达到共晶点温度以下。

4）真空升华干燥。将装载草莓的金属托盘推入干燥仓，首先将冷阱温度预冷至–45℃，当冷阱温度降至–45℃时开启真空泵使真空度达到20～60Pa，并保持这一压力，这时开始给搁板加热，被冻结的草莓开始升华干燥。在升华干燥阶段严格地保持恒定的冷阱温度，而在加热过程中草莓的中心温度不高于其共晶点温度，草莓表面的温度不高于其所允许的最高温度。当草莓的表面温度和中心温度相接近时，升华干燥结束。草莓的升华干燥一般持续4～5 h。

5）出仓包装。当解析干燥结束，这时停止给搁板加热，同时关闭真空泵、制冷机和冷却水系统并打开放空气阀使冻干箱内的压力恢复到常压，这时开始出仓。出仓后要立即对已冻干完毕的草莓进行包装。

## 5　有机冻干玉米粒

（1）工艺流程

原料拣选→剥皮去须→脱粒→清洗→漂烫→冷却→沥水→铺盘→冻结→真空冷冻干燥→出仓

（2）操作要点

真空冷冻干燥前的工序参考项目二　任务6“4　实训案例：有机甜玉米粒的速冻工艺”。

真空冷冻干燥：物料铺盘厚度为3.5cm，在60Pa真空度下，以100℃为初始设定干燥温度，维持5h，此后加热板温度设置为90℃—80℃—70℃—55℃，待物料中心温度维持在50℃以上3 h，即得终产品。

## 思考题

1．简述果蔬干制原料选择的基本要求。

2．简述顺流干燥和逆流干燥对产品的效果。

3．简述食品冷冻干燥的原理及优缺点。

4．有机红枣烘干阶段如何进行温度管理？

5．简述传统的干制方法、干制设备的种类及特点。

6．某公司干燥生产干香菇，为节约时间，工艺员将干燥箱温度提高至80℃，产品出现塌陷严重、内芯不干的质量问题，结合本案例说明干燥温度对干燥效果的影响，论述如何从工艺上提高干燥品的质量？

# 任务 3 有机果蔬糖制品的加工

我国果蔬糖制品加工历史悠久，原料众多，加工方法多样，形成的制品种类繁多、风味独特。按加工方法和产品形态，可将果蔬糖制品分为蜜饯和果酱两大类。

## 1 有机蜜饯类加工

### 1.1 蜜饯产品类型

果蔬或果坯经糖渍或糖煮后，含糖量一般约 60%，个别较低。糖制的成品有些要进行烘干处理，有些不需要烘干，根据含水量的不同，可将蜜饯类产品分为三种。

湿态蜜饯：果蔬原料糖制后，按罐藏原理保存于高浓度糖液中，果形完整，饱满，质地细软，味美，呈半透明。如蜜饯海棠、蜜饯樱桃、糖青梅、蜜金橘等。

干态蜜饯：糖制后晾干或烘干，不粘手，外干内湿，半透明，有些产品表面裹一层半透明糖衣或结晶糖粉。如橘饼、蜜李子、蜜桃子、冬瓜条、糖藕片等。

凉果：指用咸果坯为主要原料、甘草等为辅料制成的糖制品。果品经盐腌、脱盐、晒干，加配调料蜜制，再干制而成。制品含糖量不超过 35%，属低糖制品，外观保持原果形，表面干燥，皱缩，有的品种表面有层盐霜，味甘美，酸甜，略咸，有原果风味。如陈皮梅、话梅、橄榄制品等。

### 1.2 蜜饯类生产实例

#### 1.2.1 蜜枣

（1）生产工艺流程

原料选择→切缝→熏硫→糖煮→糖渍→烘烤→整形→包装→成品

（2）操作要点

原料选择：选用果形大、果肉肥厚、疏松、果核小、皮薄而质韧的品种，如北京的糖枣，山西的泡枣，浙江的大枣、马枣，河南的灰枣，陕西的团枣等。果实由青转白时采收，过熟则制品色泽较深。

切缝：用排针或机械将每个枣果划缝 80～100 条，其深度以深入果肉的 1/2 为宜。划缝太深，糖煮时易烂，太浅糖液不易渗透。

熏硫：北方蜜枣切缝后将枣果装筐，入熏硫室。硫黄用量为果实重的 0.3%，熏硫 30～40 min，至果实汁液呈乳白色即可。南方蜜枣不进行熏硫处理，切缝后即行糖制。

糖煮：先配制浓度为 30%～50%的糖液 35～45 kg，与枣果 50～60 kg 同时下锅煮沸，加枣汤（上次浸枣剩余的糖液）2.5～3 kg，煮沸，如此反复三次加枣汤后，开始分次加糖煮制。第 1～3 次，每次加糖 5 kg 和枣汤 2 kg 左右，第 4～5 次，每次加糖 7～8 kg，第 6 次加糖约 10 kg。每次加糖（枣汤）应在沸腾时进行。最后一次加糖后，续煮约 20 min，而后连同糖液倒入缸中浸渍 48 h。全部糖煮时间需 1.5～2.0 h。

烘干、整形：沥干枣果，送入烘房，烘干温度 60～65℃，烘至 6～7 成干时，进行枣果整形，捏成扁平的长椭圆形，再放入烘盘上继续干燥（回烤），至表面不粘手、果肉具韧性即为成品。

（3）产品质量要求

色泽呈棕黄色或琥珀色，均匀一致，呈半透明状态；形态为椭圆形，丝纹细密整齐，含糖饱满，质地柔韧；不返砂，不流汤，不粘手，不得有皱纹、露核及虫蛀；总糖含量为68%～72%，水分含量为17%～19%。

1.2.2 苹果脯

（1）工艺流程

原料选择→去皮→切分一去心→硫处理和硬化→糖煮→糖渍→烘干→包装→成品

（2）操作要点

原料选择：选用果形圆整、果心小、肉质疏松和成熟度适宜的原料。

去皮、切分、去心：用手工或机械去皮后，挖去损伤部分，将苹果对半纵切，再用挖核器挖掉果心。

硫处理和硬化：将果块放入0.1%的氯化钙和0.2%～0.3%的亚硫酸氢钠混合液中浸泡4～8 h，进行硬化和硫处理。肉质较硬的品种只需进行硫处理。每100 kg混合液可浸泡120～130 kg原料。浸泡时上压重物，防止上浮。浸后取出，用清水漂洗2～3次备用。

糖煮：在夹层锅内配成40%的糖液25 kg，加热煮沸，倒入果块30 kg，以旺火煮沸后，再添加上次浸渍后剩余的糖液5 kg，重新煮沸。如此反复进行三次，需要30～40 min。此时果肉软而不烂，并随糖液的沸腾而膨胀，表面出现细小裂纹。此后再分六次加糖煮制。前两次分别加糖5 kg，第三、四次分别加糖5.5 kg，第五次加糖6 kg，每次间隔5 min，第六次加糖7 kg，煮制20 min，全部糖煮时间需1～1.5 h，待果块呈现透明时，即可出锅。

糖渍：趁热起锅，将果块连同糖液倒入缸中浸渍24～48 h。

烘干：将果块捞出，沥干糖液，摆放在烘盘上，送入烘房，在60～66℃的温度下干燥至不粘手为度，大约需要24 h。

整形和包装：烘干后用手捏成扁圆形，剔除黑点、斑疤等，装入食品袋、纸盒，再行装箱。

（3）产品质量要求

色泽：浅黄色至金黄色，具有透明感。

组织与形态：呈碗状或块状，有弹性，不返砂，不流汤。

风味：甜酸适度，具有原果风味。

总糖含量：65%～70%；水分含量：18%～20%。

1.2.3 杏脯

（1）工艺流程

原料选择→清洗→切半去核→浸硫护色→糖煮→糖渍→干燥→包装

（2）操作要点

原料选择：选择皮色橙黄、肉黄、硬而韧的品种，成熟度八成左右。

原料处理：剔除病虫害、伤残果。漂选干净，切半去核。

浸硫护色：将切半后的杏放在浓度为0.3%～0.6%的亚硫酸钠溶液中浸泡1 h左右，捞出用清水冲洗干净。

糖煮：采用多次糖煮和糖渍法。

第 1 次糖煮和糖渍：糖液浓度 40%，煮沸持续 10 min 左右，待果面稍膨胀，并出现大气泡时，即可倒入缸内糖渍 12～24 h，糖渍时糖液要浸没果面。

第 2 次糖煮和糖渍：糖液浓度为 50%，煮制 2～3 min 后糖渍。糖渍后捞出晾晒，使杏碗凹面向上，让其水分自然蒸发。当杏碗失重 1/3 左右时，进行第 3 次糖煮。

第 3 次糖煮和糖渍：糖液浓度为 65%～70%，煮制 15～20 min，糖渍。捞出杏碗沥干。

烘制：将杏碗放在烤盘中送入烘房烘制，烘制温度为 60～65℃，烘烤 24～36 h，烘至杏碗表面不粘手并富有弹性为止。

为了防止焦化，烘制温度不要超过 70℃，并间隙地翻动和排湿。

整形：将杏碗捏成扁圆形的杏脯。

回软：把杏脯堆积在一起均湿，使杏脯干湿均匀。

包装：先装入食品袋，再装入纸箱内，放在通风干燥处。

（3）产品质量指标

色泽橘黄，组织饱满，果形扁圆、完整，质地半透明。总糖含量在 68%以上，含水量在 18%以下。

### 1.2.4 橘饼

（1）工艺流程

原料→刨皮→划缝→去种子→硬化→漂洗→预煮→糖制→压扁→烘干→拌糖→包装→成品

（2）操作要点

刨皮：刨皮与否以橘子品种和产品规格而定。以四川红橘为原料，因皮厚、味苦，需用刨刀刨去红黄外皮（称油胞层）。而橘皮薄的浙江早橘，可不去皮。

划缝、压汁、去种子：用划果器沿每一囊瓣背面纵划一刀，深至果肉，置压榨机中压扁、挤汁、去种子，压出的汁液可作果汁、饮料和果酒等原料，种子榨油。

硬化漂洗：把橘坯放入 0.5%～1.0%的石灰液中浸泡 1～2 h，取出压干，再用清水漂洗、压干数次，除去残留石灰。亦可用 12%～15%的食盐和 1%的石灰腌渍制成的水坯为原料，随时取出漂洗加工。

预煮：将新鲜或半成品橘坯置于沸水中热烫 5～10 min，至果肉煮透为度，然后取出压干。

糖制：采用分次加糖一次煮成法。按 100 kg 橘坯、50 kg 糖的比例，先取 20 kg 糖加水（水量以能淹没橘坯为度）溶化，倒入橘坯，使之吸糖排水，然后将剩余糖加入溶化，加热煮沸，不断搅拌，煮至橘坯全部透明，沸点达 108～110℃时，捞出橘坯，沥干糖水，冷却备用。

也可将橘坯投入煮沸的约 40%糖液中糖渍 24 h，再将糖液滤出，加糖调至 45%，煮沸倒入橘坯，糖渍 24 h 后，将糖液再次滤出加糖至约 50%煮沸倒入橘坯，糖渍 3～7 d 再煮至终点。

压扁：煮好的橘坯冷却后，人工压扁呈圆形。

干燥拌糖粉：将压扁后的橘坯送入烘房干燥至不太粘手时，撒上糖粉拌匀，即成成品。

（3）产品质量指标

橘红色或橙红色，有光泽，形态美观，外干内湿，无种子；具有橘饼风味，软硬适度，化渣；总糖 60%，水分 20%以下。

1.2.5 山楂蜜饯

（1）工艺流程

原料选择→洗涤→去核→糖煮→糖渍→浓缩→装罐→杀菌→冷却

（2）操作要点

选择新鲜、成熟、个头较大的山楂，剔除腐粒、萎缩、干疤及病虫果。用清水漂洗干净果面的灰尘、污物及杂质。用捅核器将果柄、果核及花萼同时去掉。

将成熟度较低、组织致密的山楂用 30%的糖液，90～100℃煮 2～5 min，将成熟度高、组织较疏松的山楂用 40%的糖液、80～90℃煮 1～3 min。煮至果皮出现裂纹．果肉不开裂为度。糖煮时所用的糖液质量为果重的 1～1.5 倍。

配成浓度为 50%的糖液，过滤后备用。将经过糖煮的山楂捞出后放入 50%的糖液中浸渍 18～24 h。

先将浸渍山楂的糖液倒入夹层锅中煮沸，再将山楂倒入锅内，继续煮沸 15 min，按 100 kg 果加 15 kg 糖的用量，将糖倒入锅中，浓缩至沸点温度达 104～105℃（糖液浓度达 60%以上时）即可出锅。

浓缩后的山楂与糖浆按一定的比例装入罐内，立即封盖。在沸水中杀菌 15 min，取出后冷却至 40℃即可。

（3）产品质量要求

颜色呈紫红色，透明，有光泽，酸甜适口，有原果风味；成品总糖含量 60%。

1.2.6 话梅

（1）工艺流程

原料→盐腌→脱盐→糖渍→拌调味料→干燥→包装→成品

（2）操作要点

梅坯制备：每 100 kg 梅加 16～18 kg 食盐，进行盐腌，经晒干得干梅坯，供长期保存。

脱盐：将梅坯在清水中漂洗脱盐，待脱去 50%的盐分后，捞出干燥脱水至 50%。

甘草糖浆制备：取甘草 3 kg，肉桂 0.2 kg，加水 60 kg 煮沸浓缩至 50 kg。经澄清过滤，取浓缩汁的一半，加糖 20 kg，溶解成甘草糖浆。

加料腌渍：取脱盐梅坯 100 kg，置于缸中，加入热甘草糖浆，腌渍 12 h，其间经常上下翻拌，使梅坯充分吸收甘草糖液。然后捞出晒至半干。在原缸中，加进 3～5 kg 糖，以及原先留下的甘草浓缩汁。调匀煮沸，将半干的梅坯入缸，再腌 10～12 h。

干燥：待梅坯吸干料液后，取出干燥。每 100 kg 梅坯可得 110 kg 制品。

（3）产品质量指标

黄褐色或棕色，果形完整，大小基本一致，果皮有皱纹，表面略干；甜、酸、咸适宜，有甘草或添加香料的味，回味久留；总糖 30%左右，含盐 3%，总酸 4%，水分 18%～20%。

1.2.7 红薯脯

（1）工艺流程

红薯选择清洗→去皮、切分→护色→硬化→漂烫→浸胶→糖液配制→糖煮→糖渍→烘

制→成品

（2）操作要点

红薯选择：清洗选用质地紧密，无创伤、无污染、无腐烂、块形圆整的有机鲜薯，将选好的原料清洗干净。

去皮、切分：将选好的红薯经过清洗，去掉外皮后按要求切成一定形状，使产品外形美观大方。

护色：将切好的薯块放入0.3%～0.5%的亚硫酸钠溶液中，浸泡90～100 min，取出后用清水漂洗。

硬化：用0.2%～0.5%的鲜石灰液浸泡薯块12～16 h，待完全硬化后取出，用清水漂洗10～15 min。

烫漂：将硬化的薯块放入沸水中煮沸数分钟，捞出沥去余水。

浸胶：将硬化的薯块放入配好的0.3%～0.5%的明胶溶液中，减压浸胶，真空度$0.87\times10^5$～$0.91\times10^5$Pa，时间30～50 min，胶液温度50℃左右。

糖液配制：先将冬虫夏草溶液和饴糖混合配成糖度约为20%的糖液，再用白砂糖调糖度为40%～50%，然后用柠檬酸调糖液pH 4～4.2。

糖煮：将处理好的薯块放入微沸的糖液中煮制，至薯块呈透明状，煮制终点糖度为45%左右，约需1 h。

糖渍：为保证薯块吃足糖，连同原糖液一起浸渍12～24 h。

烘制：将浸渍好的薯块连同糖液一起加热到50℃，然后捞出沥去糖液，单层平摊在烘盘中进行烘烤。烘烤温度控制在65～70℃，烘烤期间注意倒换烘盘，勤翻动薯块烘至薯块不粘手、稍带弹性为止，一般需8～12 h。

## 2 有机果酱类加工工艺

果酱类制品有果酱、果泥、果冻、果膏、果糕、果丹皮和马茉兰等产品，是以果蔬的汁、肉加糖及其他配料，经加热浓缩制成。原料在糖制前需先行破碎、软化或磨细、筛滤或压榨取汁等预处理，然后按产品质量的不同要求，进行加热浓缩及其他处理。

### 2.1 有机果酱类加工过程与要点

（1）原料选择及前处理

生产果酱类制品的原料要求含果胶及酸量多，芳香味浓，成熟度适宜。对于含果胶及酸量少的果蔬，制酱时需另外加果胶及酸，或与富含该种成分的其他果蔬混制。

生产时，首先剔除霉烂变质、病虫害严重的不合格果，经过清洗、去皮（或不去皮）、切分、去核（心）等处理。去皮、切分后的原料若需护色，应进行护色处理，并尽快进行加热软化。

（2）加热软化

加热软化的目的主要是：破坏酶的活性，防止变色和果胶水解；软化果肉组织，便于打浆或糖液渗透；促使果肉组织中果胶的溶出，有利于凝胶的形成；蒸发一部分水分，缩短浓缩时间；排除原料组织中的气体，以得到无气泡的酱体。

软化前先将夹层锅洗净，放入清水（或稀糖液）和一定量的果肉。一般软化用水为果肉重的 20%～50%。若用糖水软化，糖水浓度为 10%～30%。开始软化时，升温要快，蒸汽压力为 0.2～0.3 MPa，沸腾后可降至 0.1～0.2 MPa，并不断搅拌，使上下层果块软化均匀，果胶充分溶出。软化时间依品种不同而异，一般为 10～20 min。

软化操作正确与否，直接影响果酱的胶凝程度。如块状酱软化不足，果肉内溶出的果胶较少，制品胶凝不良，仍有不透明的硬块，影响风味和外观。如软化过度，果肉中的果胶因水解而损失，同时，果肉经长时间加热，色泽变深，风味变差。制作泥状酱，果块软化后要及时打浆。

（3）取汁过滤

生产果冻、马茉兰等半透明或透明糖制品时，果蔬原料加热软化后，用压榨机压榨取汁。对于汁液丰富的浆果类果实压榨前不用加水，直接取汁，而对肉质较坚硬致密的果实如山楂、胡萝卜等软化时，需加适量的水，以便压榨取汁。压榨后的果渣为了使可溶性物质和果胶更多地溶出，应再加一定量的水软化，再行一次压榨取汁。

大多数果冻类产品取汁后不用澄清、精滤，而一些要求完全透明的产品则需用澄清的果汁。常用的澄清方法有自然澄清、酶法澄清、热凝聚澄清等方法，

（4）配料

按原料的种类和产品要求而异，一般要求果肉（果浆）占总配料量的 40%～55%，砂糖占 45%～60%（其中允许使用淀粉糖浆，用量占总糖量的 20%以下）。这样，果肉与加糖量的比例为 1∶1～1∶1.2。为使果胶、糖、酸形成恰当的比例，有利于凝胶的形成，可根据原料所含果胶及酸的多少，必要时添加适量柠檬酸、果胶或琼脂。柠檬酸补加量一般以控制成品含酸量 0.5%～1%为宜。果胶补加量，以控制成品含果胶量 0.4%～0.9%较好。

配料时，应将砂糖配制成 70%～75%的浓糖液，柠檬酸配成 45%～50%的溶液，并过滤。果胶按料重加入 2～4 倍砂糖，充分混合均匀，再按料重加水 10～15 倍，加热溶解。琼脂用 50℃的温水浸泡软化，洗净杂质，加水，为琼脂重量的 19～24 倍，充分溶解后过滤。果肉经加热软化后，在浓缩时分次加入浓糖液，临近终点时，依次加入果胶液或琼脂液、柠檬酸或糖浆，并充分搅拌均匀。

（5）浓缩

当各种配料准备齐全，果肉经加热软化或取汁以后，就要进行加糖浓缩。其目的在于通过加热，排除果肉中的大部分水分，使砂糖、酸、果胶等配料与果肉煮至渗透均匀，提高浓度，改善酱体的组织形态及风味。加热浓缩还能杀灭有害微生物，破坏酶的活性，有利于制品的保藏。

加热浓缩的方法，目前主要采用常压浓缩和真空浓缩两种方法。

1）常压浓缩。即将原料置于夹层锅内，在常压下加热浓缩。常压浓缩应注意以下几点：

浓缩过程中，糖液应分次加入。这样有利于水分蒸发，缩短浓缩时间，避免糖色变深而影响制品品质。

糖液加入后应不断搅拌，防止锅底焦化，促进水分蒸发，使锅内各部分温度均匀一致。

开始加热后蒸汽压力为 0.3～0.4MPa，浓缩后期，压力应降至 0.2MPa。

浓缩初期，由于物料中含有大量空气，在浓缩时会产生大量泡沫，为防止外溢，可加入少量冷水或植物油，以消除泡沫，保证正常蒸发。

浓缩时间要恰当掌握，不宜过长或过短。过长直接影响果酱的色、香、味，造成转化糖含量高，以致发生焦糖化和美拉德反应；过短转化糖生成量不足，在储藏期间易产生蔗糖的结晶现象，且酱体凝胶不良。浓缩时可通过火力大小或其他措施控制浓缩时间。

需添加柠檬酸、果胶或淀粉糖浆的制品，当浓缩到可溶性固形物为60%以上时再加入。

2）真空浓缩。真空浓缩优于常压浓缩，其在浓缩过程中，由于是低温蒸发水分，既能提高其浓度，又能保持产品原有的色、香、味等成分。真空浓缩时，待真空度达到53.32 kPa以上，开启进料阀，浓缩的物料靠锅内的真空吸力进入锅内。浓缩时，真空度保持在86.66～96.00 kPa，料温 60℃左右，浓缩过程应保持物料超过加热面，以防焦糊。待果酱升温至90～95℃时，即可出料。

果酱类熬制终点的测定可采用下述方法。

折光仪测定：当可溶性固形物达66%～69%时即可出锅。

温度计测定：当溶液的温度达103～105℃时熬煮结束。

挂片法：是生产上常用的一种简便方法。用搅拌的木片从锅中挑起浆液少许，横置，若浆液呈现片状脱落，即为终点。

（6）装罐密封（制盘）

果酱、果泥等糖制品含酸量高，多以玻璃罐或抗酸涂料铁罐为容器。装罐前应彻底清洗容器，并消毒。果酱出锅后应迅速装罐，一般要求每锅酱体分装完毕不超过30 min。密封时，酱体温度在80～90℃。

果糕、果丹皮等糖制品浓缩后，将黏稠液趁热倒入钢化玻璃、搪瓷盘等容器中，并铺平，进入烘房烘制，然后切割成型，并及时包装。

（7）杀菌冷却

加热浓缩过程中，酱体中的微生物绝大部分被杀死。而且由于果酱是高糖高酸制品，一般装罐密封后残留的微生物是不易繁殖的。在生产卫生条件好的情况下，果酱密封后，只要倒罐数分钟，进行罐盖消毒即可。但也发现一些果酱罐头有生霉和发酵现象出现。为了安全起见，果酱罐头密封后，再进行杀菌是必要的。

杀菌方法，可采用沸水或蒸汽杀菌。杀菌温度及时间依品种及罐型等不同，一般以100℃温度下杀菌5～10 min为宜。杀菌后冷却至38～40℃，擦干罐身的水分，贴标装箱。

## 2.2 有机苹果酱的加工

（1）工艺流程

原料→分选→清洗→去皮→去心→切块→预煮→打浆→浓缩→装罐、封口→杀菌→冷却

（2）操作要点

原料处理：清洗后去皮、去籽，切成小块，入锅加果重10%～20%的水，煮沸20～30 min，使之软化兼防变色。

打浆：用孔径为8～10 mm打浆机破碎。

浓缩：按果肉100 kg加糖70～80 kg（其中砂糖的20%宜用淀粉糖浆代替）和柠檬酸适量的配比入锅加热浓缩。操作时，先将果浆打入锅中，分 2～3 次加入砂糖，最后一次加糖时加入柠檬酸调节果酱pH为2.5～3。加热浓缩至105～106℃，可溶性固形物达65%以上时出锅。

装罐、封口：出锅后立即装罐，封罐时酱体温度不低于85℃。

杀菌冷却：100℃高温杀菌5～15 min，然后冷却。

（3）产品质量指标

酱红色或琥珀色；黏胶状，不流散，不流汁，无糖结晶，无果皮、籽及梗；具有果酱应有的良好风味，无焦糊和其他异味；可溶性固形物不低于65%或55%。

## 2.3 有机草莓酱的加工

（1）工艺流程

原料→漂洗→去梗去萼片→配料→浓缩→装罐封口→杀菌→冷却、成品

（2）操作要点

原料处理：草莓倒入流动水中浸泡3～5 min，分装于有孔筐中，在流动水或通入压缩空气的水槽中淘洗，去净泥沙污物。然后捞出去梗、萼片和腐烂果。

配料：草莓300 kg，75%糖水400 kg，柠檬酸700 g，山梨酸250 g；或草莓100 kg，白砂糖115 kg，柠檬酸300 g，山梨酸75 g。

浓缩：采用减压或常压浓缩方法。

减压浓缩：将草莓与糖水吸入真空浓缩锅内，调节真空度为4.7～5.3 kPa，加热软化5～10 min，然后提高真空度到8.0 kPa以上，浓缩至可溶性固形物达60%～65%时，加入已溶化的山梨酸、柠檬酸，继续浓缩至终点出锅。

其后的装罐、封罐、杀菌和冷却等处理，如同苹果酱。

（3）产品质量指标

紫红色或红褐色，有光泽，均匀一致；酱体呈胶黏状，块状酱可保留部分果块，泥状酱的酱体细腻；甜酸适度，无焦糊味及其他异味；可溶性固形物65%或55%。

## 2.4 有机山楂糕的加工

（1）工艺流程

原料→清洗→软化→打浆→配料→浓缩→入盘→冷却→包装→成品

（2）操作要点

原料软化：选择新鲜无腐烂的有机山楂，用清水洗净后，入夹层锅加果重1/2的水，加热煮沸25～30 min，至果肉软烂为度。

打浆过筛：用打浆机破碎，过筛成山楂泥。

配料：山楂泥100 kg，砂糖80 kg，明矾1 kg，水20 kg。先将糖和水入锅加热溶化，制成浓糖浆，把明矾磨碎倒入锅内溶化拌匀备用。

浓缩：将山楂泥和糖浆倒入夹层锅内，边搅拌边加热浓缩至可溶性固形物达65%出锅。

入盘冷却：出锅后倒入洗净擦干的盘内，厚3～4 cm，凉透即凝结成固态的山楂糕。

（3）产品质量指标

糕体红褐色，有光泽；糕体呈固态体（可切成块），质地致密，富有弹性，切开无糖液渗出；味甜酸，有浓厚的山楂风味，可溶性固形物达65%以上。

## 2.5　有机果丹皮的加工

（1）工艺流程

原料→清洗→软化→打浆→调配→刮片→干燥→切分→包装→成品

（2）操作要点

原料：苹果、山楂、桃、杏、胡萝卜等果蔬均可用于加工果丹皮，果实要充分成熟，风味良好，无病虫害。

清洗：用清水将果实漂洗干净。对带硬核的果实还需切半去核，对大型果需要切分或破碎。

软化、打浆：加入适量水与果实一同置于锅中加热软化，软化时间为 20 min 左右，以果实煮软烂为准。将果实连同软化水一起倒入打浆机（筛孔直径 0.6～1.0 mm）中进行打浆，即得果泥。

加糖调配：加糖量为果泥重量的 60%～80%，搅拌均匀。

刮片、干燥：将木框模子（长 45 cm、宽 40 cm、底边厚 0.4 cm）放在钢化玻璃板上，倒上适量调配好的果泥，用木刮片刮平，摊成 0.3～0.4 cm 厚的薄层，然后送入烘房干燥，在 60～65℃下干燥 8 h 左右，干燥至有一定韧性时揭起，再放于烘盘上继续烘干其表面水分即可。

切分、包装：将干燥后的果泥薄片按要求切成长方块（如 15 cm×15 cm），用玻璃纸包装后即成果丹皮。

（3）产品质量要求

产品呈卷状或片状，质地细腻，有韧性，无杂质，具有特有的风味，酸甜适口，无异味。总糖 50%左右，总酸 0.6%～0.8%，水分 18%以下。

## 2.6　有机胡萝卜泥

（1）工艺流程

原料选择→洗涤、去皮→切碎→预煮→打浆→配料→浓缩→装罐→密封→杀菌、冷却→成品

（2）操作方法

原料选择：成熟度适宜，未木质化，呈鲜红色或橙红色，皮薄肉厚，粗纤维少，无糠心的有机胡萝卜为原料。

洗涤：用流动的清水漂洗数次，洗净表面的泥沙及污物。

去皮：将洗净的原料投入浓度为 3%～8%、温度在 95～100℃的碱液中处理 1～2 min，然后放入流动的清水中冲洗两三次，以洗掉被碱液腐蚀的表皮和残留的碱液。

切碎：去皮后再用手工除去个别残存的表皮、黑斑、须根等，并切成大小、厚薄一致的薄片。

预煮：将薄片放入夹层锅内，加入约为原料质量一倍的清水，加热后煮沸，经 10～20 min，至原料煮透为止。

打浆：用双道打浆机打成浆状。打浆机的筛板孔直径为 0.4～1.5 mm。

配料：胡萝卜泥 100 kg，砂糖 50 kg，柠檬酸 0.3～0.5 kg，果胶粉（LMP 型）0.6～0.9 kg。

先将果胶粉按规定用量与其4～5倍重量的砂糖混合均匀（其砂糖量包括在砂糖总量之内），然后加15～20倍的热水，充分搅拌并加热至沸，果胶溶解后将浓度为50%的柠檬酸倒入，搅拌均匀。

浓缩：将胡萝卜泥与75%的糖液倒入夹层锅内，搅拌均匀，加热浓缩，待可溶性固形物达10%～20%时，将已配好的果胶粉、柠檬酸溶液加入锅内，搅拌均匀，继续熬煮，当可溶性固形物达40%～42%时即可出锅。

装罐及密封：装罐时酱体温度不低于85℃，装罐后应立即密封。

杀菌与冷却：在110～120℃的温度下杀菌20～30 min，然后冷却至罐温38～40℃为止，玻璃罐要分段冷却，以防炸裂。

（3）产品质量要求

色泽呈黄褐色，质地细腻，均匀一致；甜酸适口，无异味；可溶性固形物达40%～42%（以折光计）。

## 思考题

1. 简述果酱加工制作的原理和工艺流程及要点。
2. 果蔬组织中果胶物质以哪些形式存在？试述果酱类制品加工中果胶形成凝胶的原理和条件。
3. 果蔬糖制时，食糖的作用有哪些？
4. 在制蜜饯过程中，硬化处理的目的及原理是什么？
5. 返砂和流汤产生的原因是什么？
6. 如何防止煮烂和皱缩？

# 任务4　有机果蔬汁的加工

果蔬汁类及其饮料是指以水果和（或）蔬菜（包括可食的根、茎、叶、花、果实）等为原料，经加工或发酵制成的液体饮料。分成三大类：果蔬汁（浆）、浓缩果蔬汁（浆）、果蔬汁（浆）类饮料。

果蔬汁（浆）指以水果或蔬菜为原料，采用物理方法（如机械方法、水浸提等）制成的可发酵但未发酵的汁液、浆液制品；或在浓缩果蔬汁（浆）中加入其加工过程中除去的等量水分复原制成的汁液、浆液制品，如原榨果汁（非复原果汁）、果汁（复原果汁）、蔬菜汁、果浆/蔬菜浆、复合果蔬汁（浆）等。

浓缩果蔬汁（浆）指以水果或蔬菜为原料，从采用物理方法榨取的果汁（浆）或蔬菜汁（浆）中除去一定量的水分制成的、加入其加工过程中除去的等量水分复原后具有果汁（浆）或蔬菜汁（浆）应有特征的制品。含有不少于两种浓缩果汁（浆）或浓缩蔬菜汁（浆）的制品为浓缩复合果蔬汁（浆）。

果蔬汁（浆）类饮料：以果蔬汁（浆）、浓缩果蔬汁（浆）为原料，添加或不添加其他食品原辅料和（或）食品添加剂，经加工制成的制品，如果蔬汁饮料、果肉（浆）饮料、复合果蔬汁饮料、果蔬汁饮料浓浆、发酵果蔬汁饮料、水果饮料等。

果蔬汁按其透明与否，可分成澄清果蔬汁和浑浊果蔬汁。透明果蔬汁体态澄清、无悬浮颗粒，制品的稳定性好，但营养损失较大，常见的产品有苹果汁、梨汁、葡萄汁和一些浆果等。混浊果蔬汁是果汁中存在大量的果肉微粒，同时又保留了一定数量的植物胶质所致。常见的有橙汁、番茄汁、胡萝卜汁等。此外，所谓的带肉果汁或果肉饮料是指含有果浆而质地均匀细致的一类果蔬汁。这一类产品常用桃、李、杏、梅、胡萝卜等按常法制汁风味较差的果蔬制成。从体态上看，它是一种特别的混浊果汁。另外，为耐储藏和节约空间降低运输成本，果蔬汁（浆）可以经过浓缩后制成浓缩果汁（浆）。果蔬汁类及其饮料的生产按照《果蔬汁类及其饮料》（GB/T 31121—2014）执行。

## 1　果蔬汁加工技术

果蔬原料和产品类型虽是多种多样，但就其生产工艺而言，其基本原理和过程大致相同，其工艺流程如图 1～图 3 所示。

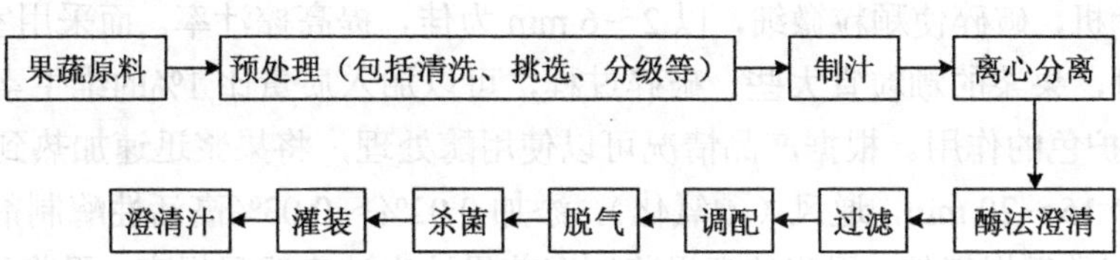


**图 1　澄清汁的工艺流程**

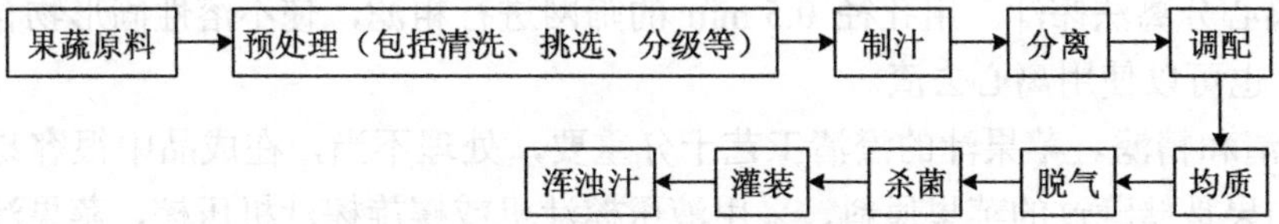


**图 2　浑浊汁的工艺流程**

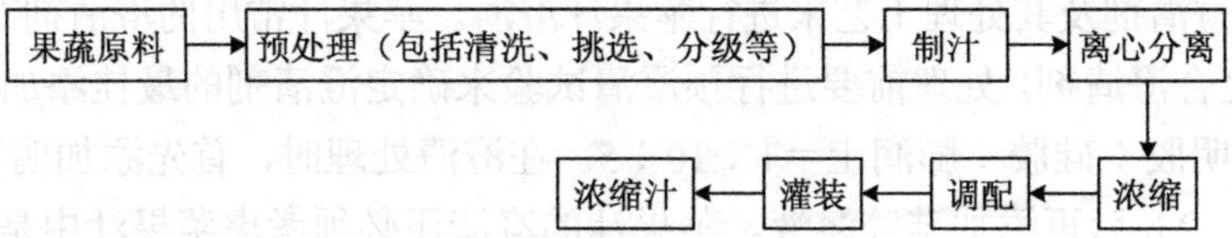


**图 3　浓缩汁的工艺流程**

## 2　有机苹果汁加工

（1）加工流程

原料选择→清洗→破碎→取汁→粗滤→澄清和精滤→调整与混合→包装与杀菌

总体加工过程：进厂的苹果应保证无腐烂，在水中浸洗和喷淋清水洗涤，也有用 1%NaOH 和 0.1%～0.2%的碳酸氢钠浸泡清洗的方法。用苹果磨碎机或锤击式破碎机破碎至 3～8 mm 大小的碎片，然后用压榨机压榨，苹果常用连续的液压传动压榨机，也可用板框式压榨机或连续螺旋压榨机。苹果汁采用明胶单宁法澄清，单宁 0.1 g/L、明胶 0.2 g/L，加入后在 10～15℃下静置 6～12 h，取上清液和下部沉淀分别过滤。目前生产中苹果汁生产采用酶法澄清，再结合硅藻土过滤或超滤进行精滤。直饮式苹果汁常控制可溶性固形物 12%左右、酸 0.4%左右，在 93.3℃以上温度进行巴氏杀菌，苹果汁应采用特殊的涂料罐。

（2）操作要点

1）原料选择。选择成熟适中、新鲜完好的有机苹果，不能使用腐烂的苹果。适宜的苹果品种有国光、红玉等。

2）清洗和分选。在加工前，苹果原料必须清洗和挑选，以清除污物和腐烂果实。果汁加工企业一般采用水流输送槽进行苹果的预清洗作业，该作业一般在垂直或水平螺旋输送机用喷射水流完成。刷式水果清洗机也能很好地清洗苹果。清洗前或清洗后由人工在输送带上进行挑选。腐败的原料不能用来加工苹果汁。若表皮污渍较多，则用 0.5%～1%的稀 NaOH 浸洗，然后再用清水强力喷淋冲洗，清洗的同时进行分选和清除烂果。

3）破碎。用苹果磨碎机和锤碎机将苹果粉碎，颗粒大小要一致，破碎要适度。若采用包裹式榨汁机，破碎使颗粒微细，以 2～6 mm 为佳，提高榨汁率。而采用室式、带式或螺旋榨汁机时，果浆的颗粒宜大些。破碎过程，可以加入质量比 1%的维生素 C 溶液（浓度 8%）起到护色的作用。根据产品情况可以使用酶处理，将果浆迅速加热到 40～45℃，在容器中搅拌 15～20 min，通风（预氧化），添加 0.02%～0.03%高活性酶制剂，在 45℃处理 3～4 h 并间歇缓慢搅拌。用酶处理果浆制取苹果汁出汁率明显提高。果浆不进行中间储存而直接送去榨汁。

4）压榨和粗滤。成熟的新鲜苹果原料出汁率为 68%～86%，平均在 78%～81%。常用压榨法和离心分离法榨汁。用孔径 0.5 mm 的筛网进行粗滤，使不溶性固形物含量下降到 20%以下，也可以使用离心去渣。

5）澄清和精滤。苹果汁的澄清工艺十分重要，处理不当，在成品中很容易出现混浊和沉淀。如果是储藏过的苹果原料，采用液压榨汁机或螺旋榨汁机压榨，苹果汁中更易出现析出物或混浊物。通过酶处理不仅可以彻底分解高分子化合物、果胶、果肉颗粒和细胞碎片，还可以分解完全溶解在其中的简单化合物半乳糖醛酸或低聚半乳糖醛酸。因此必须采用酶制剂、澄清剂及其处理工艺来进行苹果汁澄清。苹果汁常用的澄清剂有明胶和明胶-硅胶-膨润土复合澄清剂。处理前要进行预澄清试验来确定澄清剂的最佳添加量。澄清剂的使用量一般为明胶∶硅胶∶膨润土＝1∶10∶5。在澄清处理时，首先添加明胶溶液，混合均匀并沉淀 1～2 h 后再添加硅胶溶液。苹果汁的澄清还必须考虑苹果汁中是否含有淀粉。如果苹果原料中存在残留淀粉，也会大大影响澄清效果。在澄清前苹果汁加热到 60℃以上，就会降低淀粉对澄清的影响。用专门的淀粉酶制剂或具有一定淀粉酶活性的果胶分解酶制剂都能分解果汁中的水溶性淀粉，淀粉酶制剂常用的添加量为 2～3 g/100 L 果汁，在特殊情况下可增加用量，直到取得满意的酶处理效果为止。果汁的淀粉酶处理温度不宜超过 35℃，可同时使用淀粉酶和果胶酶。酶处理 6～12 h 可以完全分解果汁中的淀粉。澄清后的果汁，用板框式过滤机或硅藻土过滤机过滤。

6）糖酸调整。加糖、加酸使果汁的糖酸比维持在 18∶1～20∶1，成品的糖度为 12%，酸度为 0.35%。天然苹果汁中的可溶性固形物含量为 15%～16%。

7）脱气。如果不需要浓缩，透明果汁可进行脱气处理。真空度：90.7～93.3 kPa。

8）杀菌。一般要用多管式或片式瞬间杀菌器加热至 95℃以上，维持 15～30 s，杀菌后趁热灌装。

9）包装。苹果汁饮料通常采用热灌装工艺。将经过杀菌的果汁迅速装入消毒过的玻璃瓶或马口铁罐内，趁热密封，密封后迅速冷却至38℃，以免破坏果汁的营养成分。

## 3 有机橙汁加工

（1）工艺流程

原料选择→清洗→破碎榨汁→粗滤→调配→过滤→均质→脱气→杀菌→罐装→密封→冷却→成品

（2）工艺要点

1）选果清洗：选充分成熟、无病虫害及霉烂变质的有机橙子，用自来水冲洗干净。

2）榨汁：使用PJE榨汁机，该机能瞬间剥皮并把果汁从果实中瞬间分离出来，最大限度地缩短了果汁与囊衣、种子和中心柱的接触时间，从而使果汁中的精油含量下降30%～80%，源自精油的不愉快的成分（d-萜晶烯、柠檬苦素、己烯醛等）也相应下降了40%，苦味及辛辣味有所下降。采用这种榨汁机，确保了非浓缩还原汁（NFC）的高品质。

3）过滤：果汁中含有一些肉眼可见的悬浮物，不仅会影响果汁的外观和风味，而且容易使果汁变质。所以用滤布对调配完的橙汁进行过滤处理。

4）均质：均质的目的是使果汁中的悬浮果肉颗粒进一步破碎细化，大小更加均匀，同时使果肉细胞壁上的果胶溶出，果胶更均匀地分布于果汁中形成均匀稳定的分散体系。若果汁不均质，由于果汁中的悬浮颗粒较大，产品不稳定，放置后会慢慢分层，形成上清下浊的现象。国内常用的均质条件是14.7～24.5 MPa，本工艺选择高压均质机均质，压力为20 MPa。

5）脱气：果汁输送过程中会将大量的空气带入，生产中需要将这些溶解的空气除去。因为脱气可以减少或避免柑橘汁的氧化，减少其色泽和风味被破坏以及营养损失，如维生素C的氧化，避免悬浮颗粒的上浮，减少腐蚀，防止灌装和杀菌时产生泡沫，提高杀菌效果。在生产上一般用真空脱气，通过真空条件下使果汁在脱气机中以雾状形式喷出，脱出氧气。为充分脱气，果汁温度比真空罐中的温度高2～3℃，热脱气的温度50～70℃，脱气罐内真空度为90.7～93.3 kPa。本设计采用真空脱气。

6）杀菌：橙汁饮料酸度较大，即pH较低（3.7左右），微生物受到抑制，杀菌时酵母霉菌和无芽孢杆菌为杀菌对象。在生产中杀菌方法采用高温短时杀菌，一般温度为95℃，杀菌时间为15～20 s。同时为避免果汁受到长时间的加热，要控制好果汁的速度。本工艺选择列管式杀菌机。

7）灌装、封盖、倒置、冷却：果汁在杀菌后，趁热进行灌装，容器采用PET瓶，灌装前果汁温度大于80℃，然后进行密封。再将灌装、密封好的果汁倒置，利用果汁的余热对瓶口没有果汁的部位进行杀菌。冷却时，要把果汁的温度迅速降低到40℃以下，防止果汁在高温下变质。因为冷却后在顶隙会形成一定的真空度，可以较好地保持果汁品质。

8）检查：检验各瓶情况，剔除异型瓶、变形瓶、漏液瓶，旋盖不严密，瓶内有肉眼可见的异物、色泽不良，液位不足的瓶子。同时经过储藏后一段时间，检验产品的理化指标和微生物指标合格后，即可得到成品。

## 4 有机番茄汁加工

### 4.1 工艺流程

原料预处理→加热破碎→预处理→榨汁→粗滤→调配→过滤→脱气→均质→装罐→密封→杀菌→冷却→成品

### 4.2 工艺要点

（1）原料的预处理

原料预处理包括原料选择、洗果和检果等工序，是果汁生产的基础工序，也是保证果汁生产质量的重要环节。

1）原料的选择。选择优质的制汁原料，是番茄汁生产的重要环节。制汁果实的质量要求如下：番茄的新鲜度是影响番茄汁风味的重要因素，加工用的番茄越新鲜完整，成品的质量就越好。采摘存放时间太长的番茄由于水分蒸发损失，新鲜度降低，酸度降低，糖分升高，维生素损失较大。另外，番茄堆放，品温升高，易腐烂变质。因此，番茄汁加工应选择新鲜、可溶性固形物含量在5%左右的番茄品种。番茄的成熟度对果实的汁液含量、可溶性固形物含量及芳香物质含量都有影响，番茄汁加工要求成熟度在九成左右，酸低糖高，榨汁容易。

2）原料的洗涤。将选好的番茄果实剔除果蒂，放进洗果机，用清水洗去附着在上面的泥沙、污渍。洗涤之后由专人将病虫果、未成熟果实和受机械损伤的果实剔除，以确保产品质量。

（2）加热破碎

将洗净的番茄用破碎机将番茄破碎脱籽后，立即放入夹层锅中进行热破碎。热破碎是在破碎前用热水或蒸汽将番茄加热，然后进行破碎。如高稠度番茄汁的制造，是在番茄破碎成流动性的浆状液后立即用连续式预热器加热至85～87℃，保持5～10 s。由于加热抑制了引起稠度降低的酶的活性，用这种方法得到的番茄汁较冷破碎有较高的稠度，在饮用时倒入容器内不会出现浆汁分离的现象。保留了较多的果胶，使果胶浑浊汁或果肉汁保持一定的黏稠度，增加浑浊汁的稳定性。

（3）预处理

预处理的目的是改变番茄细胞的通透性，软化果肉，破坏果胶质，降低黏度，提高出汁率。

1）加热处理。由于在破碎过程中和破碎以后番茄中的酶被释放，活性大大增加，特别是多酚氧化酶会引起番茄汁色泽的变化，对番茄汁的加工极为不利。加热可抑制酶的活性，使果肉组织软化，使细胞原生质中的蛋白质凝固，改变细胞膜的半透性，使细胞中的可溶解性物质向外扩散，有利于番茄中可溶性固形物、色素的提取。适度加热可以使胶体物质发生凝聚，使果胶水解，降低液汁的黏度，从而提高出汁率（85%左右）。其热处理温度为70～75℃，时间为5～10 min。

2）加果胶酶处理。果胶酶可以有效地分解果肉组织中的果胶物质，使汁液黏度降低，容易榨汁过滤，缩短积压时间，提高出汁率。

（4）各种番茄汁制造的特殊工序

1）澄清和过滤。

澄清：冷冻澄清法利用冷冻可以改变胶体的性质，解冻可破胶体的原理，将番茄汁置于–4～–1℃的条件下冷冻 3～4 d，解冻时可使悬浮物形成沉淀。故雾状浑浊的番茄汁经过冷冻后容易澄清。

过滤：番茄汁澄清后，必须进行过滤操作，以分离其中的沉淀物和悬浮物，使番茄汁澄清透明。常用的过滤设备有袋滤器、纤维过滤器、板框压滤机、真空过滤器、硅藻土过滤机、离心分离机等。滤材有帆布、不锈钢丝网、纤维、石棉、棉浆、硅藻土和超滤膜等。过滤器的滤孔大小、汁液进入时的压力、番茄汁黏度、番茄汁中悬浮粒的密度和大小以及番茄汁的温度高低都会影响到过滤的速度。在选择过滤器时必须考虑果肉堵塞滤孔的情况，选择合适的过滤器，以提高过滤效果。在使用过滤器、滤材以及辅助设备时，必须特别注意防止番茄汁被金属离子所污染，并尽量减少与空气接触的机会。压榨法是借助外压使番茄汁通过过滤机而非与非水溶性杂质分离的过滤方法。

2）均质与脱气。用均质机均质，温度要求在 70℃以上，压力要求 18MPa 以上。用真空脱气机时真空度要求 0.05MPa，3～5 min。

3）浓缩与脱水。番茄汁浓缩后，其可溶性物质含量达到 65%～68%，可节约包装与运输费用；能克服番茄采收期和品种所造成的成分上的差异，使产品质量达到一定的要求；浓缩后的汁液，提高了糖度和酸度，所以在不加任何防腐剂的情况下也能使产品长期保藏，而且还适合冷冻保藏。因此，目前浓缩番茄汁饮料生产增长较快。真空浓缩法在减压条件下迅速蒸发番茄汁中的水分，这样既可缩短浓缩时间，又能较好地保持番茄汁的色香味。真空浓缩温度一般为 25～35℃，不超过 40℃，真空度约为 94.7 kPa。这种温度较适合于微生物繁殖和酶的作用，故番茄汁在浓缩前应进行高温瞬间杀菌。

（5）成分调整

1）糖酸比的调整。番茄汁饮料中糖酸比例是决定其口味和风味的主要因素。浓缩番茄汁适宜糖分和酸分的比例在 13∶1～15∶1，适宜于大多数人的口味。一般番茄汁中含糖量为 8%～14%，有机酸的含量为 0.1%～0.5%。

2）其他成分的调整。番茄汁除了进行糖酸调整外，还需要根据其种类和特点进行色泽、风味、黏稠度、稳定性和营养价值的调整。相关食品添加剂，应符合《有机产品　生产、加工、标识与管理体系要求》（GB/T 19630—2019）和《食品安全国家标准　食品添加剂使用标准》（GB 2760—2014）。

（6）杀菌、冷却与包装

1）番茄汁的杀菌、冷却。利用超高温瞬时杀菌技术能够减少营养损失，将进行超高温瞬时杀菌后的番茄汁立即冷却至室温 25℃，置于无菌罐中暂存。

2）番茄汁的包装及无菌灌装系统。纸盒包装系统主要有屋顶纸盒 QP 型包装机和利乐包装机。一般主要用利乐包装机，其所采用的包装材料为聚乙烯/纸铝箔等复合材料，用双氧水和过热蒸汽消毒。其包装过程是把经超高温杀菌的番茄汁饮料在无菌状态下用经灭菌的纸盒包装好，使盒内的番茄汁得以保存在全无空气、光线及细菌的理想环境中，无须冷藏或加防腐剂就可保存半年乃至更长时间。

## 思考题

1. 按照不同的分类方法，果蔬汁可以分成哪几类？
2. 请简述苹果汁、柑橘汁和葡萄汁对原料的要求，有哪些著名的原料品种。
3. 为什么果汁压榨前要进行热处理和酶处理？
4. 柑橘和苹果有哪些压榨机可以进行压榨？
5. 果汁澄清的方法有哪些，它们依靠什么原理？
6. 硅藻土过滤及反渗透过程各有哪些优缺点？
7. 为什么果蔬汁要进行脱气，有哪些方法？
8. 果蔬汁进行脱气的难度在什么地方？
9. 果蔬汁有哪些灌装方法，各有哪些优缺点？
10. 怎样保持混浊果蔬汁的均匀稳定？
11. 简述维持浑浊果汁稳定性的原理和生产中常采取的措施。
12. 有哪些原因会导致澄清汁混浊，怎样检验？
13. 设计一种当地主要的果蔬汁生产流程。
14. 写出原果蔬汁生产的工艺流程。
15. 明胶的澄清果蔬汁作用主要原理是什么？

# 任务5 有机果蔬罐头的加工

罐头加工技术是将经过一定处理的食品装入镀锡薄板罐、玻璃罐或其他包装容器中，经过密封杀菌，使罐内食品与外界隔绝而不再被微生物污染，同时又使罐内绝大部分微生物（能在罐内环境生长的腐败菌和致病菌）死亡并使酶失活，不再引起食品腐败，获得在室温下长期储存的保藏方法。这种密封在容器中并经过杀菌而在室温下能够较长时间保存的食品称为罐藏食品，俗称罐头。

## 1 果蔬罐头的加工原理

罐头生产的各个环节都能起到杀死或者抑制微生物、抑制或破坏引起果品蔬菜的腐败变质的酶，从而达到长期储藏的目的。具体加工单元的作用如下：

加热烫漂：杀灭大部分微生物，抑制酶的活性，软化原料组织，固定原料品质。

排气：除去果蔬原料组织内部及罐头顶隙的大部分空气，抑制好气性细菌和霉菌的生长繁殖有利于罐头内部形成一定的真空度，保证大部分营养物质不被破坏。

密封：使罐内与外界环境隔绝，防止有害微生物的再次侵入而引起罐内食品的腐败变质。

加热灭菌：杀死一切有害的产毒致病菌以及引起罐头食品腐败变质的微生物，改善食品质地和风味，实现罐头内食品长期保藏的目的。

以上最为关键的环节就是密封和加热杀菌。细菌学杀菌是指绝对无菌，而罐头食品杀菌是指商业无菌。其含义是杀死致病菌、腐败菌，并不是杀灭一切微生物。严格控制杀菌温度和时间就成为保证罐头食品质量极为重要的事情。许多微生物能够导致罐头食品的腐败。正常的罐藏条件下，霉菌和酵母不能耐住罐藏的热处理和在密封条件下活动；导致罐头食品腐败最重要的微生物是厌气性细菌；目前所采用的杀菌理论和计算标准都是以某类细菌的致死为依据。

## 2 果蔬罐头生产过程

### 2.1 装罐

（1）装罐前空罐的准备和处理

空罐在使用前首先要检查空罐的完整性。对铁皮罐要求罐形整齐，缝线标准，焊缝完整平均，罐口和罐盖边缘无缺口或变形，铁壁无锈斑或脱锡现象。对玻璃罐要求罐口平整，光滑，无缺口，裂缝，玻璃壁中无气泡等。其次，要进行清洗和消毒。罐藏容器在加工、运输和储藏中附有灰尘、微生物、油脂等污物，因此，必须对容器进行清洗和消毒，保证容器的清洁卫生，提高杀菌效率。

（2）罐注液的配制

果品储藏中，除了液态食品（果汁）、糜状黏稠食品（果酱）或干制品外，一般要向罐内加注液汁，称为罐注液、填充液或汤汁。果品罐头的罐注液一样是糖液。加注罐液能填充罐内除果蔬以外所留下的间隙，增进风味、排除空气并加强热的传递效率。

糖液的浓度依水果种类、品种、成熟度、果肉装量及产品质量标准而定。我国目前生产的糖水果品罐头，一般要求开罐糖度为14%～18%。装罐时罐液的浓度计算方法如下：

$$Y=\frac{W_3Z-W_1X}{W_2}$$

式中，$W_1$——每罐装入果肉重，g；

$W_2$——每罐加入糖液重，g；

$W_3$——每罐净重，g；

$X$——装罐时果肉可溶性固形物含量，%；

$Z$——要求开罐时的糖液浓度，%；

$Y$——需配制的糖液浓度，%。

糖液配制方法有直接法和稀释法两种。直接法是根据装罐所需的糖液浓度，直接称取蔗糖和水在溶糖锅内加热搅拌溶解并煮沸过滤待用。例如，装罐需用30%浓度的糖液，则可按蔗糖 30 kg、清水 70 kg 的比例入锅加热配制。稀释法是配制高浓度的糖液（称为母液），一般浓度在65%以上，装罐时再根据所需浓度用水或稀糖液稀释。例如，用65%的母液配30%的糖液，则以母液∶水=1∶1.17 混合，即可得到30%的糖液。

蔗糖溶解调配时，必须煮沸 10～15 min，然后过滤，保温 85℃以上备用；如需在糖液中加酸必须做到随用随加，防止积压，以免蔗糖转化为转化糖促使果肉色泽变红；荔枝、梨等罐头所用糖液，加热煮沸后迅速冷却到 40℃再装罐，对防止果肉变红有明显效果。

（3）装罐注意事项

1）经预处理整理好的果蔬原料应尽快进行装罐，不应堆积过久，否则微生物生长繁育，轻者影响杀菌成效，重者食品腐败变质造成损失。

2）确保装罐量符合要求，要保证质量，力求一致。净重和固形物含量必须达到要求。净重是指罐头总重量减去容器质量后所得的重量，它包括固形物和汤汁。固形物含量是指固体物在净重中占的百分率，一般要求每罐固形物含量为45%～65%。各种果蔬原料在装罐时应考虑其本身的缩减率，通常安装罐要求多装10%左右。另外，装罐后要把罐头倒过来沥水10s左右，以沥净罐内水分，这样才能保证开罐时的固形物含量和开罐糖度符合规格要求。

3）保证内容物在罐内的一致性，同一罐内原料的成熟度、色泽、大小、形状应基本一致，搭配合理，排列整齐。有块数要求的产品，应按要求装罐。然后注入罐液，罐液温度应保持在80℃左右，以便提高罐头的初温，这在采用真空排气密封时更重要。

4）罐内应保留一定的顶隙，所谓顶隙是指装罐后罐内食品表面（或液面）到罐盖之间所留间隙的距离。一般装罐时食品表面与翻边相距4～8 mm，待封罐后顶隙高度为3～5 mm。顶隙大小将直接影响到食品的装量、卷边的密封性能、产品的真空度、铁皮的腐蚀、食品的变色、罐头的变形或假胖等。

5）保证产品符合卫生要求。装罐的操作人员应严守工厂有关卫生制度，勿使毛发、纤维、竹丝等外来杂质混入罐中，以免影响产品质量。

装罐的方法可分人工装罐与机械装罐。果蔬原料由于形状、大小、色泽、成熟度的不同，以及排列方式不一样，所以除少数产品采用机械装罐外，多数产品采用人工装罐。各种罐头产品，装入固形物均要保证达到规定重量，因此，装罐时必须每罐过秤。

## 2.2 排气

（1）排气的目的与作用

排气的主要目的是将罐头顶隙中和食品组织中残留的空气尽量排除掉，使罐头封盖后形成一定程度的真空状态，以防止罐头的腐败和延长储存期限。除此之外，排气还具有以下几方面的作用：

1）防止或减轻因加热杀菌时内容物的膨胀而使容器变形，影响罐头卷边和缝线的密封性；防止加热时玻璃罐跳盖。

2）减轻罐内食品色香味的不良变化和营养物质的缺失。

3）阻止好气性微生物的生长繁育。

4）减轻马口铁罐内壁的腐蚀。

5）使罐头有一定的真空度，形成罐头特有的内凹状态，便于成品检查。

（2）排气的方法

排气的方法主要有热力排气法、真空排气法和蒸汽喷射排气法三种。

1）热力排气法

热力排气法是利用空气、水蒸气和食品受热膨胀的原理将罐内空气排除。目前常用的方法有两种：热装罐密封排气法和食品装罐后加热排气法。

热装罐密封排气法：就是将食品加热到一定的温度（一般在75℃以上）后立即装罐密封的方法。采用这种方法一定要趁热装罐、迅速密封，不能让食品温度下降，否则罐内的真空度相应下降。此法只适用于高酸性的流质食品和高糖度的食品，如果汁、番茄汁、番茄酱等。密封后要及时进行杀菌，否则嗜热性细菌容易生长繁殖。

食品装罐后加热排气法：就是将装好原料和注液的罐头，放上罐盖或不加盖，送进排气箱，在通过排气箱的过程中，加热升温，因热使罐头中内容物膨胀，把原料中存留或溶解的气体排斥出来。

2）真空排气法

本法是将装有食品的罐头在真空环境中进行排气密封的方法。常采用真空封罐机进行。因排气时间短，所以主要是排除顶隙内的空气，而食品组织及汤汁内的空气不易排除。因此建议前道设置脱气工序。一般真空度为 50～60 kPa 为宜。

3）蒸汽喷射排气法

这种方法是在罐头密封前的瞬间，向罐内顶隙部位喷射蒸汽，由蒸汽将顶隙内的空气排除，并立即密封，顶隙内蒸汽冷凝后就产生部分真空。这种排气法国内尚未普及，故不详谈。

## 2.3 密封

使用的包装材料不一样，密封的方式也不一样，罐头食品主要采用玻璃或者金属材质。金属罐的密封是指罐身的翻边和罐盖的圆边在封罐机中进行卷封，使罐身和罐盖相互卷合，压紧而形成紧密重叠的卷边的过程。所形成的卷边称为二重卷边。封罐机类型很多，有手扳封罐机、半自动真空封罐机、全自动封罐机等。

玻璃罐头采用的密封方法有：卷边式密封法、旋转式密封法、掀压式密封法等。卷边式密封法是依靠玻璃罐封罐机的滚轮的滚压作用，将金属盖的边缘卷压在玻璃罐的罐颈凸缘下，以达到密封的目的。这种方法多用于 500 mL 玻璃罐的密封，其特点是密封性能好，但开启困难，应用范围在逐渐减少。最近研究的卷舌盖，开启较方便，已在一些罐头厂试用。旋转式密封法有三旋、四旋、六旋和全螺旋式密封法等，这种方法主要依靠罐盖的螺旋或盖爪扣紧在罐口凸出螺纹线上，罐盖与罐口间填有密封圈，当装罐后，由旋盖机把罐盖旋紧，便得到良好的密封。三旋、四旋和六旋密封法的特点是开启容易，罐盖可以重复使用，广泛用于果酱、糖酱、果冻、调味番茄酱等罐头的密封。全螺旋密封法的特点是密封性能好，一般用于酸黄瓜、花生酱等罐头的密封。掀压式密封法是依靠预先嵌在罐盖边缘上的密封胶圈，由掀压机紧压在罐口凸缘线的下缘而得到密封，特点是开启方便，已用于小瓶装的蘑菇罐头等。此外还有抓式密封法，靠抓式封罐机将罐盖边缘压成“爪子”紧贴在罐口凸缘的下缘而得到密封，适用于果酱、糖酱、酱菜类罐头的密封。

## 2.4 杀菌

密封后的果蔬罐头需进行杀菌，果蔬罐头的杀菌根据果蔬原料性质的不同，杀菌方法一般分为常压杀菌和加压杀菌。

（1）常压杀菌

适用于 pH 在 4.5 以下的酸性和高酸性食品，如水果类、果汁类、酸渍菜类等。常用的杀菌温度在 100℃及以下。

（2）加压杀菌

加压杀菌是在完全密封的加压杀菌器中进行的，杀菌的温度在 100℃以上。此法适用于低酸性食品，如蔬菜类及混合罐头。

几种常见的果蔬罐头的杀菌条件，如表1所示。

表1　几种常见的果蔬罐头的杀菌条件

| 罐头种类 | | 罐型 | 杀菌条件 |
|---|---|---|---|
| 橘片 | 全去、半去 | 78 | 3—（10～13）min/100℃ |
| | 半去 | 8113 | 3—（12～17）min/100℃ |
| | 半去 | 玻璃罐 | 6—18 min/100℃ |
| 枇杷 | | 8113 | 5—（14～20）min/100℃ |
| | | 玻璃罐 | 5—（18～22）min/100℃ |
| 杨梅 | | 8113 | 3—10 min/100℃ |
| 樱桃 | | 8113 | 5—15 min/100℃ |
| 苹果 | | 8113，7114 | 5—（12～20）min/100℃ |
| 梨 | | 8113，7114 | 5—（20～35）min/100℃ |
| 西洋梨 | | 8113、玻璃罐 | 5—（15～25）min/100℃ |
| | | 7114 | 5—（12～15）min/100℃ |
| 桃 | | 8113，7114 | 5—（15～45）min/100℃ |
| | | 玻璃罐 | 5—（20～45）min/100℃ |
| 李 | | 8113 | 5—（12～20）min/100℃ |
| 青刀豆 | | 7114 | 10—15—10 min/100℃ |
| | | 8113 | 10—17 min—反压冷却/121℃ |
| 青豆 | | 15173 | 15—30 min—反压冷却/121℃ |
| 蘑菇 | | 9124 | 10—27—5 min/121℃ |
| | | 15173 | 15—35—10 min/121℃ |
| | | 761，7114，6101 | 10—23—5 min/121℃ |
| 笋 | | 15173 | 冬笋 15—（40～50）min—反压冷却/116℃ |
| | | | 竹笋 15—60 min—反压冷却/116℃ |
| | | 1124 | 冬笋 15—20 min—反压冷却/116℃ |
| | | | 竹笋 10—50—10 min/116℃ |
| 芦笋 | | 7114 | 15—15 min—反压冷却/121℃ |
| | | 8160 | 15—17 min—15 min/121℃ |
| 番茄 | | 净重 7114 g | 10—30 min/100℃ |
| | | 9124 | 10—35 min/100℃ |
| | | 3005 | 25—60 min/100℃ |
| 菠萝 | | 7114 | 3—16 min/100℃ |
| | | 8113 | 3—18 min/100℃ |
| | | 9121 | 5—25 min/100℃ |
| 荔枝 | | 781 | 3—11 min/100℃（真空密封） |
| | | 8113 | 3—13 min/100℃ |

注：杀菌条件表达为 $t_1$—$t_2$/$T$，$t_1$ 为升温到 $T$ 所需时间，$t_2$ 为维持 $T$ 温度的时间。例如：6—8 min/100℃，表示杀菌锅从室温升温到100℃用时6 min，然后保持100℃ 8 min。

## 2.5 冷却

罐头杀菌后冷却越快越好，但玻璃瓶的冷却速度不能太快，常采用分段冷却的方法，如 80℃、60℃、40℃三段，以免爆裂受损。罐头冷却的温度一般控制在 40℃左右。

## 2.6 罐头检验和储藏

（1）果品罐头的检验

1）感官检验

罐头的感官检验包括容器的检验和罐头内容物质量检验。

①罐头容器的检验：

A. 观察瓶与盖的结合是否紧密坚固，胶圈有无起皱；罐盖的凹凸变化情形；罐盖打号是否合乎规定要求；罐体是否清洁及锈蚀等。

B. 对于罐盖外凸的（胖听罐），可用手指按压法，鉴别胖听的性质。手指按下罐盖稍下陷的罐头为正常罐；若用力压才下陷的，内容物可能开始变质；若用大力压不下去或强行压下而又鼓起，说明是胖听罐头。

C. 用打检法敲击罐盖，以声音判定罐内的真空度，进而判定罐内食品的质量状态。一般规律是凡是声音发实、清脆、悦耳的，说明罐内气体少，真空度大，食品质量没有什么变化，一般是好罐。若敲击声发空、混杂、噪耳，说明罐内气体较多，真空度小，罐内食品已在分解、变质。打检棒一般采用金属制成，重约 50 g，长 20～50 cm，头部呈一圆球形，圆球直径 0.9～2.0 cm。

②罐头内容物质量检验。主要是对内容物的色泽、风味、组织形状、汁液透亮度、杂质等进行检验。开罐后，观察内容物的色泽是否保持本品种应有的正常颜色，有无变色现象，气味是否正常，有无异味。根据要求检查，果实是否去皮、除籽核，果块软硬程度，块形是否完整，同一罐内果块大小是否平均一致，有无病虫、斑点等。汁液的浓度、色泽、透亮度、沉淀物和夹杂物是否合乎规定要求。品评风味是否正常，有无异味或腐臭味。

2）理化检验

包括罐头的总重、净重、固形物的含量、糖水浓度、罐内真空度及有害物质等。

①真空度的测定。正常的罐头，真空度应为 29.37～50.65 kPa。测定方法：打检法，但不够精确；采用真空计测定法。

②净重和固形物比例的测定：

A. 净重罐头的毛重减去空罐重即为净重。净重的公差每罐控制在 3%。但每批罐头平均值不应低于净重。

B. 固形物占净重的比例。一般用筛滤去汁液后，称取固形物质量，按质量分数运算。

③可溶性固形物（泛指糖水浓度）的测定。最简单的测定方法是用折光仪（手持糖量计）测定。大厂可用阿贝折光仪测定。测定时，应注意测定时的温度，一般在室温 20℃下进行；否则，应记录测定时的室温，再根据温度校正表修正。

④有害物质的检验。包括罐内重金属含量、防腐剂及农药残留量的测定。要求 500 g 内容物中，锡不超过 200 mg，铜不超过 10 mg，铅不超过 2 mg。原则上罐内果品不应有防腐剂。农药残留量，2 500 g 内容物中的“六六六”不得超过 0.2 mg，DDT 不得超过 0.1 mg。

3）微生物检验

将罐头堆放在保温箱中，坚持一定的温度和时间，如果罐头食品杀菌不彻底或再侵染，在保温条件下，便会繁育，使罐头变质。

为了获得可靠数据，取样要有代表性。通常每批产量至少取 12 罐。抽样的罐头要在室温下培养，促使活着的细菌生长繁育。中性和低酸性食品以在 37℃下至少 1 周为宜。酸性食品在 25℃下保温 7～10 d。在保温培养期间，每日进行检查，若发现有败坏现象的罐头，应立刻取出，开罐接种培养，但要注意环境条件干净，防止污染。经过镜检，确定细菌种类和数量，查找带菌原因及采取防治措施。

（2）储藏

果品罐头的储存场所要求清洁、通风良好。果品罐头在储存过程中，影响其质量好坏的因素很多，但主要的是温度和湿度。

1）温度

在罐头储存过程中，应避免库温过高或过低及库温的剧烈变化。温度过高会加速内容物的理化变化，导致果肉组织软化，失去原有风味，产生变色，降低营养成分，并会促进罐壁腐蚀，也给罐内残存的微生物创造发育繁育的条件，导致内容物腐败变质。实践证明，库温在 20℃以上，容易显现上述情形。温度再高，储藏期明显缩短。但温度过低（低于罐头内容物冰点以下）也不利，制品易受冻，造成果品组织解体，易发生汁液混浊和沉淀。储存室温一般为 0～10℃。

2）湿度

库房内相对湿度过大，罐头容易生锈、腐蚀乃至罐壁穿孔。因此要求库房保持干燥、通风，有较低的湿度环境，以保持相对湿度在 70%～75%为宜，最高不要超过 80%。

此外，罐瓶要码成通风垛，库内不要堆放具有酸性、碱性及易腐蚀的其他物品，不要受强日光暴晒等。

对罐头成品要进行贴标，即将印刷有食品名称、重量、成分、功能、产地、厂家等的商标，贴在罐壁上，便于消费者选购。优质产品应配以精美的商标图案，以增加商品的竞争力。

## 3 有机梨罐头加工技术

（1）材料和设备

有机梨、有机白砂糖、柠檬酸、食盐、四旋瓶、夹层锅、手持糖量计、不锈钢水果刀、挖核器、台秤、天平、抽空罐、不锈钢盆、温度计、烧杯、汤勺、漏勺、手套、纱布、不锈钢锅、电磁炉等。

（2）工艺流程

糖液配制 ↙↘

原料挑选→清洗→去皮、切分、去心→烫漂→抽空→装罐→排气→密封→常压杀菌→冷却→成品

↑ 空罐准备

（3）操作要点

1）原料的选择：选用果心小、质地紧密和成熟度适宜的原料。

2）去皮、切分、去心：手工去皮后，挖去损伤部分，将梨对半纵切，再用挖核器挖掉果心。用0.5%～1%柠檬酸或1%～2%食盐溶液护色。

3）烫漂：用沸水烫漂5～10 min至半透明。

4）抽空：抽空糖液浓度20%，温度为20～30℃，时间为5～10 min，真空度控制在0.08MPa，破坏真空后，在糖水中浸渍5 min，以利糖水渗透。

5）糖液配制：将烫漂用水过滤后用于配制糖液。根据所需开罐糖液浓度（14%～18%）计算糖液浓度，直接称取砂糖和水，放入不锈钢容器中加热、搅拌、溶解，煮沸5～15 min后趁热过滤，校正浓度后备用。测定糖液浓度时，注意温度校正。为增进风味，根据原料中有机酸含量情况可在糖液中添加柠檬酸0.1%～0.15%。

6）装罐：容器先行清洗、消毒。玻璃盖内的胶圈以湿水浸泡，以去胶皮味。梨块称重装罐，并注入35%的热糖水，温度在80℃以上，且含0.1%柠檬酸，糖水距罐口5～6 mm为宜。

7）排气：装罐后应立刻进行排气。当排气箱内温度达90～95℃时，经8～10 min，取出后迅速封盖。

8）密封：用全自动真空封罐机封盖。

9）杀菌及冷却：将密封后的罐头在沸水中杀菌15～20 min，然后分段冷却至38～40℃。

10）检罐：在20℃的保温室中储存1周，验质合格后，贴标装箱。当密封杀菌合格时也可不进行保温。

（4）质量标准

感官指标：组织软硬适度，食之无明显石细胞感觉；块形完整，允许有轻微毛边，同一罐内果块大小均匀。

理化指标：每批产品平均净重应不低于标明质量，糖水浓度（开罐时按折光计）为14%～18%。

评价方法：按照《梨罐头》（QB/T 1379—2014）进行评价。

## 4　有机桃罐头加工技术

（1）工艺流程

原料挑选→洗涤→切半去核→碱液去皮→热烫→修整→装罐→加注糖液→排气→密封→杀菌→冷却→保温处理→成品

（2）操作要点

1）原料挑选。桃罐藏用品要求：

①色泽。白桃白色至青白色果尖，合缝线及核洼处无花色素，白桃不含无色花色素。黄桃含有大量的类胡萝卜素，稍有褐变也不如白桃明显，并且具有波斯系及其杂种所特有的香气和风味，故品质远优于白桃。

②肉质要求不溶质。不溶质桃果实耐储运及加工处理，劳动生产率高，原料吨耗低。溶质品种，特别是水蜜桃，不耐储运，加工中破碎多，损耗大，劳动效率低，烂顶和毛边，质量低。

③要求种核为粘核。粘核种肉质较致密，粗纤维少，树胶质少，劈桃缺失少，去核后核洼光洁；离核种则相反，但常是较好的鲜食品质。

所谓的"罐桃品种"常指黄肉、不溶质、粘核品种。此外，罐藏用桃还要求果形大，不扁圆；核小，可食率高；风味好，无显著涩味和异味，香气浓；成熟度接近成熟，单果各部位成熟一致，后熟较慢等。

我国通过几十年的引种和选育，目前的罐藏用种有丰黄、连黄、橙艳、罐藏5号、罐藏14号、明星、黄露等。另有"不溶质60-24-7"、中州白桃、晚白桃、北京24号等白肉桃用于罐藏。

2）洗涤。用流动的清水冲洗桃果。也可在洗涤池中加入适量的明矾，帮助脱毛。

3）切半去核。用劈桃器沿缝合线切下，防止切偏，并用圆形挖核器去掉桃核，立刻浸泡入1.5%的食盐水中或浸泡在0.1%～0.2%柠檬酸溶液中进行护色处理。

4）碱液去皮。桃果去核后要及时去皮。可采用淋碱去皮或浸碱去皮。淋碱去皮是在淋碱去皮机里将桃块反扣，通过淋碱部分，碱液浓度为13%～16%，温度80～85℃，处理时间为50～80 s，淋碱后迅速用冷水揉搓去皮。浸碱去皮，碱液浓度为4%～6%，温度90～95℃，浸碱30～60 s。将桃块倒入0.3%的盐酸溶液中，中和2～3 min，再用1.5%的食盐水浸泡护色10 min。用流动水冲洗干净。

5）热烫。去皮后立刻热烫，促其软化。将桃块放入90～95℃水中，热烫4～8 s，以煮透为度。按照常规做法，桃块热烫后立刻进行冷却，而后再进入下道工序。

6）修整。削去桃块表面斑点、变色、红肉部分，并使切口无毛边，核洼光滑。

7）装罐。桃块称重后装入罐中，加入的糖水浓度一般为25%～30%。有的需在糖水中加入适量的柠檬酸，以调剂其风味。做法是：先将糖水加热化开，待糖充分溶解后再加入0.1%～0.2%的柠檬酸。

8）排气。在排气箱中加热排气，当罐中心温度达到70℃左右时，坚持10～12 min。若用真空封罐机抽气密封，其真空度应控制在60～66.7 kPa。

9）密封。用封罐机密封。

10）杀菌及冷却。根据桃品种、成熟度及排气、封罐方式不同，一般要求在沸水中杀菌10～20 min，然后冷却至38～40℃。

11）检罐。在20℃的保温室中储存1周，检验合格后，贴标装箱。当密封杀菌合格时也可不进行保温。

（3）质量标准

糖水澄清透亮，开罐时糖水浓度（按折光计）为14%～18%；果肉重不低于净重的60%，果块大小平均一致，稍有毛边；具有果实原有的色泽和风味，无异味。参考国家标准《桃罐头》（GB/T 13516—2014）。

## 5 有机酸黄瓜罐头加工技术

（1）工艺流程

原料挑选和处理→配料→装罐→配料用量→灌汁→排气和封罐→杀菌与冷却→成品

（2）操作要点

1）原料挑选和处理。最好选用无刺或少刺的品种，瓜条幼嫩，直径在3～4 cm，粗细均匀，无病虫害及腐烂，色泽均一。选好后用清水洗净，然后在清水中浸泡 6～8 h（最好用硬水），以排除细胞间隙的空气，保持果实脆嫩。泡好后再洗净，按罐的高矮切段。

2）配料。茴香、芹菜、辣根、荷兰芹等常选用新鲜者，除去粗老、有病虫害及枯黄腐烂部分，切成 4~6 cm 小段。月桂多用干的，辣椒要用红的，除去种子切成 1 cm 小段。大蒜去皮洗净后切成 0.5 g 的小片。用食用酸味剂使汁液 pH 在 4.2～4.5。

3）装罐。将准备好的玻璃罐与盖子及橡皮圈洗净，并用沸水消毒，即进行装罐。500 g 容量的玻璃罐规定每罐装入黄瓜 265 g、汁液 225 g、配料 13.5 g。

配料用量鲜茴香 5 g，芹菜叶 3 g，辣根（或叶）3 g，荷兰芹叶 1.5 g，薄荷叶 0.25 g，月桂叶 1 片，红辣椒 0.5 g，大蒜 0.5 g。

4）灌汁。装罐时先将配料装入罐内，再将挑选并称好重量的黄瓜装入，然后灌汁。汁液温度最好不低于 75℃，顶隙高度 6～8 mm。

5）排气和封罐。装好后放入排气箱中，罐中心温度达 90℃，坚持 8～10 min，取出并趁热封罐。

6）杀菌与冷却。杀菌的温度和时间与罐的大小有关，若 500 g 装玻璃罐，在 100℃下经过 10 min 可达到杀菌目的。

（3）质量标准

淡黄色，汤汁较清，具有酸黄瓜应有的风味。组织较嫩，香酸辣适口，无异味，无杂质存在，呈条状，粗细大致平均。

## 6　有机芦笋罐头

（1）工艺流程

原料验收与预冷→冲洗→挑选分级→去皮→切割→预煮冷却→分级检查→称量、装罐、加汁→封口、检验、洗罐→杀菌、冷却→擦罐入库→恒温、打检、包装

（2）操作要点

1）原料验收与预冷。有机芦笋原料的好坏直接关系到芦笋罐头的加工质量，原料进厂后验收员按照标准进行验收，要求从采收到进厂不能超过 6 h，运输过程中防止日晒。不能立刻加工的要放入 1～5℃冷库储存，储存时间不能超过 24 h。若需放置 1～2 d，则必须放入 0～2℃的冷库中储藏，并注意采取保湿措施。原料长度 12～17 cm，基部直径 1～3.2 cm，无空心、畸形、病虫害，色泽正常。

2）冲洗。原料先整箱冲洗，然后利用振荡洗芦笋机加压冲洗。人工清洗时用含有效氯 10 mg/kg 的消毒液进行消毒。

3）挑选分级。在运输及清洗过程中，易发生混级及伤害现象，所以冲洗后应进行精心挑选。首先将不符合规格的嫩茎及伤害茎挑出剔除，然后依加工的罐型，按嫩茎长短、粗细、白绿色泽及品种标准等分成若干级，笋尖朝一个方向码入箱中。

4）去皮。由于嫩茎基部表皮老化，因此加工整条去皮芦笋罐头时，应将原料基部表皮去掉，去皮长度不少于嫩茎总长的 1/3。因为烫漂后原料变软不好去皮，所以去皮应在烫漂之前进行。机械去皮厚度在 0.6 mm 左右，对形状不正的芦笋应补充人工去皮。手工去皮不超过 1 mm。要求去皮干净、平均，不带棱角，保持近于原先的圆度，不过厚，去除粗纤维层、裂口和变色部分。由于芦笋鳞片间易带有泥沙，因此加工整条带皮芦笋罐头

时，应将鳞片去除。可用人工剥除也可用去鳞机用高压水去除。机械去鳞，工效高，且去鳞的同时能对嫩茎做进一步冲洗，使原料更清洁。

5）切割。将精选后的芦笋嫩茎按照不同罐型对原料长度的要求，用手工或机械方法将原料切成与罐型相应的长度。由于芦笋嫩茎在烫漂加热等处理过程中，有一定的缩水率，因此切割长度应比装罐长度长 0.3～0.5 cm。切割时断面一定整齐清洁，不能斜切，不带尾梢。整条芦笋一般有 108～110 mm、150～155 mm、123～128 mm 等规格。

6）预煮冷却。又称杀青和烫漂。预煮目的是使嫩茎组织柔软，便于装罐，保证罐内固形物重量，并使酶失去活性，还可排除附着在嫩茎上的微生物，除去嫩茎中的黏物质和苦味，排除组织内部的气体。稍弯的嫩茎通过预煮可以变直。预煮用的水以软水为宜，不能使用硬水或呈碱性的水。水的 pH 在 6.1 以上时，芦笋就会发生变色。当水的碱度太大时，可加适量 0.1%柠檬酸调整 pH，控制在 pH 3～4 为宜。预煮水温一般 78～85℃，时间 2～4 min，水温及时间应依据原料的粗细及嫩度具体确定，预煮时，笋尖向上，基部向下，先将靠近基部的 2/3 放入水中煮 2～3 min，然后再将笋尖部分放入水中煮 1 min 左右，以免笋尖煮烂，鳞片松散，影响品质。

预煮一定要适度，预煮过长，嫩茎过于软烂，且易缺失香味。预煮不透，则达不到软化目的。判定预煮是否适度的方法有两种：一种是将预煮嫩茎的基部水平捏住，如果其头部能弯曲 90°，证明预煮适度；另一种方法是：在预煮后的冷却阶段，嫩茎缓慢下沉表示预煮适度，嫩茎上浮表示预煮不透，迅速下沉则表示预煮过度。

预煮后应迅速放入流动的冷水中冷却至 36℃以下，终止软化过程。冷却的时间以 15～30 min 为宜，以去除部分苦味物质，但水漂时间过长会降低产品的香味。

7）分级检查。按芦笋大、中、小号分级，剔除变色、夹有泥沙、有明显粗大鳞片的不合格者，并将弯曲、畸形、机械伤、病虫害及头部开放者挑出，另行修整。

8）称量、装罐、加汁。合格芦笋应及时装罐，以减少氧化和细菌污染。装罐前应先将空罐放入沸水中烫洗 1 min 左右进行消毒，然后根据不同罐型称量稍多一些，一般应多出 5%～10%。不同罐型对称量的要求见表 2。

**表 2 不同罐型对称量的要求**

| 罐型 | 固形物要求量/g | 称量/g |
|---|---|---|
| 5133 | 160 | 165～175 |
| 7116 | 285 | 290～305 |
| 7116 | 270 | 275～290 |
| 8160 | 500 | 510～530 |
| 9121 | 540 | 550～560 |

装罐时，整条笋的头部一律向上，要轻拿轻放，以免伤害嫩茎及笋尖。装罐后芦笋不能在罐内自由移动，但同时也不要把罐装得太紧。嫩茎装完后加入调味汁，加入量以浸没笋尖适宜。调味汁的配方是：清水 100 kg，精盐 2.5 kg，柠檬酸 20～40 g，白糖 1 kg，将其加热到 75℃，过滤装罐，以加到离罐口 3 cm 适度。配调味汁用的各种辅料一定要清洁，要随用随配。

9）封口、检验、洗罐。加入调味汁后，应迅速将罐放入排气箱内，在 90～95℃的条件下排气 10～12 min。排气应尽量充分，使罐内形成一定的真空状态，从而减轻罐壁的腐蚀。但排气过度会使芦笋软化，头部溃烂，影响品质与风味。排气后及时封口，时间不得超过 1 h，封口材料应用 100℃的水消毒 3 min。封口一定要严密，封口后要仔细检查，以确保封口质量，并进行冲洗。

10）杀菌、冷却。封口后及时将罐的顶盖朝下放入高压杀菌锅内杀菌。由于芦笋罐头的初温会影响杀菌成效，因此封口后至杀菌之间的时间不应超过 30 min，罐的顶盖朝下，可减少对嫩茎顶部的伤害，并可缩短杀菌时间。杀菌温度及时间应根据罐型大小、固形物的数量、粗度等情形合理制定。一般温度为 121℃，时间为 12～20 min。杀菌是芦笋罐头生产中的重要环节，一定要严格按照工艺规程进行操作。灭菌不够，易导致芦笋罐头腐烂变质；灭菌过度会使嫩茎肉质软烂，影响其色泽和香味。杀菌终止后及时冷却，使罐中心温度迅速冷却到 40℃，否则易导致汤汁变红、嫩茎软烂，影响品质。

11）擦罐入库。入库冷却后的罐头，取、放都要注意尽量不要摇动，擦净罐外壁的水分及污物，按照不同规格，头部朝上分别装入箱内。最后由专人入库。

12）恒温、打检。包装入库的罐头要在常温 20℃下恒温存放 7 昼夜，经打检，剔除有问题者，再一次擦罐，涂防锈油，贴商标装箱后即成品，入库或出口。

## 思考题

1. 装罐时有什么要求？为什么要留有一定的顶隙？
2. 排气有何作用？试比较热力排气法、真空密封排气法、蒸汽喷射排气法的优缺点。
3. 糖水梨罐头采用什么排气方法？是否要补充加热？
4. 微生物杀菌和商业杀菌有何不同？
5. 罐头热杀菌的工艺条件表达式是什么？如何合理选择杀菌工艺条件？
6. 热杀菌罐头为什么要冷却？冷却时要注意什么？
7. 食品原辅材料的成分对腐蚀有什么影响？
8. 金属罐外壁产生锈蚀的原因是什么？如何防止？
9. 什么是罐头食品的冷点？
10. 罐藏对果蔬原料有何要求？
11. 试述果蔬罐头的加工工艺过程。
12. 原料装罐时应注意哪些事项？为什么有些罐头要加汁液？
13. 为什么罐头要密封？密封的方法有哪些？
14. 罐头加热杀菌有哪几种方法？
15. 解释反压冷却的意义。



# 任务 6　有机速冻果蔬的加工

速冻果蔬是指采用专业设备，将符合加工要求的果蔬原料经清洗、切分、漂烫、冷却、沥水等工艺预处理后在低于–30℃的环境中，迅速通过其最大冰晶区域，使被冷冻产品的热中心温度达到–18℃以下的冻结方法。果蔬产品完成速冻后应迅速运至低于–18℃的冷藏库中进行冷藏，为保持品质，运输和销售环节均应处于规定的冷链环境中，避免在常温条件下存放。我国是世界水果和蔬菜生产大国，据统计，2020 年全国有机水果产量约 160 万 t、有机蔬菜产量约 13 万 t，可用于速冻加工的果蔬资源非常丰富。目前，国内的速冻食品市场仍以水饺、汤圆等米面制品占主导地位。速冻果蔬近 10 多年来发展较快，主要品种有速冻玉米粒、毛豆、薯类、菠菜、青豆、板栗、西兰花、菠萝、苹果、草莓等，而速冻蓝莓、黑莓等高端产品市场前景十分看好，目前主要出口国外市场。

## 1 果蔬速冻原理

果蔬采摘后腐烂变质的主要原因是果蔬本身呼吸作用和微生物侵染。果蔬冷冻保藏就是在果蔬预处理后（如挑拣、切分、清洗、漂烫、预冷等），利用人工制冷技术降低新鲜果蔬的温度至–18℃及以下，以控制微生物和酶的活力，并维持在–18℃及以下温度条件下保藏，而达到长期保藏的目的。

根据冻结速度快慢，可分为速冻（快速冻结）和缓冻（缓慢冻结）。目前，果蔬普遍采用速冻处理。果蔬速冻是指在 30 min 或更短时间内将果蔬原料的中心温度通过冰晶最大生成带（–5～–1℃的温度范围），使得原料中 80%以上的水分尽快冻结成冰晶。而果蔬速冻能否实现，与冷却介质导热快慢、产品初温、产品与冷却介质接触面、产品体积厚度等因素有关，在实际生产中应加以综合考虑。

冻结速度会直接影响产品的质量。当果蔬进行缓慢冻结时，由于细胞间隙的溶液浓度低于细胞内的，其冰点较高，故首先产生冰晶。随着冻结的继续进行，细胞内水分不断外移结合到这些冰晶上（通过渗透作用或以水蒸气状态通过细胞膜而扩散到细胞间隙中），从而形成了体积大且数目少的冰晶体分布状态（主要存在于细胞间隙）。这样就容易造成细胞的机械损伤和脱水损伤（如细胞内酸、盐等介质浓缩，造成蛋白质变性等），使细胞破裂。解冻后，往往造成汁液流失、组织变软、风味劣变等现象。例如，冻梨解冻时有溶液析出。

当果蔬进行快速冻结时，由于细胞内外的水分几乎同时形成冰晶，冰晶的分布接近天然食品中液态水的分布情况，速冻形成的冰晶多且细小均匀，水分从细胞内向细胞外的转移少，不至于对细胞造成机械损伤和脱水损伤。冷冻中未被破坏的细胞组织，在适当解冻后水分能保持在原来的位置，并发挥原有的作用，有利于保持食品原有的营养价值和品质。

## 2 果蔬速冻前的预处理

果蔬在采摘、运输、预冷后，在进行速冻加工前，为保证果蔬冻结的均匀一致性和产品质量的稳定性，要做好以下几个方面的预处理：

1）选别。去掉有病虫害、机械伤害或品种不纯的原料，有些果蔬要去掉老叶、黄叶，切去根须，修整外观等，使果蔬品质一致，做好速冻前的准备。

2）分级。同品种的果蔬在大小、颜色、成熟度、营养含量等方面都有一定的差别。按不同的等级标准分别归类，达到等级质量一致，优质优价。

3）洗涤。原料本身带有一定的泥沙、污物、灰尘和残留农药等，尤其是根菜类表面。叶菜类根部带有较多的泥沙，要注意清洗干净。

4）去皮。去皮的方法有手工、机械、热烫、碱液、冷冻去皮等。

5）切分。切分方法有机械和手工两种，按照要求可以切分成块、片、条、丁、丝等形状。切分要根据实用要求而定，要做到薄厚均匀，长短一致，规格统一。切分后尽量不与钢铁接触，避免变色、变味。

6）漂烫。加热漂烫时温度以 90～100℃为宜。蒸汽漂烫时以常压下 100℃水蒸，而且不同的蔬果的漂烫时间也是不一样的，比如说，菜豆的漂烫时间只需要 2 min 就可以了，而芋头的漂烫时间却需要 10～12 min。

7）冷却。沥水经热处理的原料，其中心温度在 80℃以上，应立即进行冷却，使其温度尽快降到 5℃以下，以减少营养损失。方法有冰水喷淋、冷水浸泡、风冷等。

8）防止褐变。果蔬原料采用 0.1%～0.2%的柠檬酸溶液、0.1%的抗坏血酸溶液浸泡，都能有效地防止速冻产品的褐变。

## 3　实训案例：有机草莓的速冻工艺

草莓速冻加工的工艺流程可以分为 5 个步骤：选料→清洗→装盒、加糖（草莓：糖=2：1）→速冻（–40～–30℃）→包装。

草莓速冻加工技术的关键点控制：

1）原料的挑选、清洗。选择新鲜、果面红色或浅红色，果实整齐、成熟一致的草莓，剔除不合格的果实。然后倒入水槽中，用自来水缓缓冲洗，以除去果叶及泥沙等杂质。注意洗果时间不能太长，以 15～20 min 为宜，防止变质变味。捞出后认真检查。

2）装盒、加糖。清洗后的草莓迅速装入盒或桶中，并加入干糖（干糖中先加入适量的抗坏血酸，混合均匀），草莓与糖的比例为 2：1。拌匀后送入速冻装置中进行速冻。

3）速冻、冷藏。将装盒加糖后的草莓，送入速冻间速冻，–40～–30℃条件下速冻 20 min 使中心温度下降到–18℃。草莓速冻多采用流态化冻结法，采用这种方法冻结的草莓应该立即装盒或者包装。在–18℃冷藏库中保存。冷藏时要使用专用库，不能与肉、鱼或者有异味的蔬菜等食品共用一个冷库。

## 4　实训案例：有机甜玉米粒的速冻工艺

工艺流程如图 1 所示。

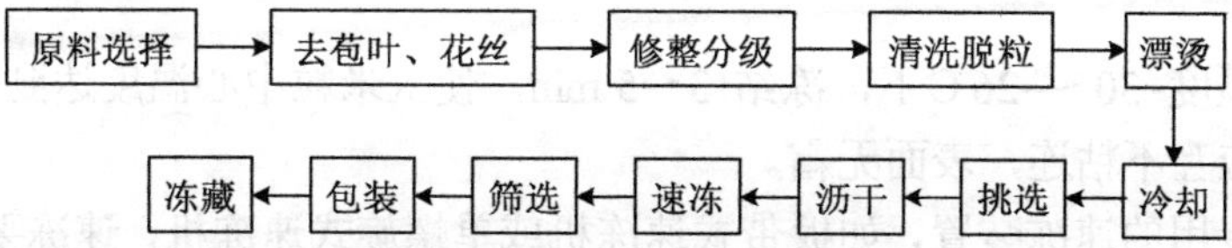


**图 1　有机玉米粒速冻流程**

（1）原料选择

一般选择乳熟期的有机甜玉米为最佳，要求籽粒饱满，颜色为黄色或淡黄色，色泽均匀，无杂色粒，籽粒大小及籽粒排列均匀整齐，无秃尖、缺粒、虫蛀现象。

（2）去苞叶、花丝

剥去玉米苞叶，去除玉米须。去除苞叶的玉米穗要轻拿轻放，装入专用的筐内。

（3）修整分级

首先将过老、过嫩、过度虫蛀、籽粒极度不整齐的甜玉米穗剔除。然后按玉米的直径分级，可根据不同玉米品种制定 2～3 个等级，等级间的直径差定在 5 mm 左右。可以设置分拣台，采用人工挑选、分级。

（4）清洗脱粒

用流动水将玉米清洗干净，并用人工或利用专用的玉米脱粒机进行脱粒。上述操作属于速冻玉米粒的预处理。对一些冷冻后脆性减弱或易发酥的果蔬，可利用 0.5%～1%的碳酸钙或者氯化钙溶液浸泡处理 10～20 min，以增加其硬度和脆度，脱粒后的玉米粒应立即漂烫。

（5）漂烫

先将清水煮沸至 93～100℃。再放入甜玉米粒，水与玉米粒的比例为 4∶10，漂烫时间依水温而定，一般为 2～8 min。漂烫的时间过长，会使营养成分严重流失，成品的颜色和口感等质地指标也会大大降低。

果蔬速冻加工中漂烫可以达到护色作用。护色处理的目的是避免果蔬在加工及储藏过程中发生变色。引起果蔬变色的主要原因是果蔬中含有多酚氧化酶、过氧化物酶等，冻藏的低温不能完全抑制这些酶的作用。

对于部分酶活性低的蔬菜也可直接进行清洗、冻结。

（6）冷却

经漂烫的玉米粒应立即冷却，否则残余的热量会严重影响品质。将 90℃左右的玉米粒的温度降到 25～30℃；然后在 0～5℃的冰水中浸泡冷却，使玉米粒中心的温度降到 5℃以下。

（7）挑选、沥干

挑拣出穗轴屑、花丝、变色粒和其他外来杂质，同时剔除过熟、未烫透和碎玉米粒。为了防止冻结时表面水分过多而形成冰块以及玉米粒之间粘连，影响外观和净重，一旦粘连结坨，解冻也慢，因此应沥干玉米粒表面的水分，也可用冷风吹干。振动沥水可采用振动筛或离心机。振动筛通过机器使果蔬上下振动以脱除果蔬表面水分。离心机是将果蔬放入离心机的漏网中，通过旋转离心脱水。

（8）速冻

在冷空气温度–30～–26℃下，冻结 3～5 min，使玉米粒中心温度达到–18℃即可。速冻完的玉米粒应互不粘连，表面无霜。

企业采用专用的速冻装置，如板带式速冻机或单螺旋式速冻机，速冻要求介质温度在–35～–30℃，风速保持在 5～8 m/s，这样才能保证产品的快速冻结。产品中心温度降至–18℃时，冻结即可结束。

（9）筛选、包装

将冻结的玉米粒进一步挑选，剔除有缺陷粒和碎粒。一般用聚乙烯塑料袋包装，然后立即送入冰箱冻藏。对速冻果蔬进行包装，可有效地控制产品在冻藏中因升华而引起的表面失水干耗，防止氧化变色及污染，便于产品的运输和销售。

## 思考题

1．果蔬在冷冻过程中有哪些物理和化学变化？
2．在冻藏期间会出现哪些化学变化？
3．如何选择适宜的解冻方法？
4．冷冻升华干燥有何特点？
5．简述果蔬速冻加工的一般工艺流程。
6．水分冻结与食品冻结有何不同？
7．试述快速冻结与缓慢冻结对果蔬食品质量的影响。
8．重结晶现象是如何发生的？如何解决？
9．简述速冻食品的包装对食品品质的作用。
10．影响速冻果蔬产品质量的因素有哪些？
11．简述常见的食品速冻方法与设备。

# 任务7　有机果蔬腌制品的加工

蔬菜腌制加工主要是利用食盐的防腐作用、微生物的发酵作用、蛋白质的分解作用以及其他一系列的生物化学作用，抑制有害微生物的活动，增加产品的色香味。

蔬菜腌制品加工方法各异，品种繁多。根据所用原料、腌制过程、发酵程度和成品状态的不同，可以分为两大类，即发酵性腌制品和非发酵性腌制品。

发酵性腌制品的特点是：腌渍时食盐用量较低，在腌渍过程中有显著的乳酸发酵现象，利用发酵所产生的乳酸、添加的食盐和香辛料等的综合防腐作用，来保藏蔬菜并增进其风味。这类产品一般具有较明显的酸味，如泡菜、酸白菜等。

非发酵性腌制品的特点是：腌制时食盐用量较高，使乳酸发酵完全受到抑制或只能轻微地进行，其间加入香辛料，主要利用较高浓度的食盐、食糖及其他调味品的综合防腐作用，来保藏和增进其风味。依其所含配料、水分多少和风味不同分为下列三种类型。

（1）咸菜类

咸菜类是一种腌制方法比较简单、大众化的蔬菜腌制品。只进行盐腌，利用较高浓度的盐液来保藏蔬菜，并通过腌制来改进风味，在腌制过程中有时也相伴轻微发酵，同时配以调味品和各种香辛料，其制品风味鲜美可口，如咸大头菜、腌雪里蕻、榨菜等。

（2）酱菜类

酱菜类在酱渍过程中吸附了酱料浓厚的鲜美滋味、特有色泽和大量营养物质，其制品具有鲜、香、甜、脆的特点，如酱乳黄瓜、酱胡萝卜、酱瓜、酱笋、什锦酱菜、八宝酱菜等。

（3）糖醋菜类

其制品酸甜可口，并利用糖、醋的防腐作用来增强保藏成效，如糖醋大蒜、糖醋黄瓜等。

## 1 实训案例一：有机咸菜类产品加工

### 1.1 有机榨菜的加工

加工榨菜所利用的原料系一种茎用芥菜，俗称为青菜头。茎用芥菜的膨大茎部组织细嫩，营养丰富最适于腌制。良好的涪陵榨菜应该具有鲜香嫩脆、咸辣适当、回味返甜、色泽鲜红、没有异味（苦味和酸味）的特点。现在习惯称长江下游（江苏、浙江）的榨菜为盐脱水榨菜，涪陵的则为风脱水榨菜，以示区别。其实涪陵榨菜也有盐脱水的过程。采收后的有机青菜头，可以采用涪陵榨菜生产工艺，生产鲜榨菜或者方便榨菜。

榨菜腌制的工艺流程可以概括如下：

原料选择及收购→剥皮穿串→晾晒→腌制→修剪→整形分级→拌料装坛→后熟→成品

操作要点：

1）选料。选用组织细嫩、皮薄、粗纤维少、突起物圆钝、凹沟浅而小、呈圆球形或椭圆形，单个重 150 g 以上，含水量低于 94%、可溶性固形物含量 5%以上，无病虫害、空心、抽薹的青菜头作为原料。青菜头品种目前以永安小叶和涪丰 14 为最佳。

2）剥皮。将从地里砍收来的青菜头，用剥菜刀将每个菜头基部的粗皮老筋剥去，但不伤及上部的青皮。菜头重 300～500 g 的用刀切成两块，500 g 以上者切成三块。切块时要求大小一致、老嫩兼备、青白齐全，呈圆形或椭圆形，以保证晾晒后干湿均匀，成品比较整齐美观。

3）晾晒。晾晒的目的在于脱水，使菜体组织柔软、盐腌搓揉不破碎，保持完整，水分流失少，相对可溶性固形物含量高，用盐量减少，降低成本。将剥皮、切块后的菜头，用长约 2 m 的竹丝按大小分别穿串。穿菜时从切块两侧穿过，两端回穿牢固不滑脱。每串菜块约重 5 kg。将穿好的菜串搭挂在菜架两侧晾晒。菜架由檩木、脊绳和牵藤搭成，要建在山脊或河谷、风力大、地势平坦的宽敞处。晾晒时间约 7 d 可达适当的脱水程度。脱水合格的干菜块是：用手捏周身柔软无硬心，表面皱缩不干枯，无黑斑烂点，鲜菜块失重 55%～65%（上架时湿菜块为 100 kg，下架时干菜块为 35～45 kg。）

4）腌制。下架后的干菜块应及时抽尽竹丝，然后进行腌制。腌菜的盐用精制井盐。涪陵榨菜的腌制是在腌菜池中进行。菜池大小规格根据需要建造，一般在地平面下建一个长、宽、深各为 3.3 m 的立方体即可。池底及四壁捶打紧实，以防渗漏，再用耐酸（碱）水泥涂抹厚 5～10 cm。在菜池的腌制分两次完成。

第一次：先将干菜块称重分层入池。菜池每层可铺菜块 750～1 000 kg，厚 40～50 cm。按每 100 kg 菜块用盐 3.5～4 kg 均匀撒在菜块上，用踩池机反复压紧搓揉。经 72 h 后，盐全部溶化，并有大量菜水渗出，约为菜块原重 20%时将菜块起池上囤。

第二次：将第一次腌制上囤完毕的半熟菜块再称重入池腌制。操作方法与第一次相同，仅每层下菜 600～800 kg，按每 100 kg 半熟菜块加盐 8.5～9 kg。约经 7 d，盐全部溶化，又有为原半熟菜块重 8%～90%的菜水渗出，即行再淘洗起池上囤，转入下道工序。

5）修剪。将菜池腌制上囤后的菜块进行修剪。用剪刀仔细地剪净菜块上的老皮、叶梗基部虚边、黑斑烂点，并抽去老筋。将长形、不规则菜修剪成圆形或椭圆形，按大、中、小块及碎菜分级。再用澄清的“卤水”（菜池中腌菜时渗出的盐水）将分级菜块充分淘洗干净，而后，上囤囤压 24 h 沥干明水装坛。注意：淘洗菜块时千万不能用普通水（如自来水、井水等）或变质卤水，以防烂菜。

6）装坛。榨菜坛系陶土烧制而成，大者每个可装 35～40 kg，小者装 2.5～5 kg。装坛前先检查每个菜坛是否符合质量标准。按分级淘洗囤干毛熟菜块 100 kg，大块菜加入食盐 6.0 kg、中块菜 5.5 kg、小块菜 5.0 kg、碎菜 4.0 kg，辣椒末 1.1 kg，整粒花椒 0.03 kg，混合香料末 0.12 kg，充分拌合均匀后装坛。混合香料的组成是：八角 45%、山奈 15%、肉桂 8%、白芷 3%、砂头 4%、干姜 15%、甘草 5%、白胡椒 5%，混合碾细成末。装坛时先在地面挖一坛窝，将空坛置窝内，深及菜坛 3/4 处，用稻草填塞坛窝周围的空隙处，稳定坛子勿使摇动以便操作。菜块要边装边压紧实。装满后在坛口菜面上撒一层 0.06 kg 的红盐（红盐是 100 kg 食盐加 2.5 kg 辣椒末而成）。在红盐上面覆盖一层薄膜隔离，再用干萝卜叶扎紧坛口封严，待其后熟转味。后熟时间不得低于 2 个月。后熟成商品榨菜的标准是：鲜香嫩脆、色泽蜡黄、生味消失。达到此标准即可上市出售。

### 1.2　有机咸萝卜干的加工

萝卜可切成小块状或条状，干燥脱水后添加食盐腌制，制成咸萝卜干，也可以直接用新鲜萝卜加盐腌制脱水制成咸萝卜干。萧山萝卜干、五香萝卜干、爽甜萝卜干等是萝卜干中的精品，仅以萧山萝卜干介绍其生产工艺要求。

1）原料。选择新鲜、皮薄而光滑、肉质结实而脆嫩的萝卜，剔除腐烂、粗老、空心的萝卜。加工季节一般在 12 月至次年 2 月。

2）整理。将萝卜削去叶丛、青皮、须根、尾根，用水洗净，切成长 10 cm、粗如手指的萝卜条，以每条都带皮为宜。大的萝卜可抽去心部不要。

3）第一次晒腌。于阳光下晒 3～5 d，每天翻动 2 次，晚上盖上草帘。晒至每 100 kg 新鲜原料干至 35 kg 左右，收菜下架，摊晾散热，装缸盐腌，100 kg 蔫萝卜条加盐 3 kg，拌匀，用力揉搓，至盐粒溶化，入坛或缸压实，满装，盖好盖，封口腌制 3～5 d。

4）第二次晒腌。第一次腌制的萝卜干出缸再晒 2～3 d，至初晒时重量的 70%为止，经摊晾散热，装缸、揉压，加盐腌制，一层盐一层萝卜，装得扎实，封口。100 kg 腌干萝卜条加盐 1.5～2 kg，腌制 5 d。

5）晒、拌料。第二次腌制的萝卜干取出再晒，100 kg 晒至 80 kg，摊晾散热，装缸，加盐混匀腌制，一层盐一层萝卜，装得扎实，满装，盖好盖，封口。100 kg 腌干萝卜条加盐 2 kg 腌制 7 d。

6）装坛、封口。取出上述腌制萝卜干，装坛、压紧，每坛 25 kg，用 250 g 盐封口，盐上垫一层竹叶或油纸，再用一团草绳塞满坛口。用砂浆、水泥封口，后熟 30 d 就可以。

## 2　实训案例二：有机泡菜类产品加工

### 2.1　四川泡菜

（1）工艺流程

原料→选别→修整→洗涤→入坛泡制→发酵成熟→成品

(2) 操作要点

1) 原料选别。凡是组织致密、质地嫩脆、肉质肥厚而不易软化的有机新鲜蔬菜均可作为泡菜原料，如藕、胡萝卜、红皮萝卜、青菜头、菊芋、子姜、大蒜、豇豆、辣椒、蒜薹、苦瓜、草石蚕、甘蓝、花椰菜等，要求选剔除病虫、腐烂蔬菜。可根据不同季节采取适当保藏手段，周年生产加工。

2) 修整、清洗。去除粗皮、老筋、飞叶、黑斑等不宜食用的部分，用清水淘洗干净，适当切分，整理晾干明水，稍萎蔫。用3%～4%食盐腌制蔬菜，达到预腌出杯作用。

3) 泡菜坛选择。除制作洗澡泡菜可以不用泡菜坛外，其他泡菜必须用泡菜坛。泡菜坛是我国大部分地区制作泡菜所选用的较标准的容器。泡菜坛既能抗酸、抗碱、抗盐，又能密封且能自动排气，隔离空气，使坛内造成一种嫌气状态：既有利于乳酸菌的活动，又防止外界杂菌的侵害。因此使得泡菜得以长期保存，是一般容器所不具备的。泡菜坛是陶土烧成的，口小肚大，在距离坛口边缘 6～16 cm 处有一圈水槽，称为坛沿。槽缘稍低于坛口，坛口上放一菜碟作为假盖以防生水进入。把这一圈水槽灌满水，盖与水结合就可以达到密封之目的。泡菜坛以无裂缝、砂眼，不泄漏，火候老，形态美观的为好，四川隆昌县所产的“下河坛”，彭州桂花镇所产的“桂花坛”均为优质泡菜坛。初使用的坛子最好装满清水，静放数日后再使用。

4) 泡菜盐水配制。配制盐水应用硬水，如井水、矿泉水含矿物质较多，有利于保持菜的硬度和脆度。自来水硬度在25°DH（德国度）以上，可以用来配制泡菜水，且不必煮沸，否则会降低硬度。水还应澄清透明，无异味和无臭味。软水、塘水和湖水均不适宜作泡菜水。盐以井盐为好，如四川自贡盐、五通盐。海盐因含镁味苦而需焙炒后，方可使用。

配制比例：以水为准，加入食盐6%～8%，为了增进色香味，还可加入2.5%黄酒、0.5%白酒、1%醪糟汁、2.5%的红糖或白糖、3%～5%的红辣椒以及0.1%香料。香料组成为25%小茴香、20%花椒、15%八角、5%甘草、5%草果、10%桂皮、5%丁香、5%豆落等。香料混合后磨成粉，用白布包好，密封放入泡菜水中。

5) 入坛泡制。新盐水的装坛方法：先把经预处理的原料，有次序地装入洗净的坛内，一半时放入香料包，继续装菜至坛口 5～8 cm，菜要装得紧实，坛口用竹片卡住，加入盐水淹没原料，切不可让原料露出液面，否则原料会因接触空气而氧化变质，盐水也不要装得过满，以距离坛口 3～5 cm 为宜。

6) 泡制过程的管理。发酵初期以异型乳酸发酵为主。原料入坛后原料中的水分渗出，盐水浓度降低、pH 较高，主要是耐盐、不耐酸的微生物活动，如大肠杆菌、酵母菌，同时原料的无氧呼吸产生二氧化碳，二氧化碳积累产生一定压力，便冲起坛盖，经坛沿水排出。此阶段可以观察到坛沿水有间隔性的气泡冲出，坛盖有轻微的碰撞声。

发酵中期主要是正型乳酸发酵。由于乳酸积累，pH 降低，大肠杆菌、腐败菌、丁酸菌受到抑制，而乳酸菌活动加快，进行正型乳酸发酵，含酸量可达0.7%～0.8%（以乳酸计）。

发酵末期正型乳酸发酵继续进行。乳酸积累逐渐超过1%，当含量超过1.2%时，乳酸菌本身活动也受抑制，发酵停止。

泡制1～2 d后，由于食盐的渗透作用，制品的体积会缩小，泡菜水的水位会下落，应及时添加原料和泡菜水，保持物料距离泡坛口约4 cm。经常检查泡菜坛子水槽中的水量，保持水槽中的水呈水满状态。

泡菜的成熟期随所泡蔬菜的种类及当时的气温而异。一般新配的盐水在夏天时，需 5～7 d 即可成熟，冬天则需 12～16 d 才可成熟。叶菜类需时较短，根茎类需时较长。使用过的泡菜水，只要不变质，可继续使用，且泡制的时间将比第一次短。泡菜水的时间越长，菜的风味越浓厚。在用陈泡菜水时，应同时加适量的食盐，以保持适宜浓度。一般按每千克菜加 50～70 g 食盐的比例，方法是装一层菜撒一层盐。

泡制过程中不可随意揭开坛盖，以免空气中杂菌进入坛内，引起盐水生花、长膜，切忌带入油脂类物质，因油脂相对密度轻，浮于盐水表面，易被腐败微生物分解而使泡菜变臭。若遇生花长膜，轻微者可以加入适量白酒消灭之，或者加紫苏、老蒜梗、老苦瓜抑制之；严重者则须将表面菌花打捞，再加酒消灭之；若已生蛆或盐水发臭、变黑，则必须报废倒去，不能再用。

## 2.2　朝鲜泡菜

白菜→腌制→水洗→沥干→配料→装缸→成熟→食用。

1）原料。整理腌制朝鲜泡菜要求选择有心的大白菜，剥掉外层老菜帮，砍掉毛根，清水中洗净，大的菜棵顺切成四份，小的顺切成二份。

2）腌制、水洗。将处理好的大白菜放进 3%～5%的盐水中浸渍 3～4 d。待白菜松软时捞出，用清水简单冲洗一遍，沥干明水。

3）配料。萝卜削皮，洗净后切成细丝。按下列比例：100 kg 腌制好的大白菜，萝卜 50 kg，食盐、大蒜各 1.5 kg，生姜 400 g，干辣椒 250 g，苹果、梨各 750 g，味精少许。将姜、蒜、辣椒、苹果、梨剁碎与味精、盐一起搅成泥状。

4）装缸。把沥干的白菜整齐地摆放在小口缸里，放一层盐一层菜，撒一层萝卜丝，浇一层配料，直至离缸口 20 cm 处，上面盖上洗净晾干的白菜叶隔离空气，再压上石块，最后盖上缸盖，两天后检查，如菜汤没浸没白菜，可加水浸没，10 d 后即可食用。为使泡菜味更鲜美，可在配料中加一些鱼汤、牛肉汤或虾酱。

## 2.3　东北酸菜

酸菜以清水、淡盐水或 6%～7%的盐水腌制，进行乳酸发酵，酸分积累达到 1%～2%，产品就可以保存。制作方法比较简单，但各地做法也有差异。我国东北三省都有做酸菜的传统，以大白菜或甘蓝为原料，腌制时不用食盐，只加清水，渍制过程中也不加任何香料和调味品。

1）原料处理。选优质大白菜或甘蓝，收获后晒 1～2 d 或不晒，除去黄烂叶及老叶，削去菜根，用水冲洗干净，滴干明水，大棵菜切 1～2 刀，只切叶帮，叶肉部不切断，然后在沸水中烫 1～2 min，先烫叶帮，后放整株，使叶帮略呈透明为度，捞出冷水中冷却或不冷却。

2）浸渍。烫好的原料层层交错排列或呈辐射状排列在缸中，层层压紧，加压重石，灌入清水，淹没过原料 10 cm 左右，约 1 月后即可食用，有的地方为了促使发酵，缩短浸渍时间，常在清水中加入少量米汤。腌渍好的白菜帮为乳白色，叶肉黄色，质地清脆而微酸，可作为炒菜、馅菜、烩菜、汤菜的原料。成熟的酸菜应储放在温度较低的地方，并盖好缸盖，可保存半年。

## 思考题

1. 简述同型乳酸发酵、异型乳酸发酵的定义
2. 简述腌制保藏理论
3. 简述蔬菜腌制品的保绿与保脆的方法。
4. 简述腌制品的腐败原因及控制措施。
5. 简述果蔬腌制过程中食盐的作用。
6. 简述泡菜加工工艺及操作要点。

# 任务 8 有机预制菜的加工

预制食品（prepared food）最早于 20 世纪 60 年代起源于美国；80—90 年代肯德基等快餐开始传入中国，与此同时，三全公司生产的速冻汤圆等预制食品在国内开始出现；2000 年左右，我国陆续出现半成品菜生产企业，对肉禽和水产等原料进行进一步加工；到了 2014 年，外卖平台快速发展料理包市场；2020 年，由于消费者生活习惯改变，速食食品发展壮大，预制菜行业逐渐发展起来。近些年预制菜市场需求量逐渐增大，根据《2021 年中国预制菜市场回顾及 2022 年发展趋势预测分析》，2017—2021 年中国预制菜行业市场规模呈稳步增长趋势，据统计，2022 年我国预制菜市场规模达 4196 亿元，同比增长 21.3%。多家咨询机构及行业专家预测，数年之后市场规模将超万亿元。巨大的产业机遇引起了国家的关注。2023 年 2 月发布的《中共中央 国务院关于做好 2023 年全面推进乡村振兴重点工作的意见》明确指出，提升净菜、中央厨房等产业标准化和规范化水平，培育发展预制菜产业。

2022 年 6 月 2 日，中国烹饪协会发布了团体标准《预制菜》（T/CCA 024—2022），将预制菜定义为以一种或多种农产品为主要原料，运用标准化流水作业，经预加工（如分切、搅拌、腌制、滚揉、成型、调味等）或预烹调（如炒、炸、烤、煮、蒸等）制成，并进行预包装的成品或半成品菜肴，消费者无须烹饪或只需简单烹饪即可食用。使用有机食材制备预制菜将提升预制菜品质和档次，国内不少有机食品企业已经开始未雨绸缪。

预制菜产品种类丰富，涵盖农、畜、禽、水等各个领域，根据原料种类可将其分为畜禽肉类预制菜类，如熏煮火腿、速食鸡爪等；蔬菜类预制菜类，如蔬菜沙拉、蔬菜拼盘等；水产类预制菜类，如即食三文鱼、调味鱼排等。预制菜按照加工深浅程度可以分为四类：第一类是即食食品（ready-to-eat food），指开封后可直接食用的预制调理制品，如即食泡椒凤爪、鸡腿、火腿肠和罐头、即食沙拉等；第二类是即热食品（ready-to-heat food），指只需要经过加热即可食用的食品，如速冻快手菜、自嗨锅、快餐料理包等；第三类是即烹食品（ready-to-cook food），指经过相对深加工（加热或浅油炸），按份分装冷藏或常温保存的半成品材料，可以立即入锅，如速冻水饺、薯条等；第四类是即配食品（ready-to-use food），一般以生的材料为主，经过清洗、分切等初步加工工序，烹饪者要自行搭配各种调料，经过炒制加热变熟后可食用，如小块肉、生鲜净菜等。

## 1　有机预制菜的加工要求

目前有机预制菜尚无专门执行标准，可以借鉴以下团体标准实施生产加工。

《预制菜生产加工行为规范》（DB50/T 1342—2022）

《预制菜产业园区建设指南》（DB50/T 1341—2022）

《预制菜分类》（DB1306/T 201—2022）

《预制菜术语》（DB1306/T 200—2022）

《预制菜冷链配送规范》（DB1306/T 202—2022）

《预制菜》（T/CCA 024—2022）

《预制菜加工技术规范》（T/LYFIA 034—2022）

《预制菜点质量评价规范》（T/JCIA 0021—2022）

《预制菜质量评价规范》（T/FAIF 008—2023）

《预制菜中式菜肴成品》（T/SDJKR 006—2022）

《预制菜质量要求鲜切蔬菜》（T/WFSC 013—2022）

《预制菜速冻菜肴制品》（T/CIQA 42—2022）

（1）设施与设备要求

加工厂具备有机产品加工资质。

应符合《食品安全国家标准　食品生产通用卫生规范》（GB 14881）中设施与设备的要求。

应具有与生产产品品种、数量相适应的生产设备设施，性能和精度满足生产要求，便于操作、清洁、维护。

采取烘炒、熬煮、煎炸、炝烩等高油烟或高湿加工工艺的生产车间，应安装排风设施和油烟处理装置。

使用畜禽肉、水产品、蛋类等易腐坏原料进行加工的，应配备冷藏、冷冻设备。

根据预制菜加工工艺的不同，应配备蒸制、炒制、烤制或煮制等设备。

杀菌工艺应配备符合要求的温度和压力监控装置。

（2）卫生管理

应符合 GB 14881 中对卫生管理的要求。

应根据不同类别产品的生产特点，定期对车间和设备设施进行清洁、消毒，并做好清洁前后的清洁管理。

用于储存易腐坏食品的冷藏、冷冻设备应建立清洁制度和监控制度。

车间内排水应从清洁度高的区域流向清洁度低的区域，排水口应防止虫害风险和浊气逸出。使用较多油脂易堵塞排水系统的应建立定期清掏制度。

（3）原料要求

有机原材料需要有机产品认证证明。

应符合 GB 14881 中对食品原料、食品添加剂和食品相关产品的要求。

原料采购、加工前均应对原料的包装完整性、保质期、标签标识、形态、气味、色泽等进行检查。

原料处理中使用的洗涤剂和消毒剂应分别符合《食品安全国家标准　洗涤剂》（GB 14930.1）

和《食品安全国家标准　消毒剂》（GB 14930.2）的规定。

冷冻原料应符合《食品安全国家标准　速冻食品生产和经营卫生规范》（GB 31646）的规定。

即食预制菜中的鲜切果蔬原料应符合《食品安全国家标准　即食鲜切果蔬加工卫生规范》（GB 31652）的规定。

畜禽肉类原料应有动物检疫合格证明。禽肉、猪肉、牛肉、羊肉、兔肉等应符合《食品安全国家标准　鲜（冻）畜、禽产品》（GB 2707）的要求。禽肉应符合《食品安全国家标准　鲜、冻禽产品》（GB 16869）的规定。

鲜、冻动物性水产品原料应符合《食品安全国家标准　鲜、冻动物性水产品》（GB 2733）的规定。

动物性水产制品原料应符合《食品安全国家标准　动物性水产制品》（GB 10136）的规定。

蛋与蛋制品原料应符合《食品安全国家标准　蛋与蛋制品》（GB 2749）的规定。

## 2　案例一：有机羊肉扣肉预制菜肴的加工

（1）配方

新鲜的有机饲养山羊腹肋肉 2.5 kg，按原料肉的质量比计：食盐 1%、有机白砂糖 5%、料酒 1.5%、有机酱油 1.5%、有机黄豆酱 1%、蚝油 0.5%、南乳 0.1%、腐乳 0.5%、柱侯酱 0.3%、老抽 0.3%、十三香 0.5%。

（2）工艺流程

原料验收→修整→漂洗→焯水→清洗→预煮→上皮料→沥干→油炸→冷却→切片→滚揉腌制→摆碗→预蒸→冷却→真空包装→速冻→成品

（3）工艺操作要点

1）原料验收。原料选择经检验合格且符合肉类加工卫生标准的新鲜的有机山羊腹肋肉。验收方法是向供应原料肉的企业索要有机资质证明和检疫合格证明。品质良好的羊肉应该呈现鲜红色并且红色分布均匀，表皮去毛干净、颜色洁白，附带的脂肪为乳白色，具有羊肉正常的气味，不应有明显的异味。

2）修整。将羊肉修整为 10 cm 宽的肉条，质量大约为 250 g。将多余的油脂、筋膜、碎骨剔除干净。

3）漂洗。羊肉用清水漂洗去除血水，以减少腥膻味。

4）焯水。羊肉自冷水放入煮锅中，羊肉量∶水量＝1∶2，确保水要没过羊肉，同时加入适量葱 1%、姜 1%、料酒 2%、当归 0.5%，煮沸后 1 min 后捞出，其间要去除血沫。焯水的过程中水溶性腥味物质会溶于水中，同时挥发性物质会随着水蒸气挥发掉，所以焯水的整个过程都不能加盖子。

5）清洗。再次清洗去除羊肉表面的血沫和油污。

6）预煮。由试验设计的时间进行煮制，煮制时使羊肉量∶水量=1∶2，加入食盐 0.5%、香辛料（桂皮 0.2%、八角 0.1%、陈皮 0.3%、花椒 0.1%）进行基础调味。煮制时间为 80 min。

7）上皮料。为了使羊肉表皮在油炸过程中形成好看的红棕色，需要在羊肉表面覆上一层皮料水，皮料水由麦芽糖浆∶开水=3∶7 组成，二者混合均匀后涂抹在羊肉表面，每次涂抹时间间隔 5 min，分 3 次进行涂抹。

8）沥干。涂抹好皮料水的羊肉要进行沥干，主要是为了防止油炸入锅时水遇油而发生飞溅现象。

9）油炸。由试验设计的时间进行油炸，油炸温度为 130～140℃。羊肉表皮朝下放入热油中，要避免表皮与锅底直接接触，在油炸时要时常进行翻动。油炸时间为 2 min。

10）切片。将羊肉块切成长约 8 cm、宽 1～1.5 cm 的肉片。

11）滚揉腌制。按基础配方比例称量食盐、白砂糖、酱油、黄豆酱、蚝油、南乳、腐乳、柱侯酱、老抽、十三香等配料并加入到原料肉中，搅拌均匀后滚揉腌制 30 min。

12）摆碗。将羊肉片表皮朝下整齐地摆放在圆底的塑料碗中。

13）预蒸。用试验设计的时间进行预蒸，将摆好碗的羊肉放入熏蒸炉中进行蒸煮。蒸煮温度为 120℃，预蒸时间为 30 min。蒸煮结束后，迅速冷却到常温。

14）真空包装。将冷却好的羊肉连同塑料碗一起装入真空包装袋中并进行抽真空包装。

15）速冻。将包装完成的样品进行速冻。

## 3　案例二：预制菜肴——有机南瓜泥的加工

（1）工艺流程

选料→削皮→切块→煮熟→打浆→浓缩→装盒→冷却→冷冻

（2）制作要点

1）选料：宜选肉质厚、纤维少、含糖量高、色泽金黄的老熟有机南瓜作为原料。

2）削皮：削去南瓜外部坚硬带蜡质的外皮。

3）切块：先将削过皮的南瓜对半剖开，挖掉瓜瓤和种子，然后用刀分切成小块。

4）煮熟：将瓜肉小块 100 kg 加水 50 L，在锅内加热煮沸至软熟为止。

5）打浆：将软熟后的瓜肉投入打浆机打成糊状。

6）浓缩：每 100 kg 南瓜泥浆加砂糖 45 kg、柠檬酸 600 g，在夹层锅内煮沸浓缩，并不断搅拌，直至南瓜泥含糖量达到 64%～65%时，就可装盒。

7）装盒：将浓缩后的南瓜泥倒入消过毒的食品耐热塑料盒中。趁热装入南瓜泥，真空包装。

8）冷却冷冻。

## 4　案例三：预制菜肴——蒜蓉有机西兰花的加工

（1）原辅料要求

有机西兰花应鲜嫩，花球紧密结实，无异色、斑疤，无病虫害；安全要求应符合《食品安全国家标准　食品中污染物限量》（GB 2762）和《食品安全国家标准　食品中农药最大残留限量》（GB 2763）的规定。

食盐应符合《食用盐》（GB/T 5461）的规定。

柠檬酸应符合《食品安全国家标准　食品添加剂　柠檬酸》（GB 1886.235）的规定。

D-异抗坏血酸（异维生素 C）应符合《食品安全国家标准　食品添加剂　D-异抗坏血酸》（GB 1886.49）的规定。

氯化钙应符合《食品安全国家标准　食品添加剂　氯化钙》（GB 1886.45）的规定。

生产加工用水应符合《生活饮用水卫生标准》（GB 5749）的规定。

生产加工环境应符合 GB 14881 的规定。

（2）加工过程

1）去叶分级。用刀修整剔除菜叶，并削除表面少量的霉点、异色部分，按质量等级进行划分。

2）浸盐水。将去叶后的花菜置于 2%～3%食盐溶液中浸泡 10～15 min，驱净小虫。

3）漂洗。浸泡后的物料接着用清水漂洗，漂净小虫体和其他杂质污物。

4）切分。将漂洗后的物料沥水，然后从茎部切下大花球，再切小花球，按成品规格操作，不能损伤其他小花球，茎部切削要平正，小花球以直径 3～5 cm，茎长在 2 cm 以内为宜。

5）护色。切分后的西兰花投入 0.2% D-异抗坏血酸、0.2%柠檬酸、0.8%氯化钙的混合溶液中，浸泡 5～10 min。

6）预冷包装。护色后的原料捞起沥去溶液，随即用复合袋抽真空包装，真空度为 0.05 MPa。接着送入预冷装置冷至 0～1℃。包装标识应符合 SB/T 10158 的规定。

7）冷藏。预冷装箱后的产品入冷库冷藏或直接运销，冷藏、运销温度应控制在 0～1℃。

8）蒜蓉调料包。生姜、蒜米洗净，去皮生姜和蒜米切碎。油热至 8 成热，浇入蒜泥中，冷却至 80℃。灌装塑料小包。

9）记录。记录加工过程中采取的各种技术措施。

## 思考题

1．请以某种叶菜为原材料，制定其预制菜的工艺流程和操作要点。

2．市售预制菜“宫保鸡丁”，产品色泽比较暗淡，请分析可能的原因并提出改进措施。

3．预制菜质量与安全方面存在哪些风险？

# 项目三　有机肉制品加工技术

本项目主要介绍以有机畜禽肉为原料加工的肉制品，包括有机冷鲜肉、有机肉干制品、有机酱卤肉制品、有机腌腊肉制品、有机灌肠制品、有机肉罐头等，重点讲解这些产品的加工原理、工艺流程、操作要点、实训案例。

肉制品是指以肉或可食内脏为原料加工制成的产品。据文献记载，我国是肉制品的发源地之一，至今已有 3 000 多年的历史。肉制品的种类繁多，德国仅香肠类产品就超过 1 500 种；瑞士的一家发酵香肠生产企业生产 500 种以上的萨拉米香肠；在我国，仅名、特、优肉制品就有 500 多种，而且新产品还在不断涌现。不同国家和地区间的地理环境、气候条件、资源、经济、民族、宗教、饮食习惯和嗜好等因素各异，肉制品的种类也不尽相同，因此肉制品的分类方法也存在极大差异。迄今为止，国际上尚没有一个通用的分类方法。

根据历史渊源可将肉制品分为中式肉制品和西式肉制品，中式肉制品包括腌腊制品、酱卤制品、熏烧烤制品、干制品、其他肉制品五大类。西式肉制品是指由国外传入的工艺加工生产的肉制品，主要包括培根、香肠制品和火腿制品三大类。也可根据热加工温度分为高温肉制品和低温肉制品。高温肉制品是指经 100℃以上高温加工的肉制品，低温肉制品是指在 75℃左右温和温度条件下热加工而成的肉制品。

《肉与肉制品术语》（GB/T 19480—2009）中有关肉制品的名称和定义如表 1 所示。

**表 1　肉制品的名称和定义**

| 类型 | 名称 | 工艺类别 | 定义 |
|---|---|---|---|
| 中式肉制品 | 腊肉 | 腌腊制品 | 以鲜肉为原料，配以各种调味料，经腌制、烘烤（或晾晒、风干、脱水）、烟熏（或不烟熏）等工艺加工而成的生肉制品 |
| | 咸肉 | | 以鲜肉为原料。经食盐和其他辅料腌制，加工而成的生肉制品 |
| | 中国火腿 | | 带皮、骨、爪的鲜猪后腿，经腌制、洗晒或风干、发酵等工艺而制成的具有独特风味的生肉制品 |
| | 肉松 | 干制品 | 以畜禽瘦肉为主要原料，经修整、切块、煮制、撇油、调味、收汤、炒松、搓松制成的肌肉纤维蓬松成絮状的熟肉制品 |
| | 肉干 | | 以畜禽瘦肉为原料。经修割、预煮、切丁（或片、条）、调味、复煮、收汤、干燥制成的熟肉制品 |
| | 肉脯 | | 以去除筋腱和肥膘的猪、牛等瘦肉为原料，经切片（或绞碎）、调味、腌制、摊筛、烘干、烤制等工艺制成的熟肉制品 |
| | 酱卤肉制品 | 酱卤制品 | 以鲜（冻）畜禽肉和可食副产品放在加有食盐、酱油（或不加）、香辛料的水中，经预煮、浸泡、烧煮、酱制（卤制）等工艺加工而成的酱卤系列肉制品 |
| | 糟肉制品 | | 将畜禽肉用酒糟或陈年香糟代替酱汁或卤汁制成的肉制品 |

| 类型 | 名称 | 工艺类别 | 定义 |
| --- | --- | --- | --- |
| 中式肉制品 | 熏烤肉制品 | 烟熏制品 | 以熏烤为主要加工方法生产的肉制品 |
| | 中式香肠 | 灌肠类 | 别名：腊肠、风干肠。以畜禽等肉为主要原料，经切碎或绞碎后按一定比例加食盐、酒、白砂糖等辅料拌匀，腌渍后充填肠衣中，经烘焙或晾晒或风干等工艺制成的生干肠制品 |
| | 生鲜香肠 | | 原料肉经绞碎后加辅料灌肠衣中而成的生肉肠类制品 |
| | 生熏香肠 | | 原料肉经绞碎（或斩拌）后加辅料灌肠衣中，再经烟熏处理的生肉肠类制品 |
| | 半干香肠 | | 绞碎的肉经微生物的发酵作用，在热处理和烟熏过程中除去部分水分的肠类肉制品 |
| | 干香肠 | | 经过微生物的发酵作用，干燥除去20%～50%的水分的生肉肠类制品 |
| | 调制肉制品 | 其他 | 以畜禽鱼肉为主要原料，添加（或不添加）时令蔬菜和（或）辅料、食品添加剂，经滚揉（或不滚揉）、切制或绞制、混合搅拌（或不混合）、成型（或预热处理）、包装、冷却（或冻结）等工艺加工而成的系列风味生肉制品 |
| | 肉糕 | | 以畜禽肉为主要原料，经绞碎（或斩拌乳化）、调味、成型、熟制、烟熏（或不烟熏）等工艺制成的熟肉制品 |
| | 腌制肉 | | 以鲜（冻）畜禽肉（或带骨肉）、副产品为原料，配以食盐、调料、食品添加剂等辅料，经修整、注射（或不注射）、滚揉（或搅拌、斩拌）、腌制、切割（或成型）、包装、冷藏等工艺加工而成的生肉制品 |
| 西式肉制品 | 熏煮火腿 | 腌腊制品 | 以畜禽肉为主要原料，经精选、切块、盐水注射（或盐水浸渍）腌制后，加辅料，再经滚揉、充填（或不充填）、蒸煮、烟熏（或不烟熏）、冷却、包装等工艺制作的火腿类熟肉制品 |
| | 熏煮香肠 | 灌肠类 | 以畜禽鱼肉为主要原料，经修整、腌制（或不腌制）、绞碎后，加辅料，再经搅拌（或斩拌）、乳化（或不乳化）、充填（或不充填成型）、烘烤、蒸煮、烟熏（或不烟熏）、冷却等工艺制作的香肠类熟肉制品 |
| | 香肠制品 | 灌肠类 | 畜禽鱼肉经绞切、腌制（或不腌制）、斩拌后，乳化成肉馅、肉丁、肉糜或其他混合物，并添加调味料、香辛料、填充料，灌肠衣（或成型），再经烧烤、蒸煮、烟熏、发酵、干燥等工艺（或其中几个工艺）制成的熟肉制品 |
| | 血肠 | 灌肠类 | 用畜禽血或混同畜禽肉或舌、皮、脂肪为原料经相关工序后灌入肠衣，通过蒸煮或低温烟熏等工艺制成的肉制品 |
| | 发酵香肠 | 灌肠类 | 将绞碎的猪肉（或牛肉）、动物脂肪、盐、糖、发酵剂和香辛料等混合后灌进肠衣，经过微生物发酵而制成的香肠制品 |
| | 培根 | 腌腊类 | 通常以猪的背肉、腹肉、颈肉或肩肉为原料，经注射、腌制、滚揉、成型（或不成型）、干燥、烟熏（或不烟熏）、烘烤等工艺制成的肉制品 |
| | 火腿 | 腌腊类 | 以带骨或不带骨的、整块或绞碎的鲜（冻）畜禽肉为原料，经过注射（或不注射）、滚揉（搅拌）或腌制、灌肠衣成型（或直接成型或模具成型）、蒸煮（或熏煮或发酵）而成的一类肉制品 |
| | 肉灌肠 | 灌肠类 | 以鲜（冻）畜、禽、鱼肉为主要原料，经调味、充填（或不充填）、成型等工艺制作的肉制品。包括中西式灌肠和无皮肠 |

另外，《肉制品分类》（GB/T 26604—2011）根据加工工艺对肉制品进行分类，如表2所示。

表 2 肉制品分类

| 种类 | 品类 |
|---|---|
| 腌腊肉制品 | 咸肉类、腊肉类、腌制肉 |
| 酱卤肉制品 | 酱卤肉类、糟肉类、白煮肉类、肉冻类 |
| 熏烧焙烤肉制品 | 熏烤肉类、烧烤肉类、焙烤肉类 |
| 干肉制品 | 肉干、肉松等肉类制品 |
| 油炸肉制品 | 炸肉排、炸鸡翅、炸肉串、炸肉丸、炸乳鸽等肉类制品 |
| 肠类肉制品 | 火腿肠类、熏煮香肠类、中式香肠类、发酵香肠类、调制香肠类、其他肠类 |
| 火腿肉制品 | 中式火腿类、熏煮火腿类 |
| 调制肉制品 | 咖喱肉、各类肉丸、肉卷、肉糕、肉排、肉串等肉类制品 |
| 其他类肉制品 | 其他 |

# 任务 1 有机冷鲜肉的加工

## 1 有机冷鲜肉的特点

目前市场上销售的鲜肉主要有热鲜肉、冷冻肉和冷鲜肉三种。热鲜肉就是现宰现卖，未经任何降温处理的鲜肉，在市场上占有的比例较大。此种肉的缺点是动物宰杀后肉温高，不包装，裸肉摊售，易成为细菌的温床，肉品质下降迅速，肉的硬度增加 10～40 倍，干燥、缺乏弹性、嫩度降低，风味、口感不佳。

冷冻肉，通常是把肉在−18℃以下冷冻，食用时再解冻，在这个过程中会造成肉中细胞的破裂和水分的流失，影响肉的口感。

冷鲜肉又称排酸肉，是指严格执行兽医检疫制度，对屠宰后的畜胴体迅速进行冷却处理，使胴体温度（以后腿肉中心为测量点）在 24 h 内降为 0～4℃，并在后续加工、流通和销售过程中始终保持在 0～4℃的生鲜肉。由于其始终处于冷链过程，迅速排除肉体热量，降低深层温度，并在肉的表面形成一层干燥膜，减缓肉体内部水分的蒸发，延长了肉的保藏期限，并阻止微生物的生长和繁殖，使大多数微生物（尤其是腐败菌和致病菌）被抑制。另外，冷却肉中肌糖原酵解生成的乳酸也可抑制或杀死肉中的部分微生物，安全卫生性得到一定保障。冷链是冷鲜肉生产的必备前提条件，包括生产环节：0～4℃预冷库、冷藏库、恒温分割包装车间；运输环节：冷藏车；销售环节：冷藏库、冷藏柜等。冷鲜肉的关键环节在于全程冷链，通过低温控制微生物的滋生。冷链指冷鲜肉的生产、储存、运输、销售环节都具有完整的冷藏系统（0～4℃）。冷鲜肉需要有完整的冷链才能保证其优良品质。而在实际中容易出现冷链断裂，如冷藏车的温度没有达到要求；冷鲜肉出库、入库时间过长；超市冷藏柜温度控制不当；甚至有的超市为了省电，在晚上关闭冷藏柜。

## 2 有机冷鲜肉的工艺流程

### 2.1 生猪选购

以优质有机瘦肉型猪为好，其胴体瘦肉多，肥膘少，便于加工为冷鲜白条肉、红条肉，也减少了分割加工中肥膘类加工的工作量，提高产品出品率。宰前应停食 12～24 h，并保证猪的饮水（屠宰前 3 h 停止），还须将生猪冲洗干净。

### 2.2 生猪屠宰

严格控制屠宰过程中对猪胴体的污染，特别是猪粪、毛、鬃、渣的污染。猪放血后应设洗猪机，对猪体表体清洗。从对猪进行电击晕开始至胴体分解结束，整个屠宰过程应控制在 45 min 内，从放血开始到内脏取出应在 30 min 内完成，宰后胴体立即进入冷却间。

### 2.3 宰后检验

宰后检验是肉品卫生检验最重要的环节，是宰前检验的继续和补充。对胴体、脏器用直接的病理学观察和必要的实验室化验。

### 2.4 冷却

冷却是指将刚屠宰后的胴体，吊挂在冷却间内，使肉的深层温度达到 0～4℃的过程。猪肉冷却常采用空气冷却。冷却时，把经过冷晾的胴体沿吊轨推入冷却间，胴体间距保持 10 cm，以利于空气循环和散热，当胴体最厚部位中心温度达到 0～4℃时，冷却过程即可完成。

在肉的冷却过程中，肌肉完成了冷却排酸，使得肉在低温、卫生条件下完成解僵成熟过程，也是肉逐渐成熟的阶段。一般猪半片胴体的冷却时间为 24 h 左右，牛半片胴体约为 48 h，羊胴体约为 18 h。

（1）温度

在每次进肉前，使冷却间温度预先降到-4～-2℃。降温处理可在肉体表面形成一层干燥膜，它不但能阻止微生物的侵入和生长繁殖，也减少了肉体内部水分的进一步流失。进肉后经过 14～24 h 的冷却，待肉温达到 0℃左右时，使冷却间温度保持在 0～1℃。

（2）相对湿度

湿度大，有利于降低肉的干耗，但微生物繁殖加快，而且肉表面不易形成皮膜；湿度小，微生物活动减弱，有利于肉表面皮膜的形成，但肉的干耗大。为了处理微生物生长和肉干耗的矛盾，一般冷却前期相对湿度应在 95%以上，之后宜维持在 90%～95%，冷却后期相对湿度维持在 90%左右为宜。

（3）空气流速

一般采用的空气流速为 0.5 m/s，最大不超过 2 m/s，否则会显著提高肉的干耗。

### 2.5 分割

分割主要是对胴体进行按部位分割、去脂、剔骨，其产品在分割车间的加工与停留时间应控制在 30 min 内。分割后产品应平摊放在晾肉架车上，晾架时要求肉无堆叠。

## 2.6 包装

分割后产品（4～7℃）在包装车间时应尽快完成包装，并及时送入冷藏库储存（0～4℃）。应在分割车间与包装车间中设置预冷间，即将放在晾肉架车上冷却好的分割产品（500 kg 左右）一车推入包装车间包装完毕后，再由预冷间中推出下一车进行包装，以免积压回溢。

（1）真空包装

按每袋净重 5 kg 左右分割产品（或以自然块重），用尼龙袋或聚乙烯（PE）袋抽去空气，真空包装，真空度大于 0.095 MPa。

（2）托盘保鲜膜

托盘保鲜膜产品每盘净重为 0.2～0.5 kg，包装材料托盘采用聚丙烯（PP）片材制成，盖膜选用聚氯乙烯（PVC）自黏膜。

## 2.7 冷藏

冷藏库温度–4℃、相对湿度 85%～90%为宜，并保持温度稳定，尤其是进出货时更应注意。产品进库后，按生产日期与发货地摆放，不同产品应有标识和记录并定时测温。冷鲜肉出冷藏库最好设有专用的密闭运输通道。直接采用门对门方式上车，装货前先做好货物装运顺序。原则是同类产品先生产的先发货，一车要送不同目的地的，最先到达地的货物最后上车，以便卸车。冷藏库应定期清洗消毒。在实际冷藏中，放置 5 d 后即应每天对肉进行质量检测。

## 2.8 运输

应采用专用冷藏车运输。红条肉、白条肉应采用带挂钩的冷藏车。胴体挂在车厢内，挂钩与叉挡均为不锈钢制作。胴体最好套有白布袋或薄膜袋，以减少污染与干耗。进肉前，应先将车辆清洗消毒；装货前先制冷，使车内温度降至 10℃以下；装货时应继续制冷，整车上货最好在 60 min 结束，关好车门后迅速使车内温度降至 0～4℃。冷藏车应注意保持温度稳定，定期清洗消毒与维护。

## 2.9 市场销售

冷鲜肉必须在冷柜中销售，以保证产品品质。冷鲜肉运抵商店后，必须立即上柜，并将冷柜温度严格控制在 0～4℃，产品如果温度变化过大，易影响保质期。一般冷鲜肉从生产到消费，在 0～4℃下保质期为 7 d。因此，冷鲜肉产销应以销定产，并做好各环节的计划安排。

## 2.10 质量评价

有机冷鲜猪肉质量评价方法参考《冷却猪肉》（NY/T 632—2002）。

## 思考题

1. 热鲜肉、冷冻肉、冷鲜肉各有什么优缺点？
2. 什么是肉的冷却排酸？
3. 冷鲜肉有何特点？为什么营养专家建议食用冷鲜肉？

# 任务 2　有机肉干制品的加工

肉干制品是指瘦肉经熟制、干燥工艺或调味后直接干燥热加工而制成的熟肉制品，主要产品包括肉干、肉松和肉脯类。肉干是原料肉调味煮制后脱水干燥而成的块（条）状干肉制品。肉松是原料肉调味煮制后，经炒松干燥制成的絮状或团粒状产品。肉脯是原料肉预处理后，烘干烤制而成的薄片状干肉制品。

## 1　有机肉干的加工技术

根据《肉干》（GB/T 23969—2009）的定义，肉干是指以畜禽瘦肉为原料，经修割、预煮、切丁（或片、条）、调味、复煮、收汤、干燥制成的熟肉制品。由于原辅料、加工工艺、形状、产地等不同，肉干的种类很多。按原料分为畜、禽、水产，按风味分为香辣、五香、咖喱等，按形状分为肉片、肉条、肉丝等。

### 1.1　一般肉干的加工

工艺要点：

1）原料预处理：去皮、骨、筋腱、脂肪及肌膜等，除血水、油污等。

2）初煮：目的是通过煮制进一步挤出血水并使肉块变硬以便切坯。一般初煮时不加任何辅料，但有时为了去除异味，可加1%～2%的鲜姜。水温保持90℃以上，以水盖过肉面为原则，初煮时间以切面呈粉色、无血水为宜，通常初煮1 h左右。

3）切坯：可切丁、切片、切条。不论什么形状，要大小均匀。

4）复煮、收汁：切好的肉坯放在调味汤中煮制，其目的是进一步熟化和入味。取肉坯重20%～40%的过滤初煮汤，将配方中不溶解的辅料装袋入锅煮沸后，加入其他辅料及肉坯。用大火煮制30 min左右，再用小火煨1～2 h，待卤汁基本收干即可起锅。

5）脱水：肉干常规的脱水方法有三种：

①烘烤法。将收汁后的肉坯铺在竹筛或铁丝网上，然后放置于三用炉或远红外烘箱烘烤。烘烤温度前期可控制在80～90℃，后期可控制在50℃左右，一般需要5～6 h则可使含水量下降到20%以下。

②炒干法。收汁结束后肉坯在原锅中文火加温，并不停搅翻炒至肉块表面微微出现蓬松茸毛时，即可出锅，冷却后即为成品。

③油炸法。用2/3的辅料（其中白酒、白糖、味精后放）与肉条拌匀腌渍10～20 min后，投入135～150℃的菜油锅中油炸。也可以先烘干再上油衣。

6）冷却、包装：用铝箔（PET/Al/PE）等包膜但其费用较高，用PET/PENY/PE效果次之但较便宜。

## 1.2 实训案例一：香辣有机猪肉肉干的加工

（1）配料标准

主料：有机猪瘦肉 100 kg。辅料：精盐 2 kg、有机酱油 4 kg、干红辣椒粉 400 g、白糖 5 kg、白酒 2 kg、味精 200 g、咖喱粉 200 g、桂皮 500 g、大茴香 300 g。

（2）加工方法

原料整理：选用卫生合格的新鲜猪瘦肉，剔除骨头、筋腱、脂肪，切成 500 g 左右的肉块。肉块放在冷水中，浸泡 1 h，洗净后沥干。

预煮切片：洗好的肉块放在锅里，加水没过肉块。加热煮至肉块六成熟时，捞出冷却。然后切成长方形肉片或肉丁。

煮制：切好的肉片放在锅内，加汤汁 25 kg 左右，再按比例加入精盐、白糖、酱油、桂皮、大茴香、辣椒粉等，加热煮沸。当汤汁快烧干时，进行翻炒，并加入白酒，一并炒干。最后加入味精、咖喱粉炒匀。

烘烤：炒干的肉片出锅、摊晾后，摆放在铁筛上，送入烘炉烘烤，每隔一小时，翻动一次。烘烤 7 h 左右，肉片变硬时出炉，晾透后即为成品，再进行包装。

（3）产品特点

色泽棕黄，肉质干爽，辣香味浓，风味独特。

## 1.3 实训案例二：有机牛肉干

（1）配方

以 100 kg 有机牛肉计，辅料用量如下：有机白糖 15 kg、五香粉 250 g、辣椒粉 250 g、食盐 4 kg、味精 300 g、曲酒 1 kg、五香粉 100 g、有机酱油 3 kg、玉果粉 100 g。

（2）加工工艺流程

原料预处理→初煮→切坯→复煮→脱水→冷却、包装

（3）操作要点

1）原料预处理。选用新鲜、检疫合格的牛肉，肉干加工一般多用牛肉后腿的纯瘦肉为佳（俗称大黄瓜条）。首先对原料肉进行修整，即将原料肉剔去皮、骨、筋腱、脂肪及肌膜后，顺着肌纤维切成 1 kg 左右的肉块，再用清水浸泡 1 h 左右，除去血水、污物，沥干。

2）初煮。将清洗、沥干的肉块放在沸水中煮制，水盖过肉块。初煮时不加任何辅料，但有时为了除异味，可用 1%～2%的鲜姜。初煮时水温保持在 90℃以上，并及时撇去汤面污物，待肉切面呈均匀的粉红色（牛肉煮至五到六成熟）、无血水时将肉块捞出后，汤汁过滤待用。

3）切坯。肉块置筛上自然冷却后（夏天放于冷风库），按不同规格要求切成块、片、条、丁。切坯要求形状整齐、大小均匀一致。

4）复煮。将切好的肉坯放在调味汤中煮制（卤制），即取肉坯重量 20%～40%的初煮汤（过滤后），将配方中不溶解的辅料装纱布袋入锅煮沸后，加入其他辅料及肉坯。用大火煮制 30 min 后，应减小火力以防焦锅，用小火煮 1～2 h，待卤汁收干后即可起锅（也称

收汤或收汁）。

5）脱水。将收汁后的肉坯铺在竹筛或铁丝网上，放置于烘烤房或远红外烘箱中烘烤。烘烤温度前期可控制在60～70℃，后期可控制在50℃左右，一般需要5～6 h，即可使含水量下降到20%以下。在烘烤过程中，应注意定时翻动。

6）冷却、包装。烘烤后应冷却至室温再包装。包装材料以复合膜为好，尽量选用阻气、阻湿性能好的材料。

（4）质量评价

依据《肉干》（GB/T 23969—2009）对产品进行质量判断。

## 2 有机肉脯的加工技术

肉脯是指瘦肉经切片或绞碎、调味、腌制、摊筛、烘干、烤制等工艺制成的干熟薄片型的肉制品。工艺特征：不经水煮，直接烘干而制成。随着原料、辅料、产地等的不同名称及品种不尽相同。

### 2.1 实训案例一：有机猪肉脯

产品特点：片形整齐，规格一致，色泽红润，硬爽酥脆，鲜香味美。

（1）配料标准

主料：有机猪瘦肉5 kg。

辅料：精盐125 g、无色酱油50 g、有机白糖700 g、高粱酒125 g、红米粉50 g、五香粉10 g。

（2）加工方法

选料整理：选用卫生合格的猪后腿瘦肉，修整后清洗干净，沥去水分。然后送入冷库速冻，至中心温度达–2℃时出库，用切片机切成2 mm厚的薄片。

拌料、腌制：将精盐、酱油、白糖、高粱酒、红米粉、五香粉等按比例混合拌匀，加到猪肉片中，搅拌均匀，腌制30～40 min。其间，每隔10～20 min翻拌一次。

烘烤：在铁筛网上先涂一层植物油，放上腌制好的肉片，铺平摆匀。送入烘房内，在40～50℃温度下，烘烤30 min左右。待肉片发硬，达7～8成熟时，将肉片掀起，再烘烤30～40 min，至肉片发硬、发脆时即可出炉。冷却凉透后，按照一定规格切成长方形薄片，即为成品。

### 2.2 实训案例二：有机天津牛肉脯

产品特点：片状整齐，色泽红棕，食而不腻，越嚼越香，别有风味。

（1）配料标准

主料：有机牛肉5 kg。

辅料：精盐75 g、酱油250 g、白酒100 g、有机白糖600 g、味精10 g。

（2）加工方法

原料整理：选用卫生检验合格的新鲜牛肉，以前腿、后腿瘦肉最好，剔去骨头、筋膜、脂肪等，用清水冲洗干净，边缘修割整齐。

冷冻、切片：将肉块放入冷库或冰柜中，冷冻2～3 h，肉中心温度达–2℃时取出。用切肉机或手工切成长 10 cm、宽 1～1.3 cm 的薄片。

拌料、腌制：将白糖、白酒、精盐、味精、安息香酸钠等混合均匀，加入牛肉片中，拌和均匀，腌制 12 h。腌制时，每间隔 30 min 拌和一次，使之腌制均匀。

烘烤：在铁筛面上先涂上植物油，然后将腌制好的肉片铺放在铁筛上，送入烤房内烘烤。温度 50℃左右，烘烤 3～4 h，即为成品。

### 2.3　实训案例三：肉脯加工新工艺

用传统工艺加工肉脯时，存在着切片、摊筛困难，难以利用小块肉和小畜禽及鱼肉，无法进行机械化生产。近年来，出现了肉脯生产新工艺并在生产实践中广泛推广使用。

（1）工艺流程

原料肉处理→斩拌配料→腌制→抹片→表面处理→烘烤→压平→烧烤→成型→包装

（2）工艺操作

原料肉经预处理后，与辅料入斩拌机斩成肉糜，并置于 10℃以下腌制 1.5～2 h。竹筛表面涂油后，将腌制好的肉糜涂摊于竹筛上，厚度以 1.5～2.0 mm 为宜，在 70～75℃下烘烤 2 h，120～150℃下烧烤 2～5 min，压平后按要求切片、包装。

（3）工艺质量控制

影响成品质量和口感的主要因素：

1）在一定范围内，肉糜越细，肉脯质地及口感越好。肉糜越细，腌制剂的浓度和腌制时间对肉脯质地及口感的影响就越大，入味容易。同时肌纤维蛋白质也越容易充分延伸为纤维状，形成蛋白质特有的高黏度网状结构，其他成分充填于其中而使成品具有韧性和弹性。

2）肉脯的涂抹厚度以 1.5～2.0 mm 为宜。厚度增大，柔性及弹性降低，且质脆易碎。在腌制时，添加 0.1%～0.3%的混合磷酸盐能明显改善肉脯的质地和口感。

3）腌制时间以 1.5～2 h 为宜。腌制时间对色泽影响不大，对质地和口感影响很大。若时间不够或机械搅拌不充分，肌动蛋白转变不完全，加热后不能形成网状凝聚体，导致成品口感粗糙，缺乏弹性和柔韧性。

4）烘烤温度和烧烤温度：烘烤以 70～75℃、2 h 左右为宜。烧烤温度高于 120℃而低于 150℃时，肉脯具有特殊的烤肉风味。因此，烧烤以 120～150℃、2～5 min 为宜。

5）表面处理：在烘烤前用 50%的全鸡蛋液涂抹肉脯表面效果很好。在烧烤前进行压平效果较好。因烧烤前肉脯中水分含量高，易压平，同时烧烤前压平可以减少污染。

## 3　有机肉松的加工技术

肉松指瘦肉经煮制、撇油、调味、收汤、炒松、干燥或加入食用植物油或谷物粉，炒制而成的肌肉纤维蓬松成絮状或团粒状的干熟肉制品。就加工工艺而言，肉松类包括绒状肉松和粉状（球状）肉松两种。我国典型代表产品有太仓肉松和福建肉松。

### 3.1　实训案例：有机太仓肉松

（1）配方

配方一：有机猪瘦肉 50 kg、有机酱油 15 kg、有机白糖 1.5 kg、生姜 1 kg、黄酒 750 g、大茴香 60 g。

配方二：有机猪瘦肉 100 kg、食盐 1.67 kg、白酒 1.0 kg、有机酱油 7 kg、有机白糖 11 kg、味精 0.17 kg、鲜姜 0.28 kg、八角 0.38 kg。

（2）加工方法

选料整理：选用卫生检验合格的新鲜猪后腿瘦肉，剔除骨、皮、脂肪、筋腱，顺着肌肉纹路切成拳头大小的肉块，用冷水浸泡，洗去瘀血和污物，沥干水分。

煮制：将切好的肉块放入锅内，加入清水，水面超过肉面 3～5 cm，用大火烧开，撇去浮油、浮沫。放入生姜、大茴香（装入料袋），继续烧煮 2 h 后，加入黄酒。煮至肉块松散时，加入白糖，用铁铲轻轻翻动，半小时后加入酱油，继续烧煮。

炒干：煮至肉块松软、汤汁快要烧尽时，取出料袋，改用微火，用铲子压散肉块，进行翻炒。勤炒勤翻，直至炒干。肉的颜色逐步由灰棕变为金黄。

搓松：待汤汁炒干、肌肉纤维松散后，出锅，倒入干净的簸箕（或食品盘）里，在木质搓板上用手反复搓松。第一遍搓散，第二遍再搓成绒毛状纤维，使之蓬松，并拣出较粗的肉质及杂质，晾凉后即为成品，用塑料进行包装。有条件的，可用炒松机炒松，用搓松机搓成绒毛状，用真空包装机包装。短期储藏可选用复合膜包装，储藏 3 个月左右。长期储藏多选用玻璃瓶或马口铁罐，可储藏 6 个月。

（3）产品特点

色泽金黄或淡黄，纤维呈绒毛状，蓬松柔软，口味鲜美，香气浓郁，营养丰富，携带方便。

## 思考题

1. 试述干制的方法及原理。
2. 肉干、肉松和肉脯在加工工艺上有何显著不同？
3. 肉松和油松的异同主要表现在哪几方面？

# 任务 3　有机酱卤肉制品的加工

酱卤肉制品是我国典型的民族传统熟肉制品，有着悠久的历史，其主要特点是原料保持原组织状态，产品酥润，风味浓郁，突出酱香风味，但有的带有卤汁，不易包装和保藏，适于就地生产，就地供应。酱卤肉制品几乎在我国各地均有生产，但由于各地的消费习惯和加工过程中所用的配料、操作技术不同，形成了具有地方特色风味的多个品种。酱卤肉制品香气浓郁，食之肥而不腻，瘦不塞牙。随地区不同，酱卤肉制品在风味上有甜、咸之别。北方的酱卤肉制品咸味重，南方的制品则味甜、咸味轻。由于季节不同，制品风味也不同，如夏季口味重、冬季口味轻。

## 1　酱卤制品的种类和特点

根据《酱卤肉制品》（GB/T 23586—2009）中的定义，酱卤肉制品是指以鲜（冻）畜禽肉和可食副产品放在加有食盐、酱油（或不加）、香辛料的水中，经预煮、浸泡、烧煮、酱制（卤制）等工艺加工而成的酱卤系列肉制品。根据加工工艺不同可分为两大类：酱制品类、卤制品类。酱制品类是以鲜（冻）畜、禽肉为主要原料，经清洗、修选后，配以香辛料等，去骨（或不去骨）、成型（或不成型），经烧煮、酱制等工序制作的熟肉制品。卤制品类指以鲜（冻）畜、禽肉为主要原料，经清洗、修选后，配以香辛料等，去骨（或不去骨）、成型（或不成型），经烧煮、卤制等工序制作的熟肉制品。

由于各地的消费习惯和加工过程中所用的配料、操作技术不同，形成了许多具有地方特色的肉制品。酱卤制品包括白煮肉类、酱卤肉类、糟肉类。白煮肉类可视为酱卤制品肉类未经酱制或卤制的一个特例；糟肉则是用酒糟或陈年香糟代替酱制或卤制的一类产品。

酱卤工艺主要环节包括调味、煮制。

调味是在煮制过程中完成的，调味时要注意控制水量、盐浓度和调料用量，要有利于酱卤肉制品颜色和风味的形成。在调味料使用上，卤制品主要使用盐水，所用调味料和香辛料数量偏低，故产品色泽较淡，突出原料的原有色、香、味；而酱制品则调味料和香辛料数量偏高，故酱香味浓，调料味重。

煮制是对原料肉用热水、蒸汽、油炸等加热方式进行加工的过程。煮制是杀菌过程，也可以改变肉的感官性状，提高肉的风味和嫩度，达到熟制的目的。煮制直接影响产品的口感和外形，关系到整个酱卤肉加工的成功与否，应严格控制温度、加热时间，合理控制汤汁用量。一般体积大、质地老的原料，加热煮制时间较长，反之较短。总之，煮制必须达到产品的规格要求。

煮制的方法略有差别，卤制品通常将各种辅料煮成清汤后，将肉块下锅以旺火煮制；酱制品则是肉和各种辅料一起下锅，大火烧开，文火收汁，最终使汤形成肉汁。

许多名优产品都有其独特的操作方法，但一般都采用以下两个步骤：

清煮，又称白煮、白锅。清煮作为一种辅助性的煮制工序，其方法是将肉整理、清水煮制后捞出，除去肉汤中杂质。在肉汤中不加任何调味料，只是清水煮制。清煮后的肉汤称白汤，通常作为红烧时的汤汁基础再使用。清煮目的是消除原料肉中的某些不良气味。

红烧，又称红锅、酱制，是酱卤肉制品加工的关键工序，起决定性的作用。其方法是将清煮后的肉料放入加有各种调味料的汤汁中进行烧煮，不仅使制品加热至熟，而且产生自身独特的风味。红烧的时间应随产品和肉质不同而异，一般为数小时。

## 2 白煮肉类制品加工技术

白煮肉类是将原料肉经（或未经）腌制后，在水（盐水）中煮制而成的熟肉类制品。其主要特点是最大限度地保持了原料肉固有的色泽和风味，一般在食用时才调味。其代表品种有白斩鸡、盐水鸭、白切猪肚、白切肉等。

### 2.1 实训案例一：有机白斩鸡

产品特点：皮光亮油黄，肉净白；鸡香纯正，无腥味；皮嫩肉嫩，味鲜润口，肥而不腻；肌肉饱满，形体完整。

（1）工艺流程

宰杀→煮制→冷却→包装

（2）操作要点

1）原料：选择优质有机饲养的鸡，要求躯体丰满健壮，皮下脂肪适中，除毛后皮色淡黄。原料鸡经宰前检疫，宰后检验确认合格后方可使用。

2）宰杀：口腔放血，褪净鸡毛。开膛刀口要小，去尽内脏，清洗干净。

3）煮制：先将鸡坯放入沸汤中浸煮，煮沸后立即提出，使鸡形丰满、定型。然后将鸡再放入汤内烧煮。在烧煮过程中需上下翻动，注意按鸡的生长期长短正确掌握火候。要求熟而不烂，嫩而不生，基本能保存良好的营养成分。若进行包装，建议采用高温蒸煮袋或铝箔蒸煮，真空包装后，杀菌。

4）冷却：鸡坯一经煮熟，立即出锅，投入冷开水中强制冷却。

（3）蘸料制作

蘸料可采用酱油500 g，白糖、味精、葱、姜少许，加净水配制，鲜味独特，久蘸不淡。

## 2.2 实训案例二：有机盐水鸭

南京盐水鸭是江苏省南京市著名的传统名优肉制品。南京盐水鸭加工制作不受季节限制，一年四季都可加工。其中农历8—9月是稻谷双香、桂花盛开的季节，此时加工的盐水鸭又叫桂花鸭。南京盐水鸭的特点是腌制期短，鸭皮洁白，食之肥而不腻，清淡而有咸味，具有香、鲜、嫩的特色。

（1）工艺流程

选料→腌制→煮制→冷却→包装、储藏

（2）操作要点

1）选料：选用当年有机饲养的健康肥鸭，宰杀拔毛后，卸去翅膀和脚爪，然后从翅下开膛，取出全部内脏，用清水冲净体内外，再放入冷水中浸泡1 h左右，挂起晾干待腌。

2）腌制：先干腌，即用食盐和八角炒制的盐（100 kg+0.5 kg 大茴香）涂擦体内腔和体表，用盐量按盐：光鸭为1∶6，擦后堆码腌制2～4 h。冬春比夏秋时间长些，然后扣卤，再行复卤23 h（用老卤腌制），即可出缸。

3）煮前：处理复卤后的鸭坯，用6 cm长的中空竹管插入肛门，再从开口处填入腹腔料，姜2～3片，八角两粒，葱1～2根，然后用开水浇淋鸭表，使肌肉和外皮绷紧，外形饱满。

4）煮制：水中加三料（葱、姜、八角），煮沸，停止烧火，将鸭放入锅中，提鸭头将腔内热水放出，再将鸭放入锅内使热水入腔内，依次将鸭坯一一放入锅中，压上竹盖使鸭全浸在液面以下，焖煮20 min左右后，提鸭倒汤，焖煮20 min左右后再提鸭倒汤，然后焖5～16 min后即为成品。

5）产品储藏：盐水鸭是中式低温制品的代表，夏季其货架寿命短。可采用浸泡、喷敷、烟熏等表面可食性膜形成技术（膜内配以高效型的天然或生物防腐剂及天然抗氧化剂），并结合功能性包装后再结合先进的二次物理杀菌技术（如微波、强脉冲光、高压、新含气烹饪等）可以有效地解决这一难题。

# 3 酱卤肉类制品加工技术

酱卤肉类是将肉在水中加食盐或酱油等调味料和香辛料一起煮制而成的熟肉类制品。有的酱卤肉类的原料在加工时，先用清水预煮，一般预煮15～25 min，然后用酱汁或卤汁煮制成熟，某些产品在酱制或卤制后，需再经烟熏等工序。酱卤肉类的主要特点是色泽鲜艳、味美、肉嫩，具有独特的风味。产品的色泽和风味主要取决于调味料和香辛料。其代表品种有苏州酱肉、苏州卤肉、道口烧鸡、德州扒鸡、糖醋排骨、蜜州蹄膀等。这种产品市场占有率比较高。

## 3.1 实训案例一：五香有机酱肉（又称苏州酱肉）

（1）配料标准

主料：有机鲜猪肉 5 000 g。辅料：酱油 150 g、食盐 300～350 g、绍兴酒 150 g、白糖 50 g、桂皮 7 g、大茴香 10 g、新会柑皮（可用橘皮代）5 g、大葱 100 g、生姜 10 g。

（2）加工方法

选料整理：选用卫生检验合格的新鲜猪肋条肉清除血污，剪去奶头。然后切成长 16 cm、宽 10 cm 的长方肉块。在每块肉的肋骨间用刀戳上 8～10 个刀眼，以便吸收盐分和料味。

腌制：将盐水洒在原料肉上，并在四周膘和表皮上用手擦盐，放入木桶中腌制 5～6 h。然后转入盐卤缸中腌制 12 h。若室温在 30℃以上，只需腌制几个小时；室温 10℃左右时，需要腌制 1～2 d。

酱制：捞出腌好的肉块，沥去盐卤。锅内先放入老汤，旺火烧开，放入肉块和各种香料，再用旺火烧开，加入绍兴酒和酱油，改用小火焖煮 2 h。如锅内酱肉数量较多，须在烧煮 1 h 后进行翻锅，促使成熟均匀。在出锅前半小时左右，加入白糖，待皮色转变为麦秸黄色时，即可出锅。

出锅：酱肉出锅时将肉上的浮沫弹尽，皮朝下逐块排列在清洁的食品盘内，并趁热将肋骨拆掉，保持外形美观，冷却后即为成品。

（3）产品特点

皮色金黄，瘦肉略红，肥而不腻，鲜美醇香。

## 3.2 实训案例二：有机天津酱肉

（1）配料标准

主料：有机猪白肉（净肉）5 kg。辅料：食盐 200 g、酱油 250 g、白糖 50 g、绍兴酒 75 g、大葱 100 g、鲜姜 100 g。

（2）加工方法

选料整理：选用符合卫生要求的猪肉，肥膘厚度为 1.5～2.0 cm，修去皮上的残毛、污物，割去五花肉，再切成 500～750 g 的方块肉。

浸泡：切好的肉块放在凉水中浸泡，约经 4 h，捞出后沥去水分。

氽制：沥水后的肉块，放入沸水锅中，氽约 5 min，除去血污。

酱制：氽好的肉块放入酱煮锅内，加入全部辅料（香料用纱布袋装），先用大火烧煮 30 min，再改用小火焖煮 2～3 h，待汤汁浸透猪肉块时出锅，出品率约为 60%。

包装杀菌：上述收汁后的猪肉块趁热装入耐蒸煮复合薄膜袋，真空包装。

杀菌：蒸汽加热温度 121℃，加热时间 20 min。

冷却：二段冷却，尽快冷却到室温。

（3）产品特点

天津酱肉成品块状，色泽红褐，肥瘦均匀，肉质细嫩，浓香可口。

## 3.3 实训案例三：有机烧鸡

烧鸡是我国传统的家禽熟制品之一，色泽鲜艳、油光闪亮、香气四溢、风味独特，特别适合旅行和野外工作人员携带，是一种很有发展前途的食品。我国各地都有特色烧鸡产品，较为有名的有：河南道口烧鸡、山东德州烧鸡、安徽符离集烧鸡。道口烧鸡是河南省安阳市滑县特产，是我国著名的特产。道口烧鸡是用白条鸡作原料，经过造型、油炸上色、煮制而成的传统酱卤肉制品。使用有机饲养的鸡为原料可以生产有机烧鸡。

加工流程如下：

原料鸡的选择→屠宰加工→造型→上色与油炸→配料煮制

（1）配料标准

100 只鸡（每只重 1～1.25 kg 且健康无病）、食盐 2～3 kg、肉桂 90 g、砂仁 15 g、草果 30 g、生姜 90 g、豆蔻 15 g、白芷 90 g、丁香 5 g、陈皮 30 g、饴糖适量。

或者：净膛鸡 50、砂仁 0.02、豆蔻 0.05、丁香 0.02、草果 0.05、肉蔻 0.05、良姜 0.07、陈皮 0.02、白芷 0.08、食盐 4.5、饴糖 0.05、味精 0.02、葱 0.8、姜 1、菜油 20，单位均为千克。

（2）操作要点

选择有机饲养无病健康活鸡，体重约 1.5 kg，鸡龄 1 年左右，鸡龄太长则肉质粗老，太短则肉风味欠佳。一般不用肉用鸡做原料。

宰前准备：鸡在宰杀前需停食 20 h 左右，同时给予充足饮水，以利于消化道内容物排出，便于操作，减少污染，提高肉的品质。

1）屠宰加工

刺杀放血：在头颈交界处下面切断三管放血，刀口不宜大，注意不要颈骨切断，淋血 5 min 左右，放血要充分。

浸烫褪毛：先准备好热水，然后把放血后的鸡放入水中，使鸡淹没于热水中，水温保持在 62℃左右。随时用木棒上下翻动鸡体，以利浸烫均匀，约经 1 min，用手向上提翅部长毛，一提便脱说明浸烫良好。立即把鸡捞出，迅速褪毛，切勿继续浸泡在热水中，否则浸烫太过皮脆易烂。褪毛时，顺毛流方向拔、推、捋相结合，迅速将毛褪净。同时要除去角质喙和脚爪质层。整个操作过程要小心，不要弄烂皮肤，以免造成次品。最后把鸡浸泡在清水中，拔去残毛，洗净后准备开膛。

开膛取内脏：把褪毛光鸡置于案子上，先在颈部左侧皮肤剪开约 1 cm 小口，小心分离出嗉囊，同时拉出食管、气管，然后用剪刀围绕肛门周围剪开腹壁，成一环形切口，分离出肛门，暴露出腹腔内脏器官。左手稳住鸡体，右手食指和中指伸入腹腔，缓缓地拉出肝脏、肠、鸡肫、腺胃、母鸡的卵巢与输卵管等内脏器官。清水冲洗干净，再放入清水中浸泡 1 h 左右，取出沥干水分。

2）造型

烧鸡造型的好坏关系到顾客购买的兴趣，故烧鸡历来重视造型的继承和发展。道口烧鸡的造型似三角形（或元宝形），美观别致。先将两后肢从跗关节处割除脚爪，然后背向下腹向上，头向外尾向里放在案子上。用剪刀从开膛切口前缘向两大腿内侧呈弧形扩开腹壁（也可在屠宰加工开膛时，采用从肛门前边向两大腿内侧弧形切开腹壁的方法，去内脏后切除肛门），并在腹壁后缘中间切一小孔，长约 0.5 cm。用解剖刀从开膛处切口介入体腔，分别置于脊柱两侧根部，刀刃向着肋骨，用力压刀背，切断肋骨，注意切勿用力太大切透皮肤。再把鸡体翻转侧卧，用手掌按压胸部，压倒肋骨，将胸部压扁。把两翅肘关节角内皮肤切开，以便翅部伸长。取长约 15 cm、直径约 1.8 cm 的竹棍，两端削成双叉型，一端双叉卡住腰部脊柱，另一端将胸脯撑开，将两后肢断端穿入腹壁后缘的小孔。把两翅在颈后交叉，使头颈向脊背折抑，翅尖绕至颈腹侧放血刀口处，将两翅从刀口向口腔穿出。造型后，外形似三角形，美观别致。造型后，鸡体表面用清水洗净，晾干水分。

3）上色

也叫打糖，把饴糖或蜂蜜与水按 3∶7 混合，加热溶解后，均匀涂擦于造型后的鸡外表。打糖均匀与否直接影响油炸上色的效果，如打糖不匀，造成油炸上色不匀，影响美观，打糖后要将鸡挂起晾干表面水分。

4）油炸

炸鸡用油，要选用植物油或鸡油，不能用其他动物油。油量以能淹没鸡体为度，先将油加热至 170～180℃，将打糖后晾干水分的鸡放入油中炸制，其目的主要是使表面糖发生焦化，产生焦糖色素，而使体表上色。约经半分钟，等鸡体表面呈柿黄色时，立即捞出。由于油炸时色泽变化迅速，操作时要快速敏捷。炸制时要防止油温波动太大，影响油炸上色效果。鸡炸后放置时间不宜长，特别是夏季应尽快煮制，以防变质。

5）配料煮制

不同品种的烧鸡风味各有差异，关键在于配料不同。配料的选择和使用是烧鸡加工中的重要工序，关系到烧鸡口味的调和和质量的优劣以及营养的互补。煮制时，要依白条鸡的重量按比例称取配料。香辛料须用纱布包好放在锅下面。把油炸后的鸡逐层排放入锅内，大鸡和老鸡放在锅下层，小鸡和幼龄鸡放在上层。上面用竹箅压住，再把食盐、糖、酱油加入锅中。然后加老汤使鸡淹没入液面之下，先用旺火烧开，然后改为微火烧煮，锅内汤液能徐徐起泡即可，切不可大沸，煮至鸡肉酥软熟透为止。从汤液沸腾开始计时，煮制时间，一年左右的鸡约 1.5 h，两年左右的鸡约 3 h。煮好出锅即为成品。煮制时若无老汤可用清水，注意配料适当增加。

6）保藏

将卤制好的鸡静置冷却，既可鲜销，也可真空包装，冷藏保存。成品外形完整、造型美观、色泽酱黄带红、味香肉烂，出品率 64%左右。

注意事项：

屠宰前 18～24 h 断食，以利嗉囊排空。断食时，应供给足量的饮水，使禽体进行正常的生理机能活动。但在宰前 2～4 h 应停止给水，以防止鸡倒挂放血时胃内容物从食道流出污染胴体。

浸烫后应立即去毛，分手工去毛和机械去毛两种方法。机械去毛主要利用橡胶指束的拍打与摩擦作用去除羽毛。因此，必须调整好橡胶指束与屠体之间的距离。距离过小，会因过度拍打屠体而导致骨折、禽皮破裂或翅尖出血；距离过大，则可能导致去毛不全，影响速度。另外应掌握好处理时间和每次处理鸡的数目。

毛禽体浸烫、去毛后，尚残留有绒毛，去除的方法有三种：钳毛、松香拔毛、火焰喷射机烧毛。

屠体去毛去绒后，在去内脏之前须充分清洗干净；是否去头切脚要视市场需求而定。禽类内脏的取出形式有：全净膛，将脏器全部取出；半净膛，仅拉出全部肠管及胆和胰脏。

净膛后一定要经检验、修整，以防去嗉囊、净膛等工序出现疏漏。

煮制结束捞鸡时，先将锅上面的铁篦子、石块等去掉，然后用大火将锅内汤烧沸腾，令鸡浮起，再用笊篱和辅助勺一只只地捞出，放好冷却。注意一定要小心轻捞轻放，以防散架破形，影响商品价值，待冷却至室温时再行包装、入库。

## 3.4 实训案例四：有机五香酱牛肉

五香酱牛肉，是北京的名产。酱牛肉应当熟烂，切片后保持完整不散，无烧焦现象。表面色泽酱红，油润光亮，切面呈浅豆沙色，夏季可保存 3 d，冬季可保存 1 个月。目前现代化杀菌和包装后产品可以保质 12 个月。

（1）产品配方

有机牛肉 100 kg、八角茴香 600 g、花椒 150 g、丁香 140 g、砂仁 140 g、桂皮 140 g、有机黄豆酱 10 kg、盐 3 kg、有机花生油 10 kg、香油 1.5 kg。

（2）工艺流程

原料选择与整理→预煮→调酱→酱制→产品

（3）操作要点

1）原料选择与整理：酱牛肉应选用不肥、不瘦的新鲜、优质牛肉，肉质不宜过嫩，否则煮后容易松散，不能保持形状。将原料肉用冷水浸泡清除瘀血，洗干净后进行剔骨，按部位分切肉，把肉再切成 0.5～1 cm 的肉方块。然后把肉块倒入清水中洗涤干净，同时要把肉块上面覆盖的薄膜去除。

2）预煮：把肉块放入 100℃的沸水中煮 1 h，目的是除去腥膻味，可在水中加几块胡萝卜。煮好后把肉捞出，再放在清水中洗涤干净，洗至无血水为止。

3）调酱：取一定量水与黄酱拌和，把酱渣捞出，煮沸 1 h，并将浮在汤面上的酱沫撇净，盛入容器内备用。

4）装锅：将选好的原料肉，按不同部位肉质老嫩分别放在锅内。通常将结缔组织较多、肉质坚韧的部位放在底部，较嫩的、结缔组织较少的放在上层，然后倒入调好的汤液进行酱制。

5）酱制：向煮锅内加水 20～30 kg，待煮沸之后加入各种调味料。锅底和四周应预先垫以竹竿，使肉块不贴锅壁，避免烧焦。用旺火煮制 4 h 左右后，为使肉块均匀煮烂，每隔 1 h 左右倒锅一次，再加入适量老汤和食盐。务使每块肉均浸入汤中，再用小火煮制约 1 h，使各种调味料均匀地渗入肉中。等到浮油上升，汤汁减少时，将火力继续减少，最后封火煨焖。煨焖的火候掌握：在汤汁沸动，但不能冲开汤面上浮油层的程度。全部煮制时间为 8～9 h。煮好后取出淋上浮油，使肉色光亮油润。

6）出锅：应注意保持肉块完整，用特制的铁铲将肉逐一托出，并将锅内余汤洒在肉块上，即为成品。

## 思考题

1．试述酱卤制品的种类及其特点。

2．酱卤制品加工中的关键技术是什么？

3．调味有哪些方法？

4．煮制时如何掌握火候？

5．酱制品和卤制品有何异同？

6．试述1～2种当地消费者喜欢的酱卤制品加工方法。



# 任务4　有机腌腊肉制品的加工

腌腊肉制品是我国传统的肉制品之一，指原料肉经处理、腌制、脱水、保藏成熟而成的一类肉制品。腌腊肉制品的特点：肉质细致紧密，色泽红白分明，滋味咸鲜可口，风味独特，便于携带和储藏。腌腊肉制品主要包括腊肉、咸肉、板鸭、中式火腿、西式火腿等。

肉的腌制是肉品储藏的一种传统而古老的手段，也是肉品加工工艺中一项重要的环节，大多数肉制品在加工过程中都要进行腌制。腌制就是用食盐、糖或另加硝酸盐、亚硝酸盐对原料肉进行浸渍的过程。随着食品科学的发展，在腌制肉时还加入品质改良剂如磷酸盐、维生素C、柠檬酸、烟酰胺等，以提高肉的持水性，从而获得较高的成品率，加深肉的红色，防止褪色，改良品质等。腌制技术从原来单纯的防腐手段发展成为一门既可提高产量又能改善品质和风味的综合技术。因此，研究肉的腌制技术显得越来越重要了。

## 有机腌腊肉制品的加工

### 1　咸肉的加工

咸肉通常指我国盐腌肉，用猪肋条肉经食盐和其他调料腌制，不加熏煮脱水工序加工而成的生肉制品，食用时需经热加工。咸肉在我国各地都有生产，品种繁多，式样各异，其中以浙江咸肉、如皋咸肉、四川咸肉、上海咸肉等较为有名。例如，浙江咸肉皮薄、颜色嫣红、肌肉光洁、色美味鲜、气味醇香、又能久藏。咸肉加工工艺大致相同，其特点是用盐量多。

咸肉按猪胴体不同部位分连片、段头和咸腿三种。连片是指整个半片猪胴体，无头尾、带脚爪，腌成后每片质量在13 kg以上。段头是不带后腿及猪头的猪肉体，腌成后质量在9 kg以上。咸腿也称香腿，是猪的后腿，腌成后质量不低于2.5 kg。

（1）工艺流程

原料选择→修整→开刀门→腌制→成品

（2）操作要点

1）原料选择。鲜猪肉或冻猪肉都可以作为原料，肋条肉、五花肉、腿肉均可，但需肉色好，放血充分，且必须经过卫生检验部门检疫合格，若为新鲜肉，必须摊开凉透；若是冻肉，必须解冻微软后再行分割处理。

2）修整。先削去血脖部位污血，再割除血管、淋巴、碎油及横膈膜等。

3）开刀门。为了加速腌制，可在肉上割出刀口，俗称“开刀门”。刀口的大小深浅和多少取决于腌制时的气温和肌肉的厚薄。

4）腌制。在 3～4℃条件下腌制。温度高，腌制过程快，但易发生腐败；温度低，腌制慢，风味好。干腌时，用盐量为肉重的 14%～20%，硝石 0.05%～0.75%，以盐、硝混合涂抹于肉表面，肉厚处多擦些，擦好盐的肉块堆垛腌制。第一层皮面朝下，每层间再撒一层盐，依次压实，最上一层皮面向上，于表面多撒些盐，每隔 5～6 d，上下互相调换一次，同时补撒食盐，经 25～30 d 即成。若用湿腌法腌制时，用开水配成 22%～35%的食盐液，再加 0.7%～1.2%的硝石，2%～7%食糖（也可不加）。将肉成排地堆放在缸或木桶内，加入配好冷却的澄清盐液，以浸没肉块为度。盐液重为肉重的 30%～40%，肉面压以木板或石块。每隔 4～5 d 上下层翻转一次，15～20 d 即成。

## 2 腊肉的加工

腊肉指我国南方冬季（腊月）长期储藏的腌肉制品。猪肋条肉经剔骨、切割成条状后用食盐及其他调料腌制，经长期风干、发酵或经人工烘烤而成，使用时需加热处理。腊肉的品种很多，选用鲜猪肉的不同部位都可以制成各种不同品种的腊肉，以产地分为广东腊肉、四川腊肉、湖南腊肉等，其产品的品种和风味各具特色。广东腊肉以色、香、味、形俱佳而享誉中外，其特点是选料严格、制作精细、色泽美观、香味浓郁、肉质细嫩、芬芳醇厚、甘甜爽口；四川腊肉的特点是色泽鲜明、皮肉红黄、肥膘透明或乳白、腊香带咸。湖南腊肉肉质透明，皮呈酱紫色，肥肉亮黄、瘦肉棕红，风味独特。

在全国各地，腊肉的生产工艺大同小异，一般工艺流程如下：

选料修整→配制调料→腌制→风干、烘烤或熏烤→成品→包装

（1）选料修整

最好采用皮薄肉嫩、肥膘在 1.5 cm 以上的新鲜猪肋条肉为原料，也可选用冰冻肉或其他部位的肉。根据品种不同和腌制时间长短，猪肉修割大小也不同，广式腊肉切成长 38～50 cm，每条重 180～200 g 的薄肉条；四川腊肉则切成每块长 27～36 cm、宽 33～50 cm 的腊肉块。家庭制作的腊肉肉条，大都超过上述标准，而且多是带骨的，肉条切好后，用尖刀在肉条上端 3～4 cm 处穿一小孔，便于腌制后穿绳吊挂。

（2）配制调料

不同品种所用的配料不同，同一种品种在不同季节生产的配料也有所不同。消费者可根据自己喜好的口味进行配料选择。

（3）腌制

一般采用干腌法、湿腌法和混合腌制法。

干腌：取肉条和混合均匀的配料在案上擦抹，或将肉条放在盛配料的盆内搓揉均可，搓擦要求均匀擦遍，对肉条皮面适当多擦，擦好后按皮面向下、肉面向上的顺序，一层层叠放在腌制缸内，最上一层肉面向下，皮面向上。剩余的配料可撒布在肉条的上层，腌制中期应翻缸一次，即把缸内的肉条从上到下，依次转到另一个缸内，翻缸后再继续进行腌制。

湿腌：腌制去骨腊肉常用的方法，取切好的肉条逐条放入配制好的腌制液中，湿腌时应使肉条完全浸泡在腌制液中，腌制时间为 15～18 h，中间翻缸两次。

混合腌制：即干腌后的肉条，在浸泡腌制液中进行湿腌，使腌制时间缩短，肉条腌制更加均匀。混合腌制时食盐用量不得超过 6%，使用陈的腌制液时，应先清除杂质，并在80℃温度下煮 30 min，过滤后冷却备用。腌制时间视腌制方法、肉条大小、室温等因素而有所不同，腌制时间最短腌 3～4 h 即可，腌制周期长的也可达 7 d 左右，以腌好、腌透为标准。

腌制腊肉无论采用哪种方法，都应充分搓擦，仔细翻缸，腌制室温度保持在 0~10℃。有的腊肉品种，像带骨腊肉，腌制完成后还要洗肉坯。目的是使肉皮内外盐度尽量均匀，防止在制品表面产生白斑（盐霜）和一些有碍美观的色泽。洗肉坯时用铁钩把肉皮吊起，或穿上线绳后，在装有清洁的冷水中摆荡漂洗。

肉坯经过洗涤后，表层附有水滴，在烘烤、熏烤前需把水晾干，可将漂洗干净的肉坯连钩或绳挂在晾肉间的晾架上，没有专设晾肉间的可挂在空气流通而清洁的地方晾干。晾干的时间应视温度和空气流通情况适当掌握，温度高、空气流通，晾干时间可短一些，反之则长一些。有的地方制作的腊肉不进行漂洗，它的晾干时间根据用盐量来决定，一般为带骨腊肉不超过 0.5 d，去骨腊肉在 1 d 以上。

（4）风干、烘烤或熏烤

在冬季家庭自制的腊肉常放在通风阴凉处自然风干。工业化生产腊肉常年均可进行，就需进行烘烤，使肉坯水分快速脱去而又不能使腊肉变质发酸。腊肉因肥膘肉较多，烘烤时温度一般控制在 45～55℃，烘烤时间因肉条大小而异，一般为 24～72 h。烘烤过程中温度不能过高以免烤焦、肥膘变黄；也不能太低，以免水分蒸发不足，使腊肉发酸。烤房内的温度要求恒定，不能忽高忽低，影响产品质量。经过一定时间烘烤，表面干燥并有出油现象，即可出烤房。烘烤后的肉条，送入干燥通风的晾挂室中晾挂冷却，等肉温降到室温即可。如果遇雨天应关闭门窗，以免受潮。

熏烤是腊肉加工的最后一道工序，有的品种不经过熏烤也可食用。烘烤的同时可以进行熏烤，也可以先烘干完成烘烤工序后再进行熏制，采用哪一种方式可根据生产厂家的实际情况而定。

家庭熏制自制腊肉更简洁，把腊肉挂在距灶台 1.5 m 的木杆上（农村做饭菜用的柴火灶），利用烹调时的熏烟熏制。这种方法烟淡、温度低且常间歇，所以熏制缓慢，通常要熏 15～20 d。

（5）成品与包装

烘烤后的肉坯悬挂在空气流通处，散尽热气后即为成品。成品率为 70%左右。现多采用真空包装，250 g、500 g 规格包装较多，腊肉烘烤或熏烤后待肉温降至室温即可包装。真空包装腊肉保质期可达 6 个月以上。

## 3　板鸭的加工

板鸭是我国传统禽肉腌腊制品，始创于明末清初，至今有 300 多年的历史，著名的产品有南京板鸭和南安板鸭，前者始创于江苏南京，后者始创于江西大余县（古时称南安）。两者加工过程各有特点，使用有机饲养的鸭，借鉴下述工艺可以生产有机板鸭。

南京板鸭又称“贡鸭”，可分为腊板鸭和春板鸭两类。腊板鸭是从小雪到立春，即农历十月到十二月底加工的板鸭，这种板鸭品质最好，肉质细嫩，可以保存 3 个月时间；而春板鸭是用从立春到清明，即由农历一月至二月底加工的板鸭，这种板鸭保存时间较短，一般为1个月左右。

南京板鸭的特点是外观体肥、皮白、肉红骨绿（板鸭的骨并不是绿色的，只是一种形容的习惯语）；食用时具有香、酥、板（板的意义是指鸭肉细嫩紧密，南京俗称发板）、嫩的特色，余味回甜。

（1）工艺流程

原料选择→宰杀→浸烫褪毛→开膛取出内脏→清洗→腌制→成品

（2）操作要点

1）原料选择：选择健康、无损伤的肉用型活鸭，以两翅下有“核桃肉”、尾部四方肥为佳，活重在1.5 kg以上。活鸭在宰杀前要用稻谷（或糠）饲养一段时间（15～20 d）催肥，使膘肥、肉嫩、皮肤洁白，这种鸭脂肪熔点高，在温度高的情况下也不容易滴油，变哈喇；若以糠麸、玉米为饲料则皮肤淡黄，肉质虽嫩但较松软，制成板鸭后易收缩和滴油变味，影响气味。所以，以稻谷（或糠）催肥的鸭品质最好。

2）宰杀：

宰前断食：将育肥好的活鸭赶入待宰场，并进行检验将病鸭挑出。待宰场要保持安静状态，宰前12～24 h停止喂食，充分饮水。

宰杀放血：有口腔宰杀和颈部宰杀两种，以口腔宰杀为佳，可保持商品完整美观，减少污染。由于板鸭为全净膛，为了易拉出内脏，目前多采用颈部宰杀，宰杀时要注意以切断三管为度，刀口过深易掉头和出次品。

3）浸烫褪毛：

烫毛：鸭宰杀后5 min内褪毛，烫毛水温以63～65℃为宜，一般2～3 min。

褪毛：其顺序为先拔翅羽毛，次拔背羽毛，再拔腹胸毛、尾毛、颈毛，此称为抓大毛。拔完后随即拉出鸭舌，再投入冷水中浸洗，并拔净小毛、绒毛，称为净小毛。

4）开膛取内脏：鸭毛褪光后立即去翅、去脚、去内脏。在翅和腿的中间关节处两翅和两腿切除。然后再在右翅下开一长约4 cm的直型口子，取出全部内脏并进行检验，合格者方能加工板鸭。

5）清洗：用清水清洗体腔内残留的破碎内脏和血液，从肛门内把肠子断头、输精管或输卵管拉出剔除。清膛后将鸭体浸入冷水中2 h左右，浸出体内淤血，使皮色洁白。

6）腌制：

腌制前的准备工作：食盐必须炒熟、磨细，炒盐时每100 kg食盐加200～300 g茴香。

干腌：滤干水分，将鸭体人字骨压扁，使鸭体呈扁长方形。擦盐要遍及体内外。一般用盐量为鸭重的1/15。擦腌后叠放在缸中进行腌制。

制备盐卤：盐卤用食盐水和调料配制而成。因使用次数多少和时间长短的不同而有新卤和老卤之分。

新卤的配制：采用浸泡鸭体的血水，加盐配制，每100 kg血水，加食盐75 kg，放大锅内煮成饱和溶液，撇去血污与泥污，用纱布滤去杂质，再加辅料，每200 kg卤水放入大片生姜100～150 g、八角50 g、葱150 g，使卤具有香味，冷却后成新卤。

老卤：新卤经过腌鸭后多次使用和长期储藏即成老卤，盐卤越陈旧腌制出的板鸭风味越佳，这是因为腌鸭后一部分营养物质渗进卤水，每烧煮一次，卤水中营养成分浓厚一些，越是老卤，其中营养成分越浓厚，而鸭在卤中互相渗透、吸收，使鸭味道更佳。盐卤腌制

4～5 次后需要重新煮沸，煮沸时可适当补充食盐，使卤水保持咸度，通常为 22～25°Bé。

抠卤：擦腌后的鸭体逐只叠入缸中，经过 12 h 后，把体腔内盐水排出，这一工序称抠卤。抠卤后再叠大缸内，经过 8 h，进行第二次抠卤，目的是腌透并浸出血水，使皮肤肌肉洁白美观。

复卤：抠卤后进行湿腌，从开口处灌入老卤，再浸没老卤缸内，使鸭体全部腌入老卤中即为复卤，经 24 h 出缸，从泄殖腔处排出卤水，挂起滴净卤水。

叠坯：鸭体出缸后，倒尽卤水，放在案板上用手掌压成扁形，再叠入缸内 2～4 d，这一工序称"叠坯"，存放时，必须头向缸中心，再把四肢排开盘入筐中，以免刀口渗出血水污染鸭体。

排坯晾挂：排坯的目的是使鸭肥大好看，同时也使鸭子内部通气。将鸭取出，用清水净体，挂在木档钉上，用手将颈拉开，胸部拍平，挑起腹肌，以达到外形美观，置于通风处风干，至鸭子皮干水净后，再收后复排，在胸部加盖印章，转到仓库晾挂通风保存，2 周后即成板鸭。

7）成品：成品板鸭体表光洁，黄白色或乳白色，肌肉切面平而紧密，呈玫瑰色，周身干燥，皮面光滑无皱纹，胸部凸起，颈椎露出，颈部发硬，具有板鸭固有的气味。

## 4　有机中式火腿的加工

中式火腿是用整条带皮猪腿为原料经腌制、水洗和干燥，长时间发酵制成的肉制品。产品加工期近半年，成品水分低，肉紫红色，有特殊的腌腊香味，食前需另行熟制。中式火腿分为三种：南腿，以金华火腿为代表；北腿，以如皋火腿为代表；云腿，以云南宣威火腿为代表。南北腿的划分以长江为界。金华火腿历史悠久，驰名中外。相传起源于宋朝，早在公元 1100 年间，距今 900 多年前民间已有生产，早在清朝光绪年间，已畅销日本、东南亚和欧美等地。1915 年在巴拿马国际商品博览会上荣获一等优胜金质大奖。1985 年荣获中华人民共和国金质奖。它是一种具有独特风味的传统肉制品。产品特点：脂香浓郁，皮色黄亮，肉色似火，红艳夺目，咸度适中，组织致密，鲜香扑鼻，以色、香、味、形"四绝"为消费者称誉。本书以金华火腿的加工方法为例，介绍有机中式火腿的制作。

（1）金华火腿工艺流程

选料→修整→腌制→洗腿→晒腿→整形→发酵→修整→堆码

（2）加工工艺

1）鲜腿的选择：原料是决定成品质量的重要因素，没有新鲜优质的原料，就很难制成优质的火腿。传统金华火腿是选择金华"两头乌"猪的鲜后腿，皮薄爪细，腿心饱满，瘦肉多，肥膘少，腿坯重 5～7.5 kg，平均 6.25 kg 左右的鲜腿最为适宜。生产有机中式火腿可以参考前述选腿原则，使用有机猪肉。

2）修割腿坯：修整前，先用刮刀刮去皮面上的残毛和污物，使皮面光滑整洁。然后用削骨刀削平耻骨，修整坐骨，除去尾椎，斩去脊骨，使肌肉外露，再把过多的脂肪和附在肌肉上的浮油割去，将腿边修成弧形，腿面平整。再用手挤出大动脉内的瘀血，最后使猪腿成为整齐的柳叶形。

3）腌制：修整好腿坯后，即进入腌制过程。腌制是加工火腿的主要工艺环节，也是决定火腿质量的重要过程。金华火腌制系采用干腌堆叠法，用食盐和硝石进行腌制，腌制时需擦盐和倒堆6～7次，总用盐量占腿重的9%～10%，需30 d左右。根据不同气温，适当控制加盐次数、腌制时间、翻码次数，是加工金华火腿的技术关键。腌制火腿的最佳温度在0～10℃。以5 kg鲜腿为例，说明其具体加工步骤。

第一次上盐，俗称小盐、出血水盐。目的是使肉中的水分、瘀血排出。用150 g左右的盐撒在脚面上，敷盐要均匀，敷盐后堆叠时必须层层平整，上下对齐。堆码的高度应视气候而定。在正常气温下，以12～14层为宜，天气越冷，堆码越高。

第二次上盐又称大盐，即在小盐的翌日做第二次翻腿上盐。在上盐以前用手压出血管中的瘀血。必要时在三签头上放些硝酸钾。把盐从腿头撒至腿心，在腿的下部凹陷处用手指蘸盐轻抹，用盐量为250 g左右，用盐后将腿整齐堆叠。

第三次上盐，又称复三盐。在第二次上盐3 d后进行第三次上盐，根据鲜腿大小及三签处余盐情况控制用盐量。复三盐用量大约95 g，对鲜腿较大、脂肪层较厚、三签处余盐少者适当增加盐量。

第四次上盐又称复四盐。在第三次上盐7 d左右，进行复四盐。目的是经过下翻堆后调整腿质、温度，并检验三签处上盐溶化程度，如大部分已溶化需再补盐，并抹去腿皮上的粘盐，以防止腿的皮色发白无亮光。这次用盐75 g左右。

第五次或第六次上盐又称复五盐或复六盐。这两次上盐的间隔时间也都是7 d左右。目的主要是检查火腿盐水是否用得适当，盐分是否全部渗透。大型腿（6 kg以上）如三签头上无盐时，应适当补加，小型腿则不必再补。经过六次上盐后，腌制时间已30 d，小型腿可以挂出洗晒，大型腿进行第七次腌制。

从上盐的方法看，可以总结口诀为：头盐上滚盐，大盐雪花盐，三盐靠骨头，四盐守签头，五盐六盐保签头。

腌制火腿时应注意以下几个问题：

鲜腿腌制应根据先后顺序，依次按顺序堆叠，标明日期、只数。便于翻堆用盐时不发生错乱、遗漏；4 kg以下的小火腿应当单独腌制堆叠，避免和大、中火腿混杂，以便控制盐量，保证质量；腿上擦盐时要有力而均匀，腿皮上切忌擦盐，避免火腿制成后皮上无光彩；堆叠时应轻拿轻放，堆叠整齐，以防脱盐；如果温度变化较大，要及时翻堆更换食盐。

4）洗腿：鲜腿腌制后，腿面上残留的黏浮杂物及污秽盐渣，经洗腿后可保持腿的清洁，有助于火腿的色、香、味，也能使肉表面盐分散失一部分，使咸淡适中。洗腿前先用冷水浸泡，浸泡时间应根据腿的大小和咸淡来决定，一般需浸2 h左右。浸腿时，肉面向下，全部浸没，不要露出水面。洗腿时按脚爪、爪缝、爪底、皮面、肉面和腿尖下面，顺肌纤维方向依次洗刷干净，不要使瘦肉翘起，然后刮去皮上的残毛，再浸漂在水中，进行洗刷，最后用绳吊起送往晒场挂晒。

5）晒腿：将腿挂在晒架上，用刀刮去剩余细毛和污物，约经4 h，待肉面无水微干后打印商标，再经3～4 h，腿皮微干肉面尚软时开始整形。

6）整形：所谓整形就是在晾晒过程中将火腿逐渐校成一定形状。整形要求做到小腿伸直，腿爪弯曲，皮面压平，腿心丰满和外形美观，而且使肌肉经排压后更加紧缩，有利于储藏发酵。整形晾晒适宜的火腿，腿形固定，皮呈黄色或淡黄，皮下脂肪洁白，肉面呈紫红色，腿面平整，肌肉坚实，表面不见油迹。

7）发酵：火腿经腌制、洗晒和整形等工序后，在外形、质地、气味、颜色等方面尚没有达到应有的要求，特别是没有产生火腿特有的风味，与腊肉相似。因此必须经过发酵过程，一方面使水分继续蒸发，另一方面使肌肉中蛋白质、脂肪等发酵分解，使肉色、肉味、香气更好。将腌制好的鲜腿晾挂于宽敞通风、地势高而干燥的库房木架上，彼此相距 5～7 cm，继续发酵 2～3 个月，肉面上逐渐长出绿、白、黑、黄色霉菌（或腿的正常菌群），这时发酵基本完成，火腿逐渐产生香味和鲜味。因此，发酵好坏和火腿质量有密切关系。

8）修整：火腿发酵后，水分蒸发，腿身逐渐干燥，腿骨外露，需再次修整，即发酵期修整。一般是按腿上挂的先后批次，在清明节前后即可逐批刷去腿上发酵霉菌，进入修整工序。修整工序包括修平耻骨、修正股骨、修平坐骨，并从腿脚间上割去脚皮，达到腿正直，两旁对称均匀，腿身呈柳叶形。

9）堆码：经发酵整形后的火腿，视干燥程度分批落架。按腿的大小，使其肉面朝上，皮面朝下，层层堆叠于腿床上。堆高不超过 15 层。每隔 10 d 左右翻倒 1 次，结合翻倒将流出的油脂涂于肉面，使肉面保持油润光泽而不显干燥。堆叠过夏的火腿就称为陈腿，风味更佳，此时火腿重量为鲜腿重的 55%～65%。火腿可用真空包装，于 20℃下可保存 3～6 个月。

## 5　有机西式火腿

西式火腿大都是用大块肉经整形修割（剔去骨、皮、脂肪和结缔组织）、盐水注射腌制、嫩化、滚揉、充填，再经熟制、烟熏（或不烟熏）、冷却等工艺制成的熟肉制品。加工过程只需 2 d，成品水分含量高，嫩度好。西式火腿种类繁多，虽加工工艺各有不同，但其腌制都是以食盐为主要原料，而加工中其他调味料用量甚少，故又称之为盐水火腿。由于其选料精良，加工工艺科学合理，采用低温巴氏杀菌，故可以保持原料肉的鲜香味，产品组织细嫩，色泽均匀鲜艳，口感良好。

（1）工艺流程

选料及修整→盐水配制及注射→滚揉或按摩→充填→蒸煮与冷却

（2）操作要点

1）原料肉的选择及修整：用于生产火腿的原料肉原则上仅选猪的臀腿肉和背腰肉，猪的前腿部位肉品质稍差。若选用热鲜肉作为原料，需将热鲜肉充分冷却，使肉的中心温度降至 0～4℃。如选用冷冻肉，宜在 0～4℃冷库内进行解冻。

选好的原料肉经修整，去除皮、骨、结缔组织膜、脂肪和筋腱，成为纯精肉，然后按肌纤维方向将原料肉切成不小于 300 g 的大块。修整时应注意，尽可能少地破坏肌肉的纤维组织，刀痕不能划得太大、太深，并尽量保持肌肉的自然生长块型。

PSE 肉[①]保水性差，加工过程中的水分流失大，不能作为火腿的原料；DFD[②]肉虽然保水性好，但 pH 高，微生物稳定性差，且有异味，也不能作为火腿的原料。

2）盐水配制及注射：注射腌制所用的盐水，主要组成成分包括食盐、亚硝酸钠、糖、磷酸盐、抗坏血酸钠及防腐剂、香辛料、调味料等。按照配方要求将上述添加剂用 0～4℃

① PSE 肉是“pale soft exudative meat”的缩写，俗称水猪肉。

② DFD 是“dark, firm and dry”的缩写。PSE 肉和 DFD 肉都是劣质肉。

的软化水充分溶解，并过滤，配制成注射盐水。

3）滚揉或按摩：将经过盐水注射的肌肉放置在一个旋转的鼓状容器中，或者放置在带有垂直搅拌桨的容器内进行处理的过程称之为滚揉或按摩。滚揉的方式一般分为间歇滚揉和连续滚揉两种。间歇滚揉一般采用每小时滚揉 5～20 min，停机 40～55 min，连续进行 16～24 h 的操作。连续滚揉多为集中滚揉两次，首先滚揉 1.5 h 左右，停机腌制 16～24 h，然后再滚揉 0.5 h 左右。

4）充填：滚揉以后的肉料，通过真空火腿压模机将肉料压入模具中成型。一般充填压模成型要抽真空，其目的在于避免肉料内有气泡，造成蒸煮时损失或产品切片时出现气孔现象。火腿压模成型，一般包括人造肠衣成型和塑料膜压膜成型两类。人造肠衣成型是将肉料用充填机灌入人造肠衣内，用手工或机器封口，再经熟制成型。塑料膜压模成型是将肉料充入塑料膜内再装入模具内，压上盖，蒸煮成型，冷却后脱膜，再包装而成。

5）蒸煮与冷却：火腿的加热方式一般有水煮和蒸汽加热两种方式。金属模具火腿多用水煮方法加热，充入肠衣内的火腿多在全自动烟熏室内完成熟制。为了保持火腿的颜色、风味、组织形态和切片性能，火腿的熟制和热杀菌过程，一般采用低温巴氏杀菌法，即火腿中心温度达到 68～72℃即可。当肉的卫生品质偏低时，温度可稍高，以不超过 80℃为宜。

蒸煮后的火腿应立即进行冷却，采用水浴蒸煮法加热的产品，是将蒸煮篮重新吊起放置于冷却槽中用流动水冷却，冷却到中心温度 40℃以下。用全自动烟熏室进行煮制后，可用喷淋冷却水冷却，水温要求 10～12℃，冷却至产品中心温度 27℃左右，送入 0～7℃冷却间内冷却到产品中心温度至 1～7℃，再脱模进行包装即为成品。

## 思考题

1. 试述腌腊制品的种类及其特点。
2. 肉类腌制的方法有哪些？
3. 腌腊制品加工中的关键技术是什么？
4. 试述咸肉和腊肉加工的异同点。
5. 试述中式火腿和西式火腿加工的异同点。
6. 试述南京板鸭加工工艺及操作要点。

## 任务 5 有机灌肠肉制品的加工

灌肠肉制品是用鲜（冻）畜、禽、鱼肉经腌制（或不腌制），斩拌或绞碎而使肉成为块状、丁状或肉糜状态，再配上其他辅料，经搅拌或滚揉后充填入天然肠衣或人造肠衣中，经烘烤、烟熏、蒸煮、冷却或发酵等工序制成的产品。这类产品的特点是可以根据消费者的爱好，加入各种调味料，从而具有不同风味。

## 1　分类与特征

灌肠肉制品，品种繁多，口味不一，还没有一个统一的分类方法。根据目前我国各生产厂家的灌肠肉制品加工工艺特点，大体可分为以下几种类别。

（1）生鲜灌肠制品

用新鲜肉，不经腌制，不加发色剂，只经绞碎，加入调味料，搅拌均匀后灌入肠衣内，冷冻储藏，食用前需熟制。如新鲜猪肉香肠。

（2）烟熏生灌肠制品

用腌制或不腌制的原料肉，切碎，加入调味料后搅拌均匀灌入肠衣，然后烟熏，不熟制，食用前熟制即可。如生萨拉米香肠、广东香肠等。

（3）熟灌肠制品

用腌制或不腌制的肉类，绞碎或斩拌，加入调味料后，搅拌均匀灌入肠衣，熟制而成。有时稍微烟熏，一般无烟熏味。如泥肠、茶肠、法兰克福肠等。

（4）烟熏熟灌肠制品

肉经腌制、绞碎或斩拌、加入调味料后灌入肠衣，然后熟制和烟熏。如哈尔滨红肠、香雪肠。

（5）发酵灌肠制品

肉经腌制、绞碎，加入调味料后灌入肠衣内，可烟熏或不烟熏，然后干燥、发酵，除去大部分的水分。如萨拉米香肠等。

（6）粉肚灌肠制品

原料肉取自边脚料，腌制、绞切成丁，加入大量的淀粉和水，充填入肠衣或猪膀胱中，再熟制和烟熏。如北京粉肠、小肚等。

（7）特殊制品

特殊制品是用一些特殊原料，如肉皮、麦片、肝、淀粉等，经搅拌，加入调味料后制成的产品。

（8）混合制品

以畜肉为主要原料，再加上鱼肉、禽肉或其他动物肉等制成的产品。

我国市场上灌肠类产品名称杂乱，常见肠类制品有：风干肠、香肠、腊肠、火腿肠、烤肠、哈尔滨红肠等。无论是腊肠还是灌肠，其英文名字都为“sausage”，即香肠的意思。习惯上把我国传统加工方法制成的肠制品叫“香肠”，又因过去大多在农历十二月（腊月）生产，所以又称其为“腊肠”；把西方传入的方法加工制成的肠制品叫灌肠；把用膀胱包装的肉制品叫香肚或小肚。西式肠类制品起源于罗马时代，传入我国已有100多年历史。西式肠类制品是世界上产量最高、品种最多的肉制品。

另外，结合我国国情，《肉制品分类》（GB/T 26604—2011）对肠类肉制品重新进行了分类和定义，如表1所示。

表 1 肠类制品分类

| 种类 | 品类 |
|---|---|
| 火腿肠类 | 猪肉肠、鸡肉肠、鱼肉肠等肉类制品 |
| 熏煮香肠类 | 热狗肠、法兰克福香肠、维也纳香肠、啤酒香肠、红肠、香肚、无皮肠、香肠、血肠等肉类制品 |
| 中式香肠类 | 风干肠、腊肠、腊香肚等肉类制品 |
| 发酵香肠类 | 萨拉米香肠等肉类制品 |
| 调制香肠类 | 松花蛋肉肠、肝肠、血肠等肉类制品 |
| 其他肠类 | 台湾烤肠等肉类制品 |

## 2 有机生鲜灌肠制品的加工

有机生鲜灌肠制品是使用新鲜、优质有机肉做原料，辅料有脂肪、填充料（如面包细屑、面包、面粉等）、水和调味料等。制作时不腌制，原料肉经绞碎后加入调味料，充填入肠衣内。肠衣一般用羊肠衣或可食用的胶原肠衣。产品必须在冷藏条件下储藏，先在–30℃的结冻库中急速冷冻，然后储藏。短期的储藏温度可在–5.5～–3.5℃。这类产品包括图林根鲜猪肉肠、基尔巴萨香肠、搏克香肠等。这类香肠除用肉为原料外，还混合其他食品原料，如猪头肉、猪内脏加土豆、淀粉、面包渣等制成的鲜香肠；牛肉加鸡蛋或面包渣或饼干粉制成的香肠；猪肉、牛肉再加鸡蛋、面粉的混合香肠；猪肉、牛肉加西红柿和椒盐饼干粉制成的西红柿肠；猪肉、牛肉、油脂加米粉的香肠；等等。这类香肠由于本身含水分多，组织柔软又没经过加热杀菌工序，所以一般不能长期储藏。消费者食用时，还需自己再加工制作。

（1）工艺流程

原料选择→绞碎瘦肉、脂肪切丁→斩拌→灌制→结扎→冷冻储藏

（2）配方

有机瘦猪肉 12 kg、肉豆蔻粉 62 g、猪背部脂肪 3 kg、细面包屑 3 kg、姜粉 31 g、冷水 4 kg、白胡椒粉 62 g、食盐 250 g。

（3）技术要领

1）原料选择：猪肉要求新鲜而富有弹性。最好选择大腿肉及臀部的肉，这些部位瘦肉多而结实，结缔组织少，颜色也较好。各种辅料应根据产品的配方要求进行选择。另外，还要准备好灌肠用的灌肠器具（铁管或塑料管）及结扎用的细绳等用品。

2）绞碎瘦肉：将瘦猪肉通过绞肉机（5 mm 的孔板）绞碎；

3）脂肪切丁：将肥肉（肥膘）按规格要求切成 0.8～1 cm 的肉丁，切好的瘦肉和肥肉丁应分别存放；

4）斩拌：将瘦肉放入斩拌机，加入调味料斩拌，然后调入细面包屑，最后加入脂肪丁，搅拌均匀；

5）灌制：充填入肠衣中，结扎，然后冷冻。

（4）质量控制

1）感官指标：肠衣干燥且紧贴肉馅，无黏液，无霉点，无异味，无酸败味，坚实或有弹性。切面肉馅有光泽，具有香肠固有的风味。

2）微生物指标：细菌总数≤$2\times10^4$ cfu/g，大肠菌群≤30 MPN/100 g，致病菌不得检出。

## 3 有机烟熏生灌肠制品

生熏香肠是西式香肠中的一种，使用的原料与生鲜香肠完全相同，可使用所有的可食性动物食品作原料，还要添加调味料和填充料，属于乳糜型肠类制品。与生鲜香肠不同的是要经过腌制，然后再绞碎调味，之后充填入肠衣中，最后烟熏。烟熏的条件一般不超过75℃，时间为1～2 h。若要求产品水分含量低，表面有皱褶，则需60～65℃熏6～8 h。该类产品要冷藏，食用前要蒸煮。

## 4 熟灌肠制品

用经腌制或未经腌制的肉块，经搅碎、调味、充填入肠衣中，再进行水煮，有时稍微烟熏，即成香肠成品。这种肠最为普通，占整个灌肠生产的一大部分。欧洲一般以畜禽的肝、肺、舌、头肉等作为原料，因为这些原料很易受细菌污染，因而制作过程中必须先加热，与其他调味料混合后灌入肠衣，再作进一步的烟熏、蒸煮处理。其中典型的产品有肝肠、血肠和舌肠。这类产品有的由于含有大量的胶原蛋白，产品的弹性、质地较好，韧度强，有的产品质地较松软，可以涂抹在面包上食用，往往作为早餐香肠，在欧美诸国较为普遍，我国不常见。

## 5 烟熏熟灌肠制品

烟熏熟灌肠制品，也叫熏煮香肠，是以畜禽肉为原料，经腌制（或不腌制）、斩拌或绞碎而使肉成为块状、丁状或肉糜状态，再配上其他辅料，经搅拌或滚揉后而灌入天然肠衣或人造肠衣内经烘烤、烟熏、熟制而制成的熟灌肠制品。包括热狗肠、法兰克福香肠、维也纳香肠、啤酒香肠、红肠、香肚、无皮肠、香肠、血肠等肉类制品。这类香肠是目前世界上产量最大和品种最多的一类。此类香肠的加工都有乳化工艺，因此也称乳化香肠。

### 5.1 有机维也纳香肠

维也纳香肠也叫小红肠、热狗肠，味道鲜美，风行全球。将小红肠夹在面包中就是著名的快餐食品——热狗。维也纳香肠是一种腌制、熏制和煮熟的香肠。它是一种即食香肠，也可以煮、炸或烤食用。维也纳香肠起源于大约300年前的奥地利维也纳，德国移民将这项技术带到了美国。随着贸易加深，世界各国都根据当地饮食习惯进行了改良，所以品种繁多。目前，法兰克福香肠、维也纳香肠或热狗肠这些术语几乎可以互换。最大的不同是，现如今大量生产的香肠与以往的高品质香肠毫无共同之处，主要差别在配方上。

（1）配方

有机牛肉55 kg、有机猪精肉20 kg、有机奶脯肉25 kg、淀粉5 kg、胡椒粉190 g、玉果粉130 g、食盐3.5 kg、18～20 mm羊肠衣，每根肠长12～14 cm。

（2）主要工艺

预腌→预绞→斩拌→灌肠→打结→烘烤→蒸煮

1）预腌和预绞：原料肉应新鲜，并经兽医卫生检验合格，视具体情况对原料肉进行预腌和预绞。操作温度8～10℃。

2）斩拌：应在低温下进行斩拌，肉糜的温度在10℃左右。目前，许多工厂采用真空高速斩拌技术，这有利于提高产品的质量，特别是可使肉品的色泽和结构有所改善。

3）灌肠、打结：生的香肠肉糊可灌入天然或人工肠衣中。灌肠时要尽量灌满，每根香肠的直径、长度和密度要尽量一致，以便于零售。维也纳香肠使用的羊肠衣直径通常为20 mm左右。香肠打结多采用自然扭结，也有使用金属铝丝打结的，这要视肠衣的种类和香肠大小而定。

4）烘烤：香肠灌好后，就可以入烟熏室进行烘烤和烟熏。温度一般控制在50～80℃，时间为1～3 h。

5）蒸煮：烘烤后的肠子再进行蒸煮，蒸煮时的温度为80～95℃，时间为1～1.5 h。然后移出蒸锅，冷却后即为成品。

## 5.2 有机法兰克福香肠

（1）配方

主料：有机牛肉60 kg、有机猪肉20 kg、猪肉脂肪20 kg。

每千克肉馅的配料：盐18 g、红辣椒粉2.0 g、白胡椒粉2.0 g、香菜2.0 g、肉豆蔻1.0 g、冷水150 mL（或者等量冰屑）。

（2）工艺流程

瘦肉和脂肪通过3 mm筛孔直径的绞肉机绞碎，将瘦肉和脂肪配料分开存放。将牛瘦肉与所有调味料混合，加入1/3冷水搅拌均匀。加入猪瘦肉和1/3的冷水，搅拌均匀。加入脂肪配料和最后1/3的水，混合在一起。肉泥灌入羊肠衣中，形成10～12 cm肠节，在室温下放置1 h，表皮干爽。用60～70℃的热烟熏大约40 min，直到变成棕色。在75℃的水中煮15～20 min，直到肉内温度达到68～70℃。出锅后，冷水冲洗5 min，室温冷却后，冷冻储藏。

## 5.3 哈尔滨红肠

红肠，原产于东欧立陶宛，后传播至欧洲其他国家，尤其是俄罗斯，属中温风干肠类型。由于立陶宛濒临波罗的海，气候湿润，不便于风干，且森林资源丰富，为加速该产品的风干，当地用木屑熏烤。木材燃烧过程产生一种富含酚类、羰基化合物的混合气体，可大量杀伤微生物，大大延长了肠的保质期，久而久之形成了一种具有熏烤的芳香之味的特色香肠。该民族家家有壁炉，面包、香肠为自烤自食。红肠是用猪肉、淀粉、大蒜等材料加工制作的香肠，因颜色火红得名。其味道醇厚、鲜美。中东铁路修建后，由沙俄引进我国，历经百年的演变，为适合我国人民的口感需求，其配方和工艺发生了很多变化，形成特有风味，成为东北的哈尔滨、佳木斯、七台河、满洲里等地特产，以哈尔滨所产红肠最为著名，是中国著名特产之一，在全国各地均有销售。哈尔滨红肠主要可分为哈尔滨秋林食品红肠、哈尔滨秋林里道斯红肠、哈肉联红肠、哈尔滨商委红肠、哈尔滨农大红肠，各自都具有不同的特色。利用有机肉可以生产有机哈尔滨红肠。

（1）配方

配方一：有机精瘦肉90 kg、有机生猪油10 kg、有机淀粉20 kg，加配料精盐3.3 kg、味精300 g、五香粉250 g，肠衣用猪小肠，所配长度约300 m。

配方二：精瘦肉30 kg、肥肉20 kg、牛肉50 kg、淀粉10 kg、蒜300 g、胡椒粉100 g。

（2）主要工艺

腌制→绞碎→斩拌→灌肠→烘烤→煮制

1）腌制：将原料肉用盐腌制，使盐分混合均匀地进入肉体。按照上述配料计算，一般加盐量为肉重的 3%～5%。同时加入盐重 5%的食用硝，瘦肉先削皮剔骨，和肥肉分别腌制，揉搓均匀后，置于 3～4℃冰箱（库）内冷藏 2～3 d。

2）绞碎和斩拌：将腌制过的肉切成肉丁加上配料，装进绞肉机绞碎，然后倒入经清水溶解过的淀粉中拌匀，肥肉丁或猪肉这时也可加入。肉馅充分搅拌，边搅边加清水，加水量为肉重的 30%～40%，以肉馅带黏性为准。

3）灌肠：用灌肠机将肉馅灌入肠衣内，灌肉后每隔 20 cm 左右为一节，节间用细绳扎牢。

4）烘烤：将红肠放进烘箱内烘烤，烘烤温度掌握在 65～80℃，烘烤时间按肠衣细粗在 0.5～1 h。烘烤标准以肠衣呈干燥，肉馅呈红色为佳。烘烤可以采用烟熏室，将果木不完全燃烧产生白色熏烟进行熏制，制品具有特色烟熏味。近年来因为人们担心烟熏制品对身体有危害，不少企业将烟熏环节删去。

5）煮制：将红肠水煮，水煮温度为 80℃，水煮时间因肠衣种类而不同，羊肠 10～15 min，猪肠 20～30 min，牛肠 0.5～1.0 h。水煮标准是肠体发硬，有弹性即成。

6）煮制后冷却、包装。

注意事项：

①生产乳化型香肠应尽可能地选用新鲜原料，以提高产品的质量和出品率。

②根据季节条件，在斩拌时，可适量地使用冰水。

③要将原料肉中的瘀血和过多的筋腱剔除。

④斩拌后要立即灌肠，以免肠馅堆积变质。

⑤为了保持成品美观，灌肠后，最好用清水将肠体冲洗一遍。

⑥熏烤时，炉温要缓慢升高，肠体要与炭火保持一定距离，以防肠体受热过度。

## 6　发酵灌肠制品

### 6.1　意大利式萨拉米香肠

配料：牛去骨肩肉 20 kg、冻猪肩修整瘦肉 48 kg、冷冻猪背肋修整碎肉 20 kg、肩部脂肪 12 kg、食盐 3.4 kg、整粒胡椒 31 g、亚硝酸钠 8 g、鲜蒜 63 g、乳杆菌发酵剂。

另外，408 kg 香肠原料需添加红葡萄酒 2.28 L、整粒肉豆蔻 1 个、丁香 35 g、肉桂 14 g。

工艺要点：将肉豆蔻、丁香和肉桂放在袋内与酒一起在低沸点温度下煮 10～15 min，然后过滤冷却，把酒与腌制剂、胡椒和大蒜一起混合。牛肉通过 3.2 mm 孔板、猪肉通过 12.7 mm 孔板的绞肉机绞碎并与所有配料一起搅拌均匀。肠馅充填到猪直肠内，悬挂在储藏间干燥 36 h。待肠衣干后，把香肠的小端用绳结扎起来，每 12.7 cm 长系一个扣，然后吊挂在 10℃的干燥室内 9～10 周。

### 6.2　德式萨拉米香肠

配料：牛去骨肩肉 50 kg、猪修整碎肉 50 kg、食盐 3.4 kg、糖 1.4 kg、白胡椒 187 g、

亚硝酸钠 8 g、大蒜 63 g、片球菌/乳杆菌发酵剂混合物。

工艺要点：牛肉通过 3.2 mm、猪肉通过 12.7 mm 孔板绞肉机绞碎，与调味剂和腌制剂、发酵剂一起搅拌。腌制后将肠馅充填到直径 89 mm、长约 51 cm 的肠衣内。充填后用细绳每隔 5 cm 系成环状并牵引肠衣使香肠成扇形。香肠通常进行干燥，也可稍微熏制。

## 7 火腿肠

目前火腿肠执行的标准是《火腿肠》（GB/T 20712—2006），该标准对火腿肠的定义进行了详细的描述。火腿肠（ham sausage），也称为高温蒸煮肠（autoclaved hamsausage），指以鲜或冻畜、禽、鱼肉为主要原料，经腌制、搅拌、斩拌（或乳化）、灌入塑料肠衣、高温杀菌制成的肉类灌肠制品。在该标准中除了对火腿肠进行了明确的定义，还对产品的感官指标、微生物指标和理化指标进行了详细的描述和规定。

由 GB/T 20712—2006 的定义可以看出，火腿肠生产是以畜、禽、鱼肉作为主要原料，因此按其使用原料种类的不同，并结合目前国内市场上常见的火腿肠，大致可把火腿肠分为五大类：①猪肉类火腿肠，由于其在国内火腿肠市场上占主导地位，因此被简称火腿肠，我们一般所说的火腿肠指的就是该类产品；②鸡肉类火腿肠，简称为鸡肉肠；③鱼肉类火腿肠，简称为鱼肉肠；④牛肉类火腿肠，简称为牛肉肠；⑤羊肉类火腿肠，简称为羊肉肠。根据产品的加工工艺不同及原料在火腿肠中存在的形式，每种原料的火腿肠又可以分成两个子类：颗粒型（原、辅材料按照一定的加工工艺加工后成品中的原料肉以颗粒的形式存在）和乳化型（原、辅材料按照一定的加工工艺加工后，成品的原料肉以肉糜的形式均匀分布在产品中，一般无肉眼可见肉颗粒）。

另外根据消费者消费水平的差异，每个子类的火腿肠依据产品本身档次的高低，可分为高、中、低档产品，即按照 GB/T 20712—2006 中对产品的蛋白质、水分、脂肪、淀粉含量等理化指标分成 4 个级别：特级火腿肠、优级火腿肠、普通级火腿肠、无淀粉火腿肠。

此外，随着火腿肠发展的日趋成熟，个性化消费人群也越来越多，从而加剧了市场细分化的进程，赋予火腿肠新的功能性和差异化将成为火腿肠发展的趋势，因此根据其功能性又可以把火腿肠划分为以下三种：

1）普通型：针对普通消费群体的产品，目前市场上无特殊标志的火腿肠一般就是大众型；

2）创新型火腿肠：指在火腿肠中加入一些非肉类的原料或利用特殊的加工工艺，赋予产品全新的口味和特色，如双汇香辣王和双汇夹心火腿肠；

3）营养强化型：指在产品中强化人体新陈代谢所必需的一些微量元素和维生素的火腿肠，如强化钙、铁、锌的火腿肠。

火腿肠的加工工艺和操作要点如下：

（1）工艺流程

原料肉的处理→绞肉→斩拌→填充→灭菌

（2）操作要点

原料肉的处理：选择经兽医卫检合格的热鲜肉或冷冻肉，经修整处理去除筋、腱、碎骨与污物，用切肉机切成 5～7 cm 宽的长条后，按配方要求将辅料与肉拌匀，送入（2±2）℃的冷库内腌制至终点。

绞肉：将腌制好的原料肉，送入绞肉机，用筛孔直径为 3 mm 的筛板绞碎。

斩拌：将绞碎的原料肉倒入斩拌机的料盘内，开动斩拌机用搅拌速度转动几圈后，加入冰屑的 2/3，高速斩拌至肉馅温度 4～6℃，然后添加剩余数量的冰屑斩拌，直到肉馅温度低于 14℃，最后用搅拌速度转几圈，以排除肉馅内的气体。斩拌时间视肉馅黏度而定。斩拌过度和不足都将影响制品质量。

填充：将斩拌好的肉馅倒入充填机料斗，按照预定充填的重量，充入聚偏二氯乙烯（PVDC）肠衣内，并自动打卡结扎。

灭菌：填充完毕经过检查的肠坯（无破袋、夹肉、弯曲等）排放在灭菌车内，顺序推进灭菌锅进行灭菌处理。规格为 58 g 的火腿肠，其灭菌参数为：15—23—20/121℃（反压 2.0～2.2 kg/cm$^2$）。灭菌处理后的火腿肠，经充分冷却，贴标签后，按出产日期和品种规格装箱，并入库或发货。

## 8　中式香肠类

中式香肠是以猪肉为主要原料，经切碎或绞碎成丁，同食盐、硝酸盐、糖、曲酒、酱油等辅料腌制后，充入可食性肠衣中，经晾晒、风干或烘烤等工艺制成的肠制品。食用前需经热加工，产品中不允许添加淀粉、血粉、色素及其他非肉组分。香肠是我国肉类制品中品种最多的一大类产品，也是我国著名的传统风味肉制品。产品具有典型的酒香和腊香味，是我国人民所喜爱的传统产品。在我国，中式香肠全国各地均有生产，其中广式香肠、如皋香肠、四川香肠等较为著名。因此本书以广式香肠、如皋香肠为代表，介绍中式香肠的配方及加工工艺。

### 8.1　有机广式香肠的加工

广式香（腊）肠是以鲜（冻）肉为原料，加入辅料，经腌制、灌肠、晾晒、烘烤等工序加工而成，具有广式特色的生干腊肠，以“皇上黄”最为有名，其外形美观，色泽鲜亮，香醇可口，曾数次被评为优质产品。

（1）原料

选用有机新鲜或冻猪前后腿肉，以每 100 kg 原料计，瘦肉占 70%，肥肉占 30%。

（2）配方

食盐 2.8～3 kg、一级生抽 2～3 kg、糖 9～10 kg、50%酒精（体积分数）以上的汾酒 3～4 kg，另备口径 28～30 mm 的猪小肠衣适量。

（3）加工工艺

1）原料整理：将选好的猪的前后腿肉，分割后去除筋、腱、结缔组织，分别切成 10～12 mm 的瘦肉丁和 9～10 mm 的肥肉丁，用 35℃的温水冲洗油渍、杂物，使肉粒干爽。

2）拌馅：将皮、肥肉丁倒入拌馅机中，按配方要求加入辅料和清水，搅拌均匀。此时需要注意的是：拌馅的目的在于“匀”，拌匀为止，但要防止搅拌过度，使肉中的盐溶性蛋白质溶出，影响产品的干燥脱水过程。

3）灌肠：拌好的肉馅用灌肠机灌入猪的小肠衣中，每隔一定间距打结。灌制要适度，过紧会胀破肠衣，过松影响成品的饱满结实度。然后针刺肠身，将肠内空气和多余的水分排出，再用清水清洗表面油腻、余液，使肠身保持清洁。

4）晾晒和烘烤：湿肠依次分别挂在竹竿上。将悬挂好的香肠放在日光下暴晒 2～3 d。在日晒过程中，有胀气处应针刺排气。晚间送入烘烤房内烘烤，温度保持在 40～60℃。温度过高易脂肪融化，同时瘦肉也会烤熟。这不仅降低了成品率，而且色泽变暗；温度过低又难以干燥，易引起发酵变质。因此，必须注意温度的控制。一般经过 3 昼夜的烘晒即完成，然后再晾挂到通风良好的场所风干 10～15 d 即为成品。

家庭传统制作将悬挂好的湿肠放在日光下暴晒 2～3 d，再在通风处凉挂 10～15 d 即为成品。在日晒过程中，如阳光强烈，则每隔 2～3 h 转竿一次；阳光不强，则 4～5 h 转竿一次。转竿是指将串在竹竿上的香肠上下翻转，以便晒得均匀。制品验收符合《中式香肠》（GB/T 23493—2009）要求。

## 8.2 有机如皋香肠

如皋香肠生产始于清光绪年间（1875—1908 年），至今已有 100 多年历史。清末获南洋劝业会二等奖。如皋香肠条形整齐、肉质紧密、色泽鲜艳、咸甜适度、香味浓郁、营养丰富，精肉嚼而不老，肥肉油而不腻，可与广式香肠媲美，也称如式香肠。江苏长寿集团（原如皋肉联厂）继承和发扬传统工艺，精心研制新配方，所生产如皋牌香肠享誉国内外。

（1）原料

采用经兽医卫生检验、健康无病的有机猪肉，不得采用槽头肉等下脚料，其肥度比例为瘦肉 75%～80%、肥膘 20%～25%，肠衣采用口径为 32～34 mm 的猪小肠衣。

（2）配方

以每 100 kg 原料计：有机白糖 6 kg、50°～60°曲酒 0.5 kg、食盐 3.5 kg、葡萄糖 1 kg。

（3）加工工艺

1）原料整理：将选好的原料去皮、去膝、剔尽骨头，修去筋膜、肌腱，再将皮肉和肥膘分别切成 1～1.2 cm 见方的小方丁。

2）拌馅：将切好的瘦肉和肥肉丁放入容器内，将食盐撒在肉面上，充分拌匀后静置 30 min，再放入糖、曲酒等其他辅料，拌匀后即可灌肠。

3）灌肠：用清水将肠衣漂洗干净，利用灌肠机将肠馅灌入肠衣内，用针在肠身上截孔放出空气，用手挤抹肠身使其粗细均匀、肠馅结实，两头用花线扎牢，悬挂于竹竿上以待晾晒。

4）晾晒：将香肠置于晾晒架上晾晒，香肠之间保持一定距离，以利通风透气。一般冬季晾晒 10～12 d、夏季 6～8 d，晾晒至瘦肉干、肠衣皱、重量为原料重量的 70%左右即可。

5）入库晾挂保管：将晾好的香肠放入通风良好的库房内晾挂 20～30 d，使其缓慢成熟和干燥，产生特有的香味，包装即为成品。

## 思考题

1．试述肠制品的概念和种类。

2．简述香肠和灌肠的主要区别。

3．试述中式香肠的加工工艺及质量控制。

4．试述熟制灌肠加工的基本工艺及质量控制。

5. 香肠制作过程中滚揉的作用和目的是什么？

6. 有机肉制品中是否可以使用亚硝酸钠，如果可以，如何使用？

7. 若使用红曲代替亚硝酸钠为着色剂，产品有什么区别？

# 任务 6　有机肉罐头的加工

## 1　罐头加工概述

食品的罐藏是将经过一定处理的食品密封在容器中，经杀菌处理，在室温下长期储藏的保藏方法。罐头食品（canned food/tinned food）：以水果、蔬菜、食用菌、畜禽肉、水产动物等为原料，经加工处理、装罐、密封、加热杀菌等工序加工而成的商业无菌的罐装食品。此类商品因为密封在容器中并经杀菌而在室温下能够较长时间保存。

罐头食品制造应符合的两个条件：

1）食物必须在不漏气的容器中密封，以防止产品杀菌后再受污染。

2）食物必须要在一定的温度下加热一段时间，使产品达到商业无菌要求。

我国的罐头食品的生产加工要求符合《食品安全国家标准　罐头食品》（GB 7098—2015）。根据我国国家标准，以及美国发布的《保证良好生产法规》中 21CFR 部分 128b 条中的“热杀菌低酸性封口罐头食品”，本书将商业无菌定义为：罐头食品经过适度的热杀菌后，不含有致病性微生物，也不含有在通常温度条件下能在罐头中繁殖的非致病性微生物的状态。

实现商业灭菌的三种途径：

1）先罐装密封后，再加热杀菌、冷却。现在被大多数的蔬菜、水果、肉、禽、水产类罐头所采用，是一种最普通的方法。

2）先加热，再装入容器密封、冷却。用得较少，适用于液体组分较多的食品。

3）先加热杀菌冷却，再在无菌条件下装入已灭菌的容器中密封。主要用于牛奶制品、果汁饮料、豆奶等液体食品中，如纸盒装的果汁、豆奶等。

衡量产品是不是罐头食品，取决于产品的制造过程。根据产品是否进行了密封包装，是否进行了商业杀菌处理加以判定。如瓶装的豆瓣酱、辣酱，罐装的碳酸饮料等，因为这些产品可能装在密封的罐藏容器中，但没有达到商业无菌的要求，所以此类商品不属于罐头食品。

## 2　罐头生产实训案例

### 2.1　有机原汁猪肉罐头

原汁猪肉罐头最大限度地保持了原料肉特有的色泽和风味，产品清淡，食之不腻，深受群众喜爱。

（1）工艺流程

原料肉的处理→切块→制猪皮粒→拌料→装罐→排气和密封→杀菌和冷却→成品

（2）原料辅料

有机猪肉 100 kg、食盐 0.85 kg、白胡椒粉 0.05 kg、猪皮粒 4～5 kg。

（3）加工工艺

1）原料肉的处理：除去毛污、皮，剔去骨，控制肥膘厚度在 1～1.5 cm，保持肋条肉和腿部肉块的完整，除去颈部刀口肉、奶脯肉及粗筋腱等组织。将前腿肉、肋条肉、后腿肉分开放置。

2）切块：将猪肉切成 3.5～5 cm 小方块，大小要均匀，每块重 50～70 g。

3）制猪皮粒：取新鲜的猪背部皮，清洗干净后，用刀刮去皮下脂肪及皮面污垢，然后切成 5～7 cm 宽的长条，放在–5～–2℃条件下冻结 2 h，取出用绞肉机绞碎，绞板孔 2～3 mm，绞碎后置冷库中备用。这种猪皮粒装罐后可完全溶化。

4）拌料：将不同部位的肉分别与辅料拌匀，以便装罐搭配。

5）装罐：内径 99 mm、外高 62 mm 的铁罐，装肥瘦搭配均匀的猪肉 5～7 块，约 360 g，猪皮粒 37 g。罐内肥肉和溶化油含量不要超过净重的 30%，装好的罐均需过秤，以保证符合规格标准和产品质量的一致。

6）排气和密封：采用热力排气，中心温度不低于 65℃。抽气密封，真空度约 70.65 kPa。

7）杀菌和冷却：密封后的罐头应尽快杀菌，停放时间一般不超过 40 min。杀菌后立即冷却至 40℃左右。

杀菌公式[①]：

$$\frac{15-60-20}{121℃}$$

或者

$$\frac{15-70}{121℃}(1.76\times10^5\,\text{Pa})$$

（4）产品验收

依据《原汁猪肉罐头》（QB/T 2787—2006），做产品相关指标检测。

## 2.2 有机红烧牛肉罐头

（1）工艺流程

原料选择及修整→预煮→配汤→装罐→排气及密封→杀菌及冷却→成品

（2）原料辅料

有机牛肉 150 kg、有机牛骨汤 100 kg、食盐 4.23 kg、酱油 9.7 kg、白糖 12 kg、黄酒 12 kg、味精 240 g、琼脂 0.73 kg、桂皮 60 g、姜 120 g、八角 50 g、花椒 22 g、大葱 0.6 kg，植物油适量。

（3）操作要点

1）原料选择及修整：选去皮剔骨牛肉，除去淋巴结、大的筋腱及过多的脂肪，然后用清水洗净，切成 5 cm 宽的长条。

2）预煮：将切好的肉条放入沸水中煮沸 15 min 左右，注意撇沫和翻锅，煮到肉中心

---

① 杀菌公式表达式为：$\frac{t_1-t_2-t_3}{T}(P)$，$t_1$ 为升温时间；$t_2$ 为保温时间；$t_3$ 为降温时间；$T$ 为杀菌温度；$P$ 为反压。

稍带血色即可，捞出后，把肉条切成厚 1 cm、宽 3～4 cm 的肉块。

3）配汤：先将辅料中的香辛料与清水入锅同煮，煮沸约 30 min，然后舀出过滤即成香料水。把琼脂与骨汤一起加热，待琼脂全部溶化，再加入其他辅料和香料水，一起煮沸，临出锅时加入黄酒及味精，舀出过滤后即成装罐用汤汁。

4）装罐：净重 312 g/罐，内装牛肉 190 g，汤汁 112 g，植物油 10 g。

5）排气及密封：抽气密封，真空度在 53.33 kPa 以上。

6）杀菌及冷却：杀菌后冷却至 40～45℃即可。

杀菌公式：

$$\frac{15-90}{121℃}(1\times10^5～1.2\times10^5\,\mathrm{Pa})$$

（4）质量标准

色泽：肉色呈酱红色或棕红色。

滋味和气味：具有红烧牛肉罐头应有的滋味和气味，无异味。

组织状态：肉质柔软，块形大小均匀，块厚 0.8～1.2 cm、长 3～5 cm，净重 312 g。

固形物：肉和油不低于净重的 60%。

食盐含量：1.5%～2.5%。

## 2.3 有机烧鹅罐头

（1）工艺流程

原料选择及整理→预煮→上色、油炸→烧煮→装罐→真空密封→杀菌及冷却→成品

（2）原料辅料

有机白条鹅 50 kg、食盐 0.6 kg、酱油 4 kg、黄酒 1 kg、白糖 2 kg、味精 50 g、焦糖 100 g、桂皮 30 g、生姜 125 g、葱 500 g、汤汁 20～25 kg。

（3）加工工艺

1）原料选择及整理选用：健康的活鹅作原料。宰杀后放净血，烫毛、褪净毛，然后在腹下部开口除尽内脏，斩头留颈 5～10 cm。

2）预煮：水沸后放鹅坯下锅煮沸 10 min 左右，至无血水为准，汤汁留下备烧煮时使用。

3）上色、油炸：先调好上色液，调制方法：将酒精 50 g、焦糖 100 g、转化糖 200 g 混合均匀即可。转化糖制法：白糖 80 g、柠檬酸 0.9 g、清水 200 g，加热至 70℃，保持 20 min，冷却至常温。上色两遍，将预先制好的上色液均匀地擦抹在鹅坯上，第一遍稍干后再上第二遍。然后油炸，油温在 160～180℃，时间 5～7 min，炸至鹅坯表面呈酱红色即可捞出。

4）烧煮：将辅料中的葱、姜、桂皮先熬煮成香料液。然后把鹅坯从腹中线劈成两半，与除黄酒、味精之外的其他辅料同时放入锅中煮沸，约煮 15 min，出锅前倒入黄酒、味精搅拌均匀，出锅后的汤汁过滤后备装罐用。

5）装罐：把鹅坯切成 6～7 cm 的小块。净重 397 g 装，放小块鹅肉 4～6 块，肉重 330～340 g，允许颈、翅各一块，加浮油 15～20 g，汤汁 60 g。

6）真空密封：抽气密封，真空度在 61.32～66.65 kPa。

7）杀菌及冷却：杀菌后冷却至 40℃左右即可。

杀菌公式：

$$\frac{15-80}{118℃}(1\times10^5\sim1.2\times10^5\,\text{Pa})$$

（4）质量标准

色泽：肉色正常，为酱红色或褐色。

滋味和气味：具有烧鹅罐头应有的滋味及气味，无异味。

组织形态：肉质软硬适度，允许稍有脱骨及破皮现象，块形整齐，每罐 4～6 块，搭配均匀，允许加颈和翅各一块。

固形物：汤汁不超过 60 g。

食盐含量：1.5%～2.5%。

## 2.4 红烧排骨罐头

（1）工艺流程

原料处理→配料及调味→装罐→排气及密封→杀菌及反压冷却→成品。

（2）原料辅料

有机猪肋排 100 kg、食盐 3 kg、酱油 17.5 kg、白糖 6.25 kg、味精 315 g、黄酒 1.5 kg、酱色 0.5 kg、桂皮 125 g、花椒 125 g、八角 25 g、生姜 375 g、有机骨汤 100 kg。

（3）加工工艺

1）原料处理：将洗净的肋排每隔二根排骨斩成条，然后斩成 4～5 cm 长的小块。放入 180～220℃的油锅中炸 3～5 min，炸至表面金黄色时捞出。

2）配料及调味：将香辛料加水熬煮 4 h 以上，得香料水 2 kg，过滤备用。把除黄酒外的全部辅料与过滤后的香料水混合并加热煮沸，临出锅时加入黄酒，每锅汤汁约得 125 kg，趁热装罐。

3）装罐：内径 99 mm、外高 62 mm 的圆罐，净重 397 g/罐，内装排骨 285～295 g，汤汁 102～112 g。

4）排气及密封：抽气密封，真空度在 53.33～66.65 kPa，排气密封中心温度 80℃以上。

5）杀菌及反压冷却：

杀菌公式：

$$\frac{15-90}{118℃}(1.4\times10^5\sim1.7\times10^5\,\text{Pa})$$

（4）质量标准

色泽：酱红至黄褐色。

滋味气味：具有红烧排骨罐头应有的滋味及气味，无异味。

组织形态：肉质软嫩，块形大小均匀，排骨肉层厚度 0.5 cm 以上。

净重：397 g。

固形物：排骨加油不低于净重 70%。

食盐含量：1.2%～2.2%。

## 2.5 有机红烧鸡罐头

（1）工艺流程

原料选择→配料及调料→切块→装罐→排气及密封→杀菌及冷却→成品

（2）原料辅料

有机白条鸡 100 kg、食盐 850 g、有机酱油 7 kg、黄酒 2 kg、白糖 2.1 kg、味精 120 g、胡椒粉 40 g、生姜 400 g、葱 400 g、香料水 2 kg、清水 15～20 kg。

（3）加工工艺

1）原料处理：经宰杀后的光鸡，剥除腹腔油和取下皮及皮下脂肪，斩去头、脚和翅尖，用水清洗干净。腹腔油及其他油熬成溶化油备用。

2）配料及调味：先配香料水，配制方法：桂皮 1.2 kg、八角 0.2 kg，加水适量熬煮 2 h 以上，过滤制成 20 kg 香料水。把鸡坯放入夹层锅中，加入辅料及香料水，一起焖煮调味，嫩鸡煮 12～18 min，老鸡煮 30～40 min，调味所得汤汁供装罐用。

3）切块：经调味的鸡切成 5 cm 左右的方块，颈切成 4 cm 长的段，翅膀、腿肉和颈分别放置，以备搭配装罐。

4）装罐：内径 83.5 mm、外高 54 mm 的圆罐，净重 227 g/罐，内装鸡肉 160 g，汤汁 57 g，鸡油 10 g。内径 74 mm、外高 103 mm 的圆罐，净重 397 g/罐，内装鸡肉 270 g，汤汁 112 g，鸡油 15 g。装罐时鸡各部位的肉应进行搭配。

5）排气及密封：排气密封，中心温度不低于 65℃；抽气密封，真空度在 53.33～66.65 kPa。

6）杀菌及冷却：

净重 227 g 罐头杀菌公式：

$$\frac{15-70}{118℃}(1.2\times10^5～1.4\times10^5\,\text{Pa})$$

净重 397 g 罐头杀菌公式：

$$\frac{15-80}{118℃}(1.2\times10^5～1.4\times10^5\,\text{Pa})$$

（4）质量标准

色泽：呈酱红色。

滋味和气味：具有红烧鸡罐头应有的滋味和气味，无异味。

组织形态：肉质软硬适度，块形为 5 cm 的方块，搭配大致均匀，允许稍有脱骨现象，每罐允许搭配颈、翅各一块。

净重：227 g/罐、397 g/罐。

固形物：鸡肉（带骨）加油不低于净重的 65%。

食盐含量：1.2%～2.2%。

## 2.6 有机午餐肉罐头

午餐肉罐头为一种肉糜制品，如猪肉、羊肉、牛肉、午餐肉、火腿午餐肉、咸肉午餐肉等。现以有机猪肉为例介绍午餐肉罐头的加工技术。

（1）工艺流程

原料处理→腌制→绞肉斩拌→搅拌→装罐→排气及密封→杀菌及冷却→成品

（2）原料辅料

有机猪肥瘦肉 30 kg、有机净瘦肉 70 kg、有机马铃薯淀粉 11.5 kg、玉果粉 58 g、白胡椒粉 190 g、冰屑 19 kg、混合盐 2.5 kg（混合盐配料为：食盐 98%、白糖 1.7%、亚硝酸钠 0.3%）。

（3）加工工艺

1）原料处理：选用去皮剔骨猪肉，去净前后腿肥膘，只留瘦肉，肋条肉去除部分肥膘，膘厚不超过 2 cm，成为肥瘦肉，经处理后净瘦肉含肥膘为 8%～10%，肥瘦肉含膘不超过 60%，在夏季生产午餐肉，整个处理过程要求室内温度在 25℃以下，如肉温超过 15℃需先行降温。

2）腌制：净瘦肉和肥瘦肉应分开腌制，各切成 3～5 cm 小块，分别加入 2.5%的混合盐拌匀后，放入缸内，在 0～4℃条件下腌制 2～4 h，至肉块中心腌透呈红色，肉质有柔滑和坚实的感觉为止。

3）绞肉斩拌：净瘦肉使用双刀双绞板进行细绞（里面一块绞板，孔径为 9～12 mm，外面一块绞板，孔径为 3 mm），肥瘦肉使用孔径 7～9 mm 绞板的绞肉机进行粗绞。将全部绞碎肉倒入斩拌机中，并加入冰屑、淀粉、白胡椒粉及玉果粉进行斩拌 3 min，取出肉糜。

4）搅拌：将上述斩拌肉一起倒入搅拌机中，先搅拌 20 s 左右，加盖抽真空，在真空度 66.65～80.00 kPa 情况下搅拌 1 min 左右。若使用真空斩拌机则效果更好，不需真空搅拌处理。

5）装罐：内径 99 mm、外高 62 mm 的圆罐，装 397 g，不留顶隙。

6）排气及密封：抽气密封，真空度约 40.00 kPa。

7）杀菌及冷却：

杀菌公式：

$$\frac{15-70}{121℃}(1.4\times10^5\,\text{Pa})$$

（4）质量标准

色泽：呈淡粉红色。

滋味和气味：具有猪肉经腌制的滋味及气味，无异味。

组织及形态：组织紧密细嫩，食之有弹性感，内容物完整地结为一块，表面平整，切面有明显的粗绞肉夹花，允许稍有脂肪析出和小气孔存在，不允许有杂质存在。

净重：397 g，每罐允许误差 3%。

食盐含量：1.5%～2.5%。

亚硝酸残留量：每千克制品中不超过 50 mg。

## 思考题

1．肉品罐头加工中的预煮起什么作用？加热杀菌的目的是什么？

2．罐头食品杀菌的方法有哪些？其适用对象及采取的温度有什么不同？

3．试写出高温杀菌法的杀菌公式，并介绍其物理意义。

4．午餐肉的杀菌公式请表述其物理意义。

5．肉类罐头生产中如何防止物理性胀罐？

6．肉类罐头生产中如何防止平酸菌败坏？

7．试写出清蒸猪肉罐头生产的工艺流程。

8．午餐肉罐头生产中胶冻和脂肪析出现象产生的原因是什么？ 如何防止？

9．肉类罐头生产中如何防止外来杂质？

10．肉类罐头生产中如何防止固形物不足？

- 配套课件
- 拓展课程
- 知识总结
- 实践案例

微信扫码

# 项目四　有机乳制品加工技术

有机液态乳、酸乳、乳粉是目前主要的有机乳加工形式，本项目主要介绍了乳的加工基础知识，概述了原料乳的验收项目、原料乳的预处理过程、有机乳制品的加工技术，涉及有机乳制品的加工工艺流程、操作要点、品质控制和有机乳制品生产标准。

## 任务 1　乳制品加工基础知识

### 1　乳的概念

乳是乳畜在产犊后由乳腺分泌出的一种具有胶体特性的生物学液体。呈白色或略带黄色，不透明，味微甜并具有特有的香味。含幼畜生长发育所需的各种营养成分和保护幼畜免受感染的抗体，是哺乳动物出生后最适于消化吸收的全价食物。

### 2　乳的组成

乳的成分十分复杂，含有上百种化学成分。主要成分包括水分、脂肪、蛋白质、乳糖、矿物质。乳中还含有其他微量成分，如维生素、酶类、色素及气体等。牛乳的基本组成见表 1。

**表 1　牛乳的基本组成**　　单位：%

| 成分 | 平均含量 | 范围 | 成分 | 平均含量 | 范围 |
|---|---|---|---|---|---|
| 水分 | 87.1 | 85.3～88.7 | 蛋白质 | 3.3 | 2.3～4.4 |
| 非乳脂固体 | 8.9 | 7.9～10.0 | 酪蛋白 | 2.6 | 1.7～3.5 |
| 脂肪 | 4 | 2.5～5.5 | 无机盐 | 0.7 | 0.57～0.83 |
| 乳糖 | 4.6 | 3.8～5.3 | 有机酸 | 0.17 | 0.12～0.21 |

### 3　乳的化学成分及性质

#### 3.1　水

水是乳的主要成分之一，含量为 85%～89%。由于水的存在，乳呈均匀而稳定的流体。乳中的水可分为游离水、结合水和结晶水三种，乳中绝大多数为游离水，是乳的分散剂，许多生化过程与游离水有关；其次是结合水，它与蛋白质结合存在，无溶解其他物质的特性，冰点以下也不结冰；此外还有极少量与乳糖结晶体一起存在，称为结晶水。奶粉中保留了3%左右的水分，就是因为有结合水和结晶水的存在。

### 3.2 干物质

通常乳中的干物质含量为11%～13%，干物质含有乳的全部营养。受品种、年龄、泌乳期、营养水平、季节、健康状况等的影响，干物质成分有所差异，其中乳脂肪的含量变化很大，其次是蛋白质，而乳糖、灰分含量相对稳定。

### 3.3 气体

乳中含有一定量的气体，为乳容积的5.7%～8.6%，主要为二氧化碳、氮气及氧气等。刚挤出的乳含气量高，其中二氧化碳最多，氮气次之，氧气最少。放置与空气接触后，氧、氯含量增加，而二氧化碳的量相应减少。

### 3.4 乳蛋白质

牛乳的含氮化合物中95%为乳蛋白质，乳蛋白质是乳中最有价值的成分，在乳中的含量为3.0%～3.5%。乳蛋白可分为酪蛋白和乳清蛋白两大类，还有少量的脂肪球膜蛋白。牛乳的含氮物中，除蛋白质外，还有非蛋白态的含氮化物，占总氮的5%左右，包括游离氨基酸、尿素、肌酸及嘌呤等。

（1）酪蛋白

20℃时调节脱脂乳的pH至4.6（等电点）时沉淀的一类蛋白质称为酪蛋白，占乳蛋白总量的80%～82%。酪蛋白为白色非吸湿性化合物，不溶于水、酒精及有机质但可溶于碱性溶液。酪蛋白中约含有1.2%的钙，乳中的酪蛋白以酪蛋白酸钙-磷酸钙复合体的状态存在。

1）分类：酪蛋白不是单一的蛋白质，有$\alpha_s$、β、γ、κ四种，主要区别在于含磷量的不同。$\alpha_s$-酪蛋白含磷多，称为磷蛋白。含磷量对皱胃酶的凝乳作用影响很大。$\alpha_s$-酪蛋白、β-酪蛋白在皱胃酶的作用下可完全形成沉淀。γ-酪蛋白含磷量极少，因此γ-酪蛋白几乎不能被皱胃酶凝固。在制造干酪时，有些乳常发生软凝块或者不凝固的现象，就是蛋白质中含磷量过少所致。κ-酪蛋白具有稳定$Ca^{2+}$的作用，起到保护胶体的作用，只有当$Ca^{2+}$浓度很高时才可发生凝固沉淀现象。酪蛋白虽然是一种两性电解质，但其分子含有的酸性氨基酸多于碱性氨基酸，因此具有明显的酸性。

2）存在形式：乳中的酪蛋白与钙结合生成酪蛋白酸钙，再与胶体状的磷酸钙结合形成酪蛋白酸钙-磷酸钙复合物，大体呈球形，以微胶粒的形式存在于乳中，其胶体的微粒直径为10～300 nm，一般多为40～160 nm。此外，酪蛋白微胶粒中还含有镁等物质。

3）酸凝固：酪蛋白胶粒具有明显的酸性，对pH的变化很敏感。在乳中加酸，或因微生物的作用，使乳中的乳糖转化为乳酸，导致乳的pH降低时，酪蛋白胶粒中的钙与磷酸盐逐渐游离出来，生成游离的酪蛋白，当酸度达到酪蛋白的等电点pH=4.6时，形成酪蛋白沉淀。酸乳就是利用微生物产酸引起酪蛋白的凝固而制成。在加酸凝固时，酸只和酪蛋白酸钙、$Ca_3(PO_4)_2$起作用，而对白蛋白和球蛋白不起作用。工业上利用该原理生产干酪素。

4）酶凝固：酪蛋白胶粒在皱胃酶或其他凝乳酶的作用下形成副酪蛋白钙凝块，原因是凝乳酶能使κ-酪蛋白分解为κ-副酪蛋白，它可在$Ca^{2+}$存在下形成不溶性的凝块，这种凝块叫作副酪蛋白钙。而本身不稳定的α-酪蛋白、β-酪蛋白，在失去κ-酪蛋白的胶体保护作用后一起凝固，工业上生产干酪就是利用此原理。

5）盐类及离子对酪蛋白稳定性的影响：乳中的酪蛋白酸钙-磷酸钙胶粒容易在氯化钙或硫酸铵等盐类饱和或半饱和溶液中形成沉淀，这种沉淀起因于电荷的抵消与胶粒脱水。酪蛋白酸钙-磷酸钙胶粒，对于其体系内二价阳离子的含量变化敏感。$Ca^{2+}$或 $Mg^{2+}$能与酪蛋白结合，而使粒子形成凝集作用，因此 $Ca^{2+}$、$Mg^{2+}$的浓度影响胶粒的稳定性。由于乳中的钙和磷以平衡状态存在，所以鲜乳中的酪蛋白微粒具有一定的稳定性。当乳中加入 $CaCl_2$ 时，会破坏钙和磷的平衡状态，尤其在加热时，酪蛋白的凝固现象会加速。实验表明，90℃时加入 0.12%～0.15%的 $CaCl_2$ 即可使乳凝固，用此方法凝固乳蛋白质的利用程度通常比酸凝固法高 5%，比皱胃酶凝固法高 10%以上。

（2）乳清蛋白

往乳中加酸使 pH 达到酪蛋白的等电点时，酪蛋白发生凝固，而其他的蛋白质仍然保留在乳清中，称为乳清蛋白。乳清蛋白占乳蛋白的 18%～20%，主要有α-乳白蛋白、β-乳球蛋白、血清白蛋白和免疫球蛋白，这 4 类蛋白质占乳清蛋白的 95%以上，此外还有一些微量的蛋白质水解物。乳清蛋白质含有许多人体必需氨基酸，且易被人体消化吸收，更适于婴儿食用，因此乳清粉常被用于婴幼儿配方奶粉生产。乳清蛋白有热不稳定和热稳定两种。

1）热不稳定的乳清蛋白：调节乳清 pH 为 4.6～4.7，煮沸 20 min，发生沉淀的蛋白质即为热不稳定的乳清蛋白，约占乳清蛋白的 81%，包括乳白蛋白和乳球蛋白两类。

①乳白蛋白：把乳清 pH 调整到中性条件下，加饱和硫酸铵或硫酸镁盐析，呈溶解状态而不析出的蛋白质叫乳白蛋白，占乳清蛋白的 68%。乳白包括α-乳白蛋白（约占乳清蛋白的 19.7%）、β-乳球蛋白（约占乳清蛋白的 43.6%）和血清白蛋白（约占乳清蛋白的 4.7%）。乳白蛋白中最重要的是α-乳白蛋白，它在乳中以 1.5～5.0 μm 直径的微粒分散在乳中，对酪蛋白起保护胶体的作用，此类蛋白在常温下不能用酸凝固，但在弱酸性时加热可凝固。

②乳球蛋白：中性乳清中加饱和硫酸铵或硫酸镁进行盐析，能析出的蛋白叫乳球蛋白，占乳清蛋白的 13%。乳球蛋白具有抗原作用，因此又称为免疫球蛋白。初乳中免疫球蛋白的含量是常乳的数倍甚至数十倍。

2）热稳定的乳清蛋白：调节乳清 pH 为 4.6～4.7，煮沸 20 min，不发生沉淀的蛋白质为热稳定的乳清蛋白，约占乳清蛋白的 19%。这类蛋白包括蛋白脲和蛋白胨。用 $H_3PO_4$ 或三氯醋酸的特殊反应可使此类蛋白质发生沉淀。

（3）脂肪球膜蛋白

乳脂肪球膜蛋白主要由蛋白质、脂质、糖类、酶类、维生素以及核酸物质组成，大部分成分是脂质和蛋白质。脂肪球膜蛋白吸附于脂肪球表面，与磷脂一起构成脂肪球膜，1 分子磷脂质约与 2 分子蛋白质结合在一起，因其含有磷脂酰胆碱，因此也称为磷脂蛋白。

## 3.5 乳脂肪

乳脂肪是乳的主要成分之一，在乳中的平均含量为 3.5%～4.5%。乳脂肪中 98%～99%是甘油三酯，还有约 1%的磷脂和少量的固醇、游离脂肪酸等。

（1）乳脂肪球及脂肪球膜

乳脂肪不溶于水，呈微细球状分散于乳浆中，通常直径为 0.1～10 μm，平均为 3 μm，每毫升牛乳中有 20 亿～40 亿个脂肪球。乳脂肪球的大小依乳牛品种、个体、健康状况、泌乳期、饲料及挤乳情况等因素而异，通常脂肪含量高的品种比脂肪含量低的品种脂肪球大。随着泌乳期的延续，脂肪球变小。脂肪球的大小与加工有关，脂肪球越大，脂肪越易分离，因此脂肪球含量多的牛乳，易分离出稀奶油，搅拌稀奶油也容易形成奶油粒。生产中经过均质处理的牛乳，脂肪球的直径约为 1μm，脂肪球基本不上浮，可得到长时间不分层的稳定产品。

脂肪球表面覆盖有一层 5～10 nm 厚的膜，称为脂肪球膜（图 1）。其作用主要为防止脂肪球相互聚结，保持乳浊液稳定。脂肪球膜主要由蛋白质、磷脂、甘油三酯、胆固醇、维生素、金属离子及一些酶类等构成，还有盐类和少量结合水。其中起主导作用的是卵磷脂-蛋白质络合物。这些物质有层次地定向排列在脂肪球和乳浆的界面上。膜的内侧有磷脂层，其疏水基团朝向脂肪球中心，并吸附高熔点的甘油三酯，形成膜的最内层，磷脂间还夹杂有甾醇和维生素 A。磷脂的亲水基团朝向乳浆，连接着具有强大亲水基的蛋白质，构成膜的外层，表面有大量结合水，从而形成了由脂相到水相的过渡。由于脂肪球含有磷脂-蛋白质络合物，保持了脂肪球以球状稳定存于乳中而不凝结，但在机械搅拌或化学物质作用下，脂肪球膜遭到破坏后，乳脂肪球会相互聚集在一起。奶油的生产及离心法测定乳的含脂率就是依此原理进行。

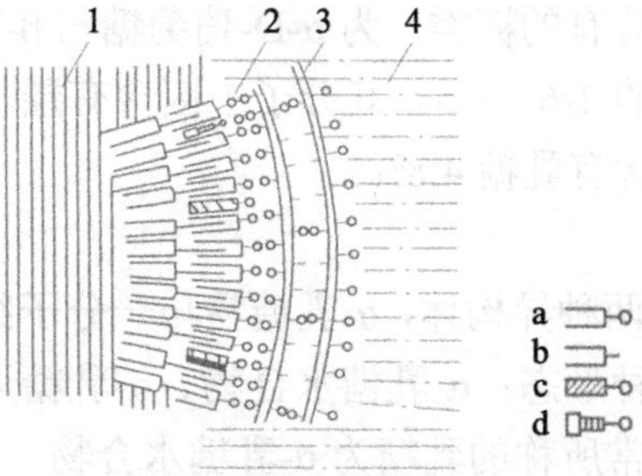


1—脂肪；2—结合水；3—蛋白质；4—乳浆；a—磷脂；b—高熔点甘油三酸酯；c—固醇；d—维生素

**图 1　脂肪球膜结构示意**

资料来源：金昌海．畜产品加工[M]．北京：中国轻工业出版社，2018。

（2）乳脂肪的脂肪酸组成及含量

乳中的脂肪酸可分为 3 类：第一类为水溶性挥发性脂肪酸，如乙酸、丁酸、辛酸和癸酸等；第二类为非水溶性挥发性脂肪酸，如月桂酸等；第三类为非水溶性不挥发性脂肪酸，如十四碳酸、二十碳酸、十八碳烯酸和十八碳二烯酸等。

乳脂肪的脂肪酸组成受环境、季节、饲料、营养等因素的影响，夏季放牧期间不饱和脂肪酸含量高，冬季舍饲期间饱和脂肪酸含量增多，因而夏季加工的奶油熔点较低。

（3）乳脂肪的特点

乳脂肪中含有约 20 种脂肪酸，其他动植物脂肪中只含有 5～7 种脂肪酸；乳脂肪中含有低级（$C_{14}$ 以下）挥发性脂肪酸（丁酸、己酸、辛酸、癸酸、月桂酸）多达 14%，其中水溶性脂肪酸（丁酸、己酸、辛酸）达 8%左右，而其他油脂中不超过 1%。这些脂肪酸在室温下呈液态，易挥发，因此使乳脂肪具有特殊的香味和柔软的质地；乳中的不饱和脂肪酸含量较多，对乳脂肪的组织状态有很重要的影响。乳中的不饱和脂肪酸主要有：油酸、十六碳烯酸、十四碳烯酸、癸烯酸、花生酸、亚麻酸、亚油酸等。在室温下是液态，不溶于水，不能同水蒸气挥发。

（4）乳脂肪的理化特性

乳脂肪的组成与结构决定其理化性质。表2是乳脂肪的理化常数。

表2 乳脂肪的理化常数

| 项目 | 指标 | 项目 | 指标 |
| --- | --- | --- | --- |
| 相对密度（$d_{15}$） | 0.935～0.944 | 赖克特-迈斯尔值① | 21～36 |
| 熔点/℃ | 28～38 | 波伦斯克值② | 1.3～3.5 |
| 凝固点/℃ | 15～25 | 酸值 | 0.4～3.5 |
| 折射率（$n_D^{25}$） | 1.459 0～1.462 0 | 丁酸值 | 16～24 |
| 皂化值 | 218～235 | 不皂化值 | 0.31～0.42 |
| 碘值 | 26～36（30左右） | | |

注：①水溶性挥发性脂肪酸值；②非水溶性挥发性脂肪酸值。

## 3.6 乳糖

乳糖是哺乳动物乳汁中特有的糖类。为α-D-葡萄糖与β-D-半乳糖以β-1,4糖苷键结合的双糖，其甜度相当于蔗糖的1/6～1/5。其分子中因含有羰基，属于还原糖。乳糖在乳中全部呈溶解状态，牛乳中约含有乳糖4.8%。

（1）异构体及特性

乳糖有α-乳糖和β-乳糖两种异构体，α-乳糖易与一分子结晶水结合，变为α-乳糖水合物，所以乳糖实际上共有三种形态：α-乳糖水合物、α-乳糖无水物、β-乳糖。可以用旋光度区别α-乳糖与β-乳糖，通常所称的乳糖为α-乳糖水合物。

（2）溶解度

α-乳糖和β-乳糖在水中的溶解度不同，并随温度不同而变化。在水溶液中两者可相互转化，直至α型与β型乳糖平衡时为止。乳糖有三种溶解度：

1）初溶解度：将乳糖投入水中，不加搅拌，有部分乳糖立即溶解，此时的溶解度为初溶解度，主要是α-乳糖水合物的溶解度。

2）终溶解度：向乳糖溶液中加入乳糖并搅动，在一定温度下乳糖不再溶解，达到某一温度下的饱和溶解度。在某一温度下的饱和溶解度就是终溶解度，这部分溶液主要由α-乳糖水合物和β-乳糖组成，二者有一定的比例关系。

3）超溶解度：将饱和乳糖溶液冷却到该饱和溶液所在温度以下就会得到过饱和的乳糖溶液，但无乳糖结晶析出，此时的溶解度称为超溶解度。尚未析出结晶时的超饱和状态称为亚稳定状态，在该状态时添加晶种，促使乳糖形成微细结晶的过程称为乳糖强制结晶。炼乳的生产就是利用这一原理，避免形成大的乳糖结晶颗粒。

（3）乳糖不耐症

乳糖在乳糖酶的作用下可以水解，但一部分人随着年龄增长，消化道内缺乏乳糖酶或者乳糖酶活性降低，不能分解和吸收乳糖，饮用牛乳后会出现呕吐、腹胀、腹泻等不适应症，被称为乳糖不耐症。乳品工业中利用乳糖酶将乳中的乳糖分解为葡萄糖和半乳糖（如营养舒化奶），或利用乳酸菌将乳糖转化为乳酸（如发酵乳），可预防乳糖不耐症。

（4）美拉德反应

乳糖属还原糖，在某些情况下，可与蛋白质中的游离氨基酸发生反应，最典型的就是美拉德反应，会导致乳及乳制品的营养物质被破坏。

（5）其他糖类

乳中除了乳糖外还含有少量其他碳水化合物。乳中含有极少量的葡萄糖、半乳糖、果糖、低聚糖等。

## 3.7 无机物和盐类

（1）无机物

乳中的无机物也称矿物质，将牛乳蒸发干燥，然后灼烧成灰分，以灰分的量表示无机物的量。乳中无机物含量平均为0.7%左右，主要有钾、钙、钠、镁、氯、磷、硫等。此外还有铁、碘、铜、锰、锌、钴等微量元素。牛乳中无机物的含量随泌乳期及个体健康状态等因素而异。乳中的矿物质大部分与有机酸或无机酸结合，以可溶性盐类形式存在，其中以磷酸盐和有机柠檬酸盐存在的数量最多。

氯和乳糖的含量在乳中通常呈一定的比例，因此乳的渗透压保持一定的数值，二者之比称为氯糖数。正常的氯糖数一般为2～3，脂肪炎乳大于4，有时会高达15以上。

（2）盐类

乳中的盐类含量虽少，但对于乳品加工，特别是热稳定性起重要作用。牛乳中的盐类平衡，特别是$Ca^{2+}$、$Mg^{2+}$与磷酸、柠檬酸等阴离子之间的平衡，对于牛乳的稳定性具有重要意义。受季节、饲料、生理或病理等影响，牛乳发生不正常凝固时，往往是$Ca^{2+}$、$Mg^{2+}$离子过剩，盐类平衡被打破所致。此时，可向乳中添加磷酸及柠檬酸的钠盐，以维持盐类平衡，保持蛋白质的热稳定性。在炼乳生产时经常用磷酸盐或柠檬酸盐做稳定剂。此外，乳中的无机盐加热后由可溶性变成不溶性，在接触乳的器具表面形成一层乳垢，会影响热的传导和杀菌效率。

乳与乳制品的营养价值，在一定程度上受到矿物质的影响。例如，由于牛乳钙的含量较人乳多3～4倍，因此牛乳在婴儿胃内形成的蛋白凝块相对人乳较坚硬，不易消化；牛乳中铁的含量较人乳少，因此若以牛乳哺育婴幼儿时应补充铁。牛乳中无机盐的含量见表3。

**表3 1L牛乳中主要无机盐含量与分布** 单位：mg

| 成分 | 平均含量 | 分布 | | 成分 | 平均含量 | 分布 | |
|---|---|---|---|---|---|---|---|
| | | 乳清 | 胶粒 | | | 乳清 | 胶粒 |
| 钙 | 1 200 | 381 | 761 | 磷 | 848 | 377 | 471 |
| 镁 | 110 | 74 | 36 | 柠檬酸 | 1 660 | 1 560 | 100 |
| 钠 | 500 | 460 | 40 | 氯化物 | 1 065 | 1 065 | — |
| 钾 | 1 480 | 1 370 | 110 | 硫酸盐 | 100 | — | — |

### 3.8 维生素

牛乳含有多种维生素。牛乳中的维生素包括脂溶性的维生素（维生素 A、维生素 D、维生素 E、维生素 K）和水溶性的维生素（维生素 $B_1$、维生素 $B_2$、维生素 $B_6$、维生素 $B_{12}$、维生素 C、烟酸等）两大类。牛乳中的维生素一部分来自饲料，如维生素 E；一部分靠牛乳自身合成，如 B 族维生素可由奶牛瘤胃中的微生物合成。乳中各种维生素的含量见表 4。

表 4　100 mL 牛乳中各种维生素的含量

| 种类 | 含量 | 种类 | 含量 | 种类 | 含量 |
|---|---|---|---|---|---|
| 维生素 A | 118 mg | 维生素 $B_1$ | 45 mg | 维生素 $B_6$ | 44 μg |
| 维生素 D | 2 mg | 维生素 $B_2$ | 160 mg | 维生素 $B_{12}$ | 0.43 μg |
| 维生素 C | 2 mg | 尼克酸 | 90μg | 叶酸 | 0.2 μg |
| 维生素 E | 痕量 | 泛酸 | 370μg | 胆碱 | 15 mg |

### 3.9 酶

乳中的酶类有 60 种以上，其来源有三个：①乳腺分泌的酶；②一部分来自乳腺细胞的白细胞在泌乳时崩解所出现；③由乳中生长的微生物所产生。

（1）脂酶

牛乳中的脂酶至少有 2 种：一种是只附在脂肪球膜间的膜脂酶，它在常乳中不常见，而在末乳、乳房炎乳及其他一些生理异常乳中常出现；另一种是与酪蛋白相结合的乳浆脂酶，它存在于脱脂乳中。

脂酶的相对分子质量一般为 7 000～8 000，最适温度为 37℃，最适 pH 为 9.0～9.2。钝化温度至少 80℃。钝化温度与脂酶的来源有关，来源于微生物的脂酶耐热性高，已经钝化的酶有恢复活力的可能。

乳脂肪在脂酶的作用下水解产生游离脂肪酸，从而使牛乳带上脂肪分解的酸败气味，这是乳制品特别是奶油生产上常见的问题。为了抑制脂酶的活性，在奶油生产中，一般采用不低于 80℃的高温或超高温处理。另外，加工过程也能使脂酶增加其作用机会，例如均质处理能破坏脂肪球膜而增加了脂酶与乳脂肪的接触面，使乳脂肪更易水解，故均质后应及时进行杀菌处理。

（2）磷酸酶

磷酸酶为乳中固有酶，对温度较敏感，经低温巴氏杀菌后乳中的磷酸酶被破坏。牛乳中的磷酸酶有两种：一种是酸性磷酸酶，存在于乳清中，最适 pH 为 4.0～4.2；另一种为碱性磷酸酶，吸附于脂肪球膜处。碱性磷酸酶在牛乳中较重要，最适 pH 为 7.6～7.8，经 63℃、30 min 或 71～75℃、15～30 s 加热后可钝化，可利用碱性磷酸酶的这种性质来检验低温巴氏杀菌法处理的消毒牛乳杀菌是否完全。

（3）过氧化物酶

过氧化物酶能促使过氧化氢分解产生活泼的新生态氧，从而使乳中的某些化合物氧化。过氧化物酶主要来自白细胞的细胞成分，其数量与细菌无关，是乳中原有的酶，作用最适温度为25℃，最适pH为6.8。过氧化物酶钝化温度和时间大约为76℃、20 min，77～78℃、5 min，85℃、10 s。通过测定过氧化物酶的活力可判断牛乳是否经过热处理或判断热处理的程度。

（4）过氧化氢酶

过氧化氢酶主要来自白血球的细胞成分，尤其在初乳和乳房炎乳中含量较多。可利用对过氧化氢酶活力的测定来判定是否为乳房炎乳或其他异常乳。经65℃、30 min加热，95%的过氧化氢酶会钝化，经75℃、20 min加热，100%钝化。

（5）还原酶

最主要的是脱氢酶，这种酶是挤乳后进入乳中微生物的代谢产物，因此与细菌污染程度有直接关系。最适pH为5.5～8.5，最适温度为40～50℃，经70℃、30 min可钝化。还原酶能使蓝色的甲基蓝还原为无色，还原酶越多，褪色越快，表明细菌污染程度越大，因此可通过测定还原酶的活力来判断牛乳的新鲜程度。

### 3.10 其他成分

（1）有机酸

乳中的有机酸主要是柠檬酸，此外还有微量的乳酸、丙酮酸及马尿酸等。乳中柠檬酸的含量为0.075%～0.400%，平均为0.18%，以盐类状态存在。除酪蛋白胶粒成分中的柠檬酸盐外，还存在分子、离子状态的柠檬酸盐，主要为柠檬酸钙。柠檬酸对乳的盐类平衡及乳在加热、冷冻过程中的稳定性起到重要作用。此外，柠檬酸还是乳制品芳香成分丁二酮的前体。

（2）细胞成分

乳中所含的细胞成分主要是白细胞和一些乳房分泌组织的上皮细胞，也有少量红细胞。牛乳中的细胞数含量多少是衡量乳房健康状况及牛乳卫生质量的标志之一，一般正常乳中细胞数不超过50万个/mL。

## 4 乳的物理性质

### 4.1 色泽

新鲜正常的牛乳呈不透明的乳白色或略带淡黄色，脱脂乳呈乳白色或带有青色，乳清呈半透明的黄绿色。乳白色是乳的基本颜色，这是由于乳中的酪蛋白酸钙-磷酸钙胶粒及脂肪球等微粒对光的不规则反射的结果。牛乳中的脂溶性胡萝卜素和叶黄素使乳略带淡黄色，而水溶性的核黄素使乳清呈荧光性黄绿色。

### 4.2 滋味与气味

正常的新鲜牛乳应有一种天然的乳香，其香味平和、清淡、自然。牛乳特殊的香味主要来自乳中挥发性脂肪酸及其他挥发性物质。这种香味随温度的高低而发生变化。加热香味变浓，冷却后减弱，长时间加热则失去香味。如果是部分脱脂乳或脱脂乳，其乳香味淡薄。乳易吸收外界的各种气味，所以乳在饲养舍中放置时间太久会带有牛粪味或饲料味，储藏器不良时产生金属味，消毒温度过高产生焦糖味。

由于乳中乳糖的存在，新鲜纯净的乳略带甜味。乳中含有 $Cl^-$稍带咸味，常乳中的咸味因受乳糖、脂肪、蛋白质等所调和而不易察觉，但异常乳（如乳房炎乳）中氯含量较高，因此有很浓的咸味。乳带有略微的苦味，主要来自 $Mg^{2+}$和 $Ca^{2+}$。乳的酸味由柠檬酸及磷酸产生。

## 4.3 酸度

乳蛋白质中含有较多的酸性氨基酸和自由羧基，且受磷酸盐等酸性物质的影响，故乳是偏酸性的。

（1）分类

1）自然酸度：刚挤出的新鲜乳的酸度称为固有酸度或自然酸度。自然酸度主要由乳中的蛋白质、柠檬酸盐、磷酸盐及 $CO_2$ 等酸性物质所构成。若以乳酸百分率计，牛乳自然酸度为 0.15%～0.18%，其中来源于酪蛋白的为 0.05%～0.08%，来源于白蛋白的为 0.01%，来源于柠檬酸盐的为 0.01%～0.02%，来源于 $CO_2$ 的为 0.01%～0.02%，其余的多来源于磷酸盐。非脂乳固体含量越高，固有酸度就越高。

2）发酵酸度：牛乳在存放过程中，在微生物的作用下发生乳酸发酵，导致乳的酸度逐渐升高。由于发酵产酸而升高的这部分酸度称为发酵酸度。

3）总酸度：固有酸度和发酵酸度之和称为总酸度。一般乳品工业中测定的酸度就是总酸度。原料乳的酸度越高，对热的稳定性越差。

（2）表示方法

1）滴定酸度：指取一定量的牛乳以酚酞作指示剂，再用一定浓度的碱液滴定，以消耗的碱液的量来表示的酸度。乳品生产中常用滴定酸度。滴定酸度有多种测定方法及表示形式，我国滴定酸度用吉尔涅尔度或乳酸度来表示。

吉尔涅尔度（°T）：中和 100 mL 牛乳所需的 0.1 moL/LNaOH 标准溶液的体积（mL）称为该牛乳的吉尔涅尔度，消耗 1 mL 为 1°T，也称 1 度。正常牛乳的酸度为 16～18°T。

乳酸度（%）：正常牛乳乳酸度为 0.15%～0.18%。用乳酸量表示酸度时，按上述方法测定后用下列公式计算：

$$\text{乳酸度（\%）}=\frac{0.1\ \text{mol/L氢氧化钠体积（mL）}\times 0.009}{\text{乳样体积（mL）}\times\text{密度（g / mL）}}\times 100$$

2）pH：氢离子浓度反映了乳中处于电离状态的活性氢离子的浓度，又称 pH。正常新鲜牛乳的 pH 为 6.4～6.8，一般酸败乳或初乳的 pH 在 6.4 以下，乳房炎乳或低酸度乳 pH 在 6.8 以上。乳挤出后，在存放过程中由于微生物的作用，乳糖水解为乳酸，乳酸是一种电离度小的弱酸，而且乳是一个缓冲体系，所以在一定范围内，虽然产生了乳酸，但乳的 pH 并未相应地发生明显的变化，因此生产中广泛地采用测定滴定酸度来间接掌握乳的新鲜度。

## 4.4 相对密度

正常牛乳在 15℃时，相对密度为 1.028～1.034，平均为 1.03；脱脂乳在 15℃时，相对密度为 1.034～1.04。

牛乳在挤奶后 1 h 之内相对密度最低，其后逐渐上升，最后可升高 0.001 左右。其上升时间依牛乳储藏温度不同而异，15℃者约 24 h，5℃以下者约 6 h。这种现象的原因可能是与乳中蛋白质的水合作用的变化有关，故不应在挤奶当时测相对密度。

牛乳的相对密度会由于加水而降低；反之，会由于加脱脂乳或分除脂肪而增高。

乳的相对密度与乳中乳固体含量有关。乳中各种成分的含量大体是稳定的，其中脂肪含量变化最大，它是影响密度和相对密度的重要因素。如果脂肪含量已知，只要测定相对密度，就可以按下式计算出乳固体的近似值：

$$T=1.2F+0.25L+C$$

式中，$T$——乳总干物质含量，%；

$F$——乳脂肪含量，%；

$L$——相对乳稠计（15℃/15℃）读数；

$C$——校正系数，约为 0.14。

### 4.5 热力学性质

由于有溶质的影响，乳的冰点低于水，而沸点高于水。

（1）冰点

牛乳冰点的平均值为−0.565～−0.525℃，平均为−0.542℃。作为溶质的乳糖与盐类是决定乳汁冰点的主要因素，由于它们的含量较稳定，所以正常新鲜牛乳的冰点较稳定。如果在牛乳中掺水，可导致冰点回升。可根据冰点计算掺水量，掺水 10%牛乳冰点约上升 0.054℃。掺水量推算公式：

$$\omega=\frac{t-t'}{t}(100-\omega_s)$$

式中，$\omega$——以质量计的加水量，%；

$t$——正常乳的冰点，℃；

$t'$——被检乳的冰点，℃；

$\omega_s$——被检乳的乳固体含量，%。

以上计算对新鲜牛乳是有效的，但酸败乳冰点会降低。另外储藏与杀菌条件对乳的冰点也有影响，所以测定冰点必须是对酸度在 20°T 以下的新鲜乳。

（2）沸点

牛乳的沸点在 1 个大气压下约为 100.55℃。乳的沸点受固形物含量影响，浓缩过程中沸点上升，浓缩到原体积一半时，沸点上升到 101.05℃。

## 5 热处理对乳的影响

预热、杀菌、灭菌、保温、浓缩、干燥等热处理是乳制品生产中的重要环节，而牛乳是一种热敏性物质，所以研究热处理对生乳性质的影响，对于控制产品质量有着密切关系。

### 5.1 形成薄膜

牛乳在 40℃以上加热时，液面生成薄膜，这是由于水分从液面不断蒸发，在空气和乳的界面层蛋白质显著地受到浓缩的影响所导致。薄膜的乳固体中含有 70%以上的脂肪和

20%～25%的蛋白质，蛋白质中以乳白蛋白居多。为了防止形成薄膜，可在加热时进行搅拌或采取减少液面蒸发水量的措施。

### 5.2 褐变反应

牛乳经过长时间高温加热则发生褐变反应。这类反应属于非酶褐变，主要是美拉德反应，其次是乳糖的焦糖化反应。

当牛乳加热到100℃以上，例如120℃、7.5 min时，容易发生美拉德反应。pH上升可以促进褐变。另外，牛乳中微量尿素的存在也认为是反应的重要原因。此外，糖的还原性越强，褐变也越严重。因此，在生产甜炼乳时对所使用的糖应加以注意，商品糖中转化糖含量高或混用葡萄糖时，极易产生褐变。

至于乳糖在高温下焦糖化而形成的褐变，其反应的程度随温度与酸度而异，温度与pH越高，褐变越严重。添加0.01%的游离半胱氨酸可抑制乳糖的焦糖化褐变。

### 5.3 形成乳石

高温处理或煮沸时，在与牛乳接触的加热面上形成乳石。乳石的形成不仅影响传热，降低热效率，影响杀菌效果，而且造成乳固体量的损失。乳石的主要成分是蛋白质、脂肪与矿物质。矿物质中主要是钙和磷，其次是镁和硫。乳石形成时，首先形成 $Ca_3(PO_4)_2$ 的晶核，伴随着乳蛋白质为主的固形物沉淀而成长。此外，若用硬水及不良的洗涤剂也会造成盐类的沉淀。

### 5.4 蒸煮味

牛乳加热后会产生或轻或重的蒸煮味，蒸煮味的程度随加工处理的程度而异。例如，牛乳经74℃、15 min加热后，开始产生明显的蒸煮味，这主要是由于β-乳球蛋白和脂肪球膜蛋白的热变性而产生巯基（—SH），甚至产生挥发性的硫化物和硫化氢。蒸煮味的程度随加热温度而异，如表5所示。

**表5 加热对牛乳风味的影响**

| 加热温度 | 风味 | 加热温度 | 风味 |
|---|---|---|---|
| 未加热 | 正常 | 76.7℃瞬间 | 蒸煮味+ |
| 62.8℃、30 min | 正常 | 82.2℃瞬间 | 蒸煮味++ |
| 68.3℃瞬间 | 正常 | 89.9℃瞬间 | 蒸煮味+++ |

### 5.5 乳蛋白质的热变性

牛乳经热处理其外观上所发生的种种变化，不同程度地与蛋白质特别是乳清蛋白的热变性有关。

（1）酪蛋白的变化

把酪蛋白溶液于100℃下加热30 min，酪蛋白的化学性质几乎没有变化；于120℃加热30 min以上，可发现电泳的变化，α-酪蛋白、β-酪蛋白的峰趋向扁平，发生部分水解及脱磷酸；于140℃以上温度加热，则开始凝固。

牛乳经 63℃以上的温度加热后，用酸或凝乳酶凝固时，凝乳的物理性质发生变化。经 63℃以上加热后，加酸生成的凝块比生乳凝固所产生的凝块小而柔软，凝块的含水量也随温度的升高而增大。用凝乳酶凝固的凝块比较柔软，用 100℃处理时尤为显著，其凝固时间则随加热温度的升高而延长。不过牛乳加热时，酪蛋白的变化与乳清蛋白质的热变性也有复杂的关系，如经 85～90℃加热，κ-酪蛋白与 β-乳球蛋白形成复合体，从而使凝乳酶凝固时间延长等等。掌握这种性质对于干酪生产具有重要意义。

（2）乳清蛋白的变化

乳清蛋白的稳定性低于酪蛋白。占乳清蛋白大部分的白蛋白和球蛋白对热都不稳定。牛乳以 62～63℃、30 min 杀菌时产生蛋白变性现象。例如，以 61.7℃、30 min 杀菌处理后，约有 9%的白蛋白和 5%的球蛋白发生变性。牛乳加热使白蛋白和球蛋白完全变性的条件为 80℃、60 min，90℃、30 min，95℃、10～15 min，100℃、10 min。

如前所述，牛乳用 80℃左右加热后则产生蒸煮味，且与牛乳中产生的巯基有关，这种巯基几乎全部来自乳清蛋白，并且主要由 β-乳球蛋白所产生。

### 5.6 乳糖的变化

在 100℃以下短时间加热牛乳时，乳糖的化学性质不会发生变化。在 100℃以上长时间加热牛乳时，乳糖能生成各种分解产物，如乳酸、乙酸、甲酸、甲基乙二醛、丙酮醇、落叶松皮素、5-羟基-2-甲基糠醛及糠醛等。

### 5.7 其他成分的变化

乳脂肪比较稳定，属非热敏性成分，100℃以上温度加热时，乳脂肪并不发生化学变化。高温长时间加热时，微量成分开始发生变化，如生成内酯、甲基酮等，牛乳风味受到影响。加热时脂肪球物理状态发生变化，65～70℃加热结果造成稀奶油分离性能变坏，高温加热会使乳脂肪球融合在一起上浮于液面。

牛乳经高温加热后，由于乳清蛋白质变性而使其黏度增大，影响稀奶油的分离。

热处理对矿物质的影响主要表现为可溶性钙与磷减少。如在 60～83℃加热时，可溶性钙减少 0.4%～9.8%，可溶性磷减少 0.8%～9.5%，这是由于可溶性钙和磷形成 $Ca_3(PO_4)_2$ 沉淀的结果。

加热过程中一些风味成分与气体会从牛乳中散失。

## 思考题

1. 乳中蛋白质的种类有哪些？各有什么特点？
2. 酪蛋白凝固方式有哪些？各依据什么原理？
3. 乳中的主要酶类有哪些？对乳品加工有什么意义？
4. 乳糖有哪些种类？各有什么特点？解释乳糖溶解度的概念。
5. 乳脂肪酸组成有什么特点？
6. 简述乳脂肪球的结构。
7. 乳中盐类主要有哪些？加热对乳中盐类平衡有什么影响？
8. 分析加热处理对牛乳的影响有哪些？

# 任务2 原料乳的验收及预处理

原料乳的选择是生产高质量产品的关键。为了保证原料乳的各项指标符合生产要求，生产企业在鲜乳收购时必须对原料进行严格验收。

## 1 原料乳的验收

为了确保乳制品的质量，乳品厂在收奶时必须根据国家标准对原料乳进行验收。《食品安全国家标准 生乳》（GB 19301）规定，收购的生乳系指从符合国家有关要求的健康乳畜乳房中挤出的无任何成分改变的常乳。产犊后七天的初乳、应用抗生素期间和休药期间的乳汁，变质乳不应用作生乳。原料乳送到工厂后，必须首先进行感官检验、理化检验和卫生检验。常规检验项目除色泽、滋味、气味、组织形态外，还有密度测定、酒精试验、酸度测定、脂肪含量测定以及还原酶试验等，经检验合格的原料乳，移入磅奶槽或通过流量计计量后验收。

## 2 原料乳的预处理

### 2.1 净化

为了除去乳中的机械杂质，减少微生物的数量，验收后的原料乳必须立即进行净化。净化的方法可分为过滤净化和离心净化两种。

（1）过滤净化

过滤常使用过滤器。过滤器上装有滤布、不锈钢或合成纤维制成的筛网。过滤方法有常压（自然）过滤、减压（吸滤）和加压过滤等。采用减压或加压方法过滤时，在正常的过滤操作条件下，过滤器进、出口压力差应控制在0.07 MPa以内，压差过大会使滤网上的杂质通过（跑滤）。另外注意滤布或滤网的清洗和消毒，否则滤布或滤网将成为微生物和杂质的污染源。通常滤布或滤网应在过滤1 000～5 000 L牛乳后进行更换、清洗和消毒。

（2）离心净化

原料乳经过数次过滤后，虽然除去了大部分杂质，但乳中污染物很多。极微小的细菌细胞、白细胞、红细胞和机械杂质等，不能用一般的过滤方法除去，需用离心式净乳机进一步净化。牛乳在离心作用下，不溶性的物质因为密度较大而被甩到分离机壳周围的污泥室（图1），从而达到净化的目的。大型乳品厂也采用三用分离机（奶油分离、净乳、标准化）来净乳。离心净乳一般设在粗滤之后、冷却之前，净乳时乳温以30～40℃为宜，在净乳过程中要防止泡沫的产生。

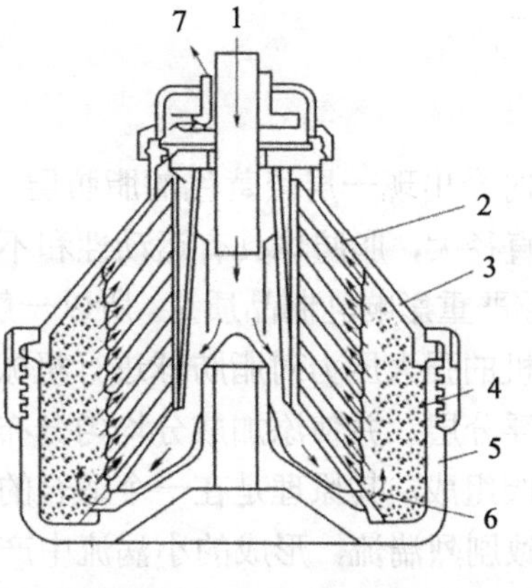


1—牛乳入口；2—分离碟片组；3—转鼓盖；4—污泥室；5—转鼓底座；6—分布器；7—牛乳出口

**图 1　离心净乳机转鼓示意**

资料来源：金昌海．畜产品加工[M]．北京：中国轻工业出版社，2018。

## 2.2　冷却

刚挤出的牛乳温度在 36℃左右，是微生物最适宜生长的温度，虽然乳中含有乳烃素而具有抗菌特性，但它抑菌期的长短与原料乳温度的高低和细菌的污染程度有关。乳温与抗菌物质作用时间的关系见表 1。从表 1 中可以看出，原料乳应迅速冷却到低温，其抑菌特性才能保持较长甚至相当长的时间。

**表 1　乳温与抗菌作用的关系**

| 乳温/℃ | 抗菌特性作用时间 | 乳温/℃ | 抗菌特性作用时间 |
|---|---|---|---|
| 37 | 2 h 以内 | 5 | 36 h 以内 |
| 30 | 3 h 以内 | 0 | 48 h 以内 |
| 25 | 6 h 以内 | −10 | 240 h 以内 |
| 10 | 24 h 以内 | −25 | 720 h 以内 |

乳经过净化后应直接加工，如果短期储藏必须迅速冷却到 4℃左右，以抑制乳中微生物的繁殖。可根据储存时间的长短选择适宜的温度，见表 2。

**表 2　乳的保存时间与冷却温度的关系**

| 乳的保存时间/h | 6～12 | 12～18 | 18～24 | 24～36 |
|---|---|---|---|---|
| 冷却的温度/℃ | 10～8 | 8～6 | 6～5 | 5～4 |

冷却宜采用板式换热器进行，冷却介质为冰水。

## 2.3　运输和储存

生乳的运输和储存应于密闭、洁净、经过消毒的保温奶槽车，并符合有机食品安全要求的容器中，储存温度为 2～6℃。生乳的运输和储存过程中不得出现混装和交叉污染等问题。

## 2.4 均质

（1）均质的目的及方法

乳放置一段时间后，有时会出现一层淡黄色的脂肪层，称为“稀奶油层”。因为乳脂肪相对密度小于水，脂肪球直径大，脂肪球具有运动性和不均匀性，所以容易出现聚集和上浮等现象。乳中脂肪的上浮严重影响乳制品质量，所以一般乳品加工中多采用均质工艺。

均质的目的是通过均质机的强大压力对脂肪球进行机械处理，使脂肪球变小且均匀分布于乳中，从而防止脂肪上浮分层，并使添加成分均匀分布。

均质机由高压泵和均质阀组成。其原理是在一个适合的均质压力下，料液通过窄的均质阀而获得很高的速度，导致剧烈湍流，形成的小涡流中产生较高的料液流速梯度，引起压力波动，打散许多颗粒（图 2）。目前生产中较多采用二段均质机，其中第一段均质压力大（占总均质压力的 2/3）；第二段的压力小（占总均质压力的 1/3）。一级均质后被破碎的小脂肪球具有聚集的倾向，而经过二级均质后重新聚集在一起的小脂肪球又被分开，大大提高了均质的效果。乳脂肪均质效果见图 3。

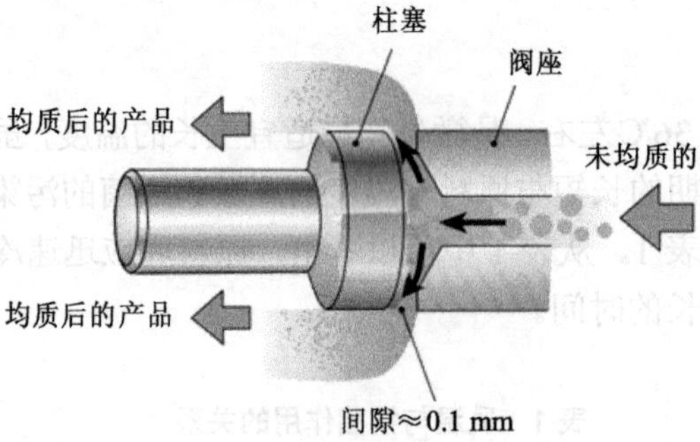


**图 2　乳的均质示意**

资料来源：李晓红. 乳制品加工与检测技术[M]. 北京：化学工业出版社，2011。

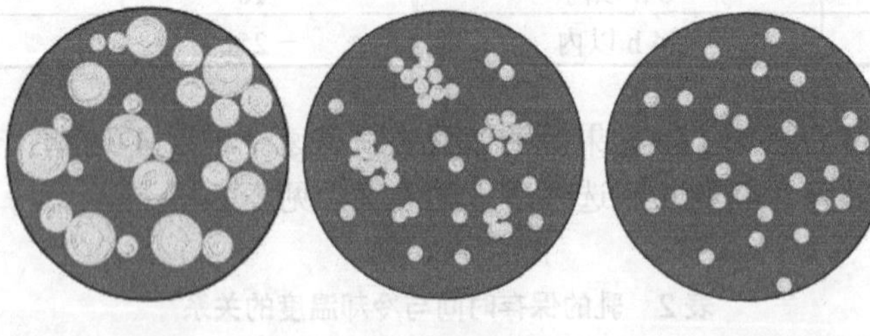


**图 3　均质效果**

资料来源：武建新. 乳品生产技术[M]. 北京：科学出版社，2010。

较高温度下均质效果较好，但温度过高会引起乳脂肪、蛋白质变性。温度与脂肪球的结晶有关，固态的脂肪球不能在均质机内被打碎。牛乳的均质温度一般控制在 50～65℃，均质压力采用 10～25 MPa 为宜。

（2）均质对乳的影响

1）脂肪球数量和大小的变化：乳经均质后，大的脂肪球被破碎成均匀一致的小脂肪球并稳定地分散在乳中，乳脂肪球的数量和表面积都急剧增加。由于脂肪球表面积的增大，原来的脂肪球膜不足以包裹现有的脂肪球，所以还存在脂肪球聚集的现象。因此，在生产上通常需加入一定量的乳化剂来弥补膜的不足。此外，由于脂肪球数量增加、体积变小、均质后牛乳不能被有效地分离。

2）脂肪球膜的变化：在均质过程中脂肪球膜被破坏，乳中的酪蛋白胶粒可被吸附到脂肪球表面修补受损的脂肪球膜，因此任何引起酪蛋白胶粒凝固的反应都能引起乳脂肪球的凝固。

3）乳的稳定性的变化：乳均质后，脂肪球变小，而且有蛋白质等成分的包裹，使其能均匀分布于乳中，有效防止了脂肪上浮或其他成分沉淀而造成的分层，大大提高了产品的储存稳定性，延长了产品的货架期。然而经均质处理后，乳蛋白质的热稳定性会有所降低，而且脂肪存在状态的变化以及一些酶类物质变化也导致均质后的牛乳对光更加敏感，易产生日晒味、氧化味、易受脂酶的水解等缺陷。由于解脂酶对热不稳定，均质前或均质后迅速进行热处理可促使解脂酶失活。

4）乳的黏度变化：均质后乳脂肪球的数目增加，且酪蛋白附在脂肪球表面，使乳中颗粒物质的总体积增加，均质乳的黏度比均质前有所增加，可改善牛乳的稀薄口感。此外，脱脂乳在高压均质后会产生更多的泡沫，吸附更多的空气。

5）乳的颜色变化：均质后乳中的脂肪球数量增加，增大了光线折射和反射的机会，使乳在均质后比均质前略有增白。

6）乳的风味的变化：均质后由于脂肪球内部的脂肪成分被释放出来，更利于乳中具有芳香气味的脂类成分逸出，改善乳的风味。

7）乳的营养性质的变化：均质后脂肪球变小，更利于人体消化吸收。

## 2.5　标准化

原料乳中脂肪与无脂干物质的含量随乳牛品种、地区、季节、饲养管理等因素不同而有较大差异。为使产品符合要求，乳制品中的脂肪与无脂干物质含量要求保持一定的比例，因此需调整原料乳中脂肪和无脂干物质之间的比例关系，使其达到产品要求，将这一过程称为原料乳的标准化。当原料乳中脂肪含量不足时，应添加稀奶油或分离一部分脱脂乳；当原料乳中脂肪含量过高时，可添加脱脂乳或提取一部分稀奶油。标准化在储乳缸的原料乳中进行或在标准机中连续进行。

（1）标准化的计算

在生产上通常用比较简便的皮尔逊法进行计算，其原理是设原料中的脂肪含量为 $p\%$，脱脂乳或稀奶油的含脂率为 $q\%$，按比例混合后乳（标准化乳）的含脂率为 $r\%$，原料乳的数量为 $x$，脱脂乳或稀奶油量为 $y$ 时，对脂肪进行物料衡算，则形成下列关系式：

$$px+qy=r(x+y)$$

则

$$x(p-r)=y(r-q)$$

$$\frac{x}{y}=\frac{r-q}{p-r}$$

式中，如果 $q<r$，$p>r$ 表示需要添加脱脂乳；如果 $q>r$ 且 $p<r$ 则表明应添加稀奶油。用图 4 表示如下。

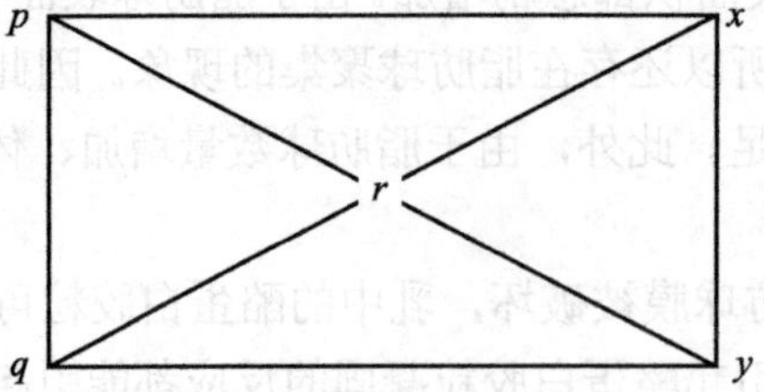


图 4　标准化计算



（2）标准化方法

可以按计算比例在牛乳原料罐中添加乳脂肪或非脂乳固体的方法进行离线标准化。工厂化生产大多数是通过在线标准化与净化分离连在一起进行。将牛乳加热至 55~65℃，然后按预先设定好的脂肪含量，分离出脱脂乳和稀奶油，并根据最终产品的脂肪含量，由设备自动控制回流到脱脂乳中的稀奶油的流量，多余的稀奶油会流向稀奶油巴式杀菌机（图 5）。

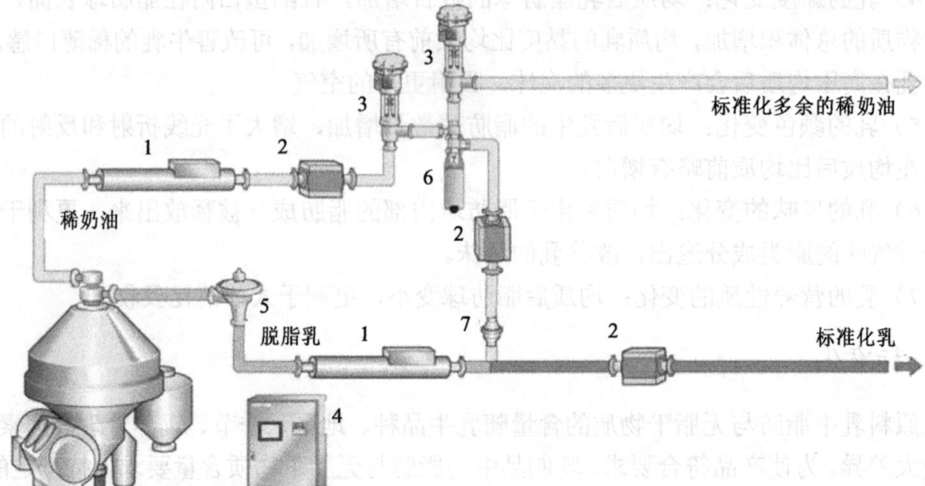


1—密度传感器；2—流量传感器；3—控制阀；4—控制盘；5—恒压阀；6—截止阀；7—检查阀

图 5　标准化示意

资料来源：朱丹丹. 乳品加工技术[M]. 北京：中国农业大学出版社，2013。

该系统由以下 3 条线路组成。

第一条线路调节分离机脱脂乳出口的外压。在流量改变或后续设备压力降低的情况下，保持外压不变。

第二条线路调节分离机稀奶油出口的流量。不论原料乳的流量或含脂率发生任何变化，稀奶油的含脂率都能保持稳定。

第三条线路调节稀奶油数量。实现稀奶油与脱脂乳重新定量混合，生成含脂率符合要求的标准乳，并排出多余的稀奶油。这条线路能按一定的稀奶油和脱脂乳比率，连续地调节稀奶油的混合量。

为了达到工艺中要求的精确度，必须控制流量的波动、进入含脂率的波动和预热温度的波动。

## 思考题

1. 试述牛乳验收指标。
2. 原料乳验收中的检验方法有哪些？每种方法具体的检验步骤是什么？
3. 牛乳中抗生素的来源和危害有哪些？
4. 原料乳怎样预处理之后才能储存？
5. 原料乳均质的目的是什么？
6. 简述什么叫作标准化，标准化的原理是什么？
7. 原料乳标准化的方法有哪些？
8. 原料乳均质效果如何评价？
9. 今有含脂率为 3.6%、总干物质含量为 12%的原料乳 1 000 kg，欲生产含脂率为 27%的全脂乳粉，试计算进行标准化时，需加入多少千克含脂率为 35%的稀奶油或含脂率为 0.1%的脱脂乳？

# 任务 3　有机液态乳的加工

## 1　有机液态乳的概念及分类

### 1.1　概念

使用新鲜的经过有机认证的牛、羊乳为主要原料，或添加其他原料与食品添加剂，采用适当的杀菌或灭菌等工艺制成，并通过有机产品认证的液体乳产品。

### 1.2　分类

（1）根据杀菌方式分类

热处理是液态乳加工过程中最主要的工艺，根据热处理方式和强度不同，可将液态乳分为以下几类：

1）低温长时巴氏杀菌乳：是指经 62～65℃、30 min 保温杀菌，冷却后得到的液体乳产品。

2）高温短时巴氏杀菌乳：是指经 72～75℃热处理 15～20 s 或 80～85℃热处理 10～15 s，冷却后得到的液体乳产品。

3）超高温瞬时灭菌乳：经 130～150℃、1～5 s 热处理，冷却后得到的液体乳产品。

4）保持灭菌乳：是指在密闭容器中加热到约 110℃，保温 15～20 min，经冷却后而制成的产品。

（2）根据营养成分分类

根据原料成分分为以下几类：

1）纯牛乳：以有机生牛（羊）乳为原料，不添加任何添加剂或其他食品原料加工而成的产品，保持了牛乳固有的营养成分。

2）调制乳：以不低于 80%的有机生牛（羊）乳或复原乳为主要原料，添加其他原料或食品添加剂或营养强化剂，采用适当的杀菌或灭菌等工艺制成的液体产品。

## 2 液态乳的杀菌和灭菌方法

乳制品加工过程中的热处理主要分为杀菌和灭菌两种方式。杀菌是将乳中的致病菌和造成缺陷的有害菌全部杀死，但并非百分之百地杀灭非致病菌，也就是说还会残留部分非致病菌，杀菌条件应控制到对乳的风味、色泽和营养损失最低的限度；灭菌是杀死乳中所有细菌，使其呈商业无菌状态。但事实上热致死率只能达到 99.999 9%，欲将残存的百万分之一，甚至千万分之一的细菌杀灭，必须延长保持时间，这样会给乳制品带来更多的缺陷。基于热处理强度不同将热处理工艺分为以下三类：

（1）低温长时巴氏杀菌

通常采用的加热条件为 62～65℃保持 30 min，此方法的热处理强度能够灭活乳中的碱性磷酸酶，可以杀死乳中所有的病原菌、酵母和霉菌以及大部分的细菌。此法一般为分批间歇式，使用夹套式保温缸进行杀菌。杀菌时先泵入牛乳，开动搅拌器，同时向夹套中通入热水和蒸汽，使乳温缓慢上升，到所规定的温度，停止进气和热水，维持规定时间后，立刻向夹套中通入冷水尽快冷却。此法只能间歇进行，适用于少量牛乳的处理。低温长时杀菌法所需时间长，效果不够理想，因此目前生产上很少采用。

（2）高温短时巴氏杀菌

通常采用的杀菌条件为 72～75℃保持 15～20 s 或 80～85℃保持 10～15 s，可以根据所处理的产品类型不同而有所变化，一般采用板式杀菌装置连续进行。此方法的热处理强度能够使乳中碱性磷酸酶灭活，可以杀死全部的微生物营养体，但是不能完全杀死细菌芽孢；能灭活乳中大部分酶类，但是细菌产生的蛋白酶和脂酶不能被全部灭活；部分乳清蛋白发生变性，产生明显蒸煮味；除维生素 C 有些损失外，其他营养成分没有明显改变。常用碱性磷酸酶试验检查牛乳是否已得到适当的巴氏杀菌。

（3）灭菌

该处理能够杀死乳中包括芽孢在内的几乎全部微生物，达到商业无菌的目的，分为保持式灭菌和超高温瞬时灭菌两种处理方式。保持式灭菌通常采用 110℃、30 min 高温高压长时间灭菌（在瓶中灭菌），超高温瞬时灭菌在 135～150℃下持续 1～5 s。保持式灭菌热处理强度大，对维生素、蛋白质和氨基酸的损失较大，会产生严重的美拉德反应，产品有蒸煮味。相比而言，超高温瞬时灭菌处理，微生物全部被杀灭，大多数蛋白质没有化学变化，有轻微的蒸煮味，对乳的营养和理化特性影响较小，在现代乳品加工中应用较普遍，在无菌条件下进行包装后的成品，可保持相当长的时间不变质。经灭菌处理的产品，保质期较长，可以在常温下保存。

## 3　有机液态乳的生产工艺及质量控制

（1）工艺流程

原料乳的验收→过滤、净化→分离→标准化→均质→杀菌→冷却→灌装→冷藏

（2）质量控制

1）原料乳的验收：只有符合标准的原料乳才能进行生产。原料乳的质量直接影响巴氏杀菌乳的品质和保质期，因此必须对原料乳进行严格管理和认真检验。有机巴氏杀菌乳需使用新鲜的经过有机认证的牛乳。生产要求原料乳不得有任何掺假，按照有机食品产地环境标准（如奶牛场地、饮用水、饲料、添加剂等）GB/T 19630、GB 15618、GB 5749、GB 3095 严格执行，原料奶收购前必须进行严格检验。且采用机械化挤奶，管道输送。营养成分要求：脂肪≥3.1%、非脂乳固体≥8.1%、蛋白质≥2.9%、酸度≤16°T。

2）过滤与净化：原料乳验收后，为了除去其中的尘埃杂质、表面细菌等，必须对原料乳进行过滤和净化处理，以除去机械杂质并减少微生物数量。过滤处理可以采用纱布过滤，也可以用过滤器进行过滤。乳的净化是指利用机械的离心力，将肉眼不可见的杂质去除，使乳净化，目前主要采用离心净乳机进行净化处理。

3）离心分离：把乳分成稀奶油和脱脂乳的过程称为乳的分离。在乳制品生产中离心分离的目的主要是得到稀奶油和脱脂乳，对乳或乳制品进行标准化加工以得到要求的脂肪含量。此外还可清除乳中杂质、细菌。现代化的乳品厂多用奶油分离机分离奶油，目前使用的奶油分离机有开放式、半封闭式和封闭式三种，分离的原理是根据乳脂肪与脱脂乳相对密度的不同，在离心机 6 000～8 000 r/min 的高速旋转离心作用下，使脱脂乳与稀奶油分开，各自沿分离机的不同出口流出。影响分离效果的因素有：

①分离机转速：分离机的转速越快，牛乳的分离效果越好。

②脂肪球直径：脂肪球的直径越大，分离效果越好，一般直径小于 1.0 μm 的脂肪球不能被分离机分离出来。

③牛乳进入分离机的速度：牛乳进入分离机的速度越慢，乳在分离盘内停留的时间越长，脂肪分离就越彻底，但分离机的生产能力也随之降低。

④牛乳的温度：当牛乳的温度降低时，黏度升高，脂肪上浮速度减慢，就会引起脂肪分离不完全。因此在分离稀奶油时应先预热原料乳，有利于提高分离效果。预热温度取决于分离机的类型，一般控制在 35～40℃，若温度过高，会有大量泡沫产生，蛋白质也会发生凝固现象，反而影响分离效果。

4）标准化：根据《食品安全国家标准　巴氏杀菌乳》（GB 19645—2010）的规定，全脂巴氏杀菌乳的脂肪含量应≥3.1 g/100 g。标准化的主要目的是使生产出的产品符合质量标准要求，同时使生产的每批产品的质量均匀一致。标准化工作在储乳罐的原料乳中进行，或在标准化机中连续进行，凡不合乎标准的乳都必须进行标准化。此外，可根据对脂肪含量的不同要求生产不同脂肪含量的乳制品，如脱脂乳、低脂乳。

5）预热均质：鲜乳均质后可使牛乳脂肪球直径变小。因此，均质乳风味良好、口感细腻、有利于消化吸收。通常情况下，并非将全部牛乳都均质，只对稀奶油部分调整到适宜脂肪含量后进行均质以节约成本，称为部分均质。其优点在于用较小的均质机就能完成任务，动力消耗少。生产巴氏杀菌乳时，一般杀菌之前进行均质，以降低二次污染。均质

后的乳应立即进行巴氏杀菌处理。

6）巴氏杀菌：巴氏杀菌保证了产品的安全性并提高了产品的货架期，在巴氏杀菌牛乳生产过程中常采用高温短时巴氏杀菌处理，其杀菌条件为72～75℃保持15～20 s或80～85℃保持10～15 s。如果巴氏杀菌太强烈，产品会有蒸煮味或焦糊味，脂肪也会产生结块或聚合。

高温短时巴氏杀菌目前广泛使用的设备是板式热交换器，加热介质是蒸汽或热水。板式热交换器由许多薄的金属型板平行排列而成。型板（传热薄板）由水压机冲压成型，表面有波纹，如平行波纹、交叉波纹等。这样，增加了换热器的传热面积，也增加了液体的湍流作用，可减少堵塞。加热介质和液体物料就在薄板两侧交替流动，因此，板式热交换器升温和降温速度都很快。加热介质和液体物料之间的温差小，适合于热敏感性产品。

板式热交换器的热量是可以回收的，因此能耗小。当牛乳进入热交换器，首先用已经受热的牛乳进行预热；接着进一步用热水加热，并在保温区流动，以保证足够的加热时间；然后用进入的冷牛乳进行冷却，最后经过冷水（或制冷剂）再进一步冷却。图1给出了板式热交换器的结构和液体通过交换器的路径。由图1可见，板式热交换器是由不同区域组成，包括热回收区、加热区、保温区和冷却区，每一个区域由许多薄板组成。

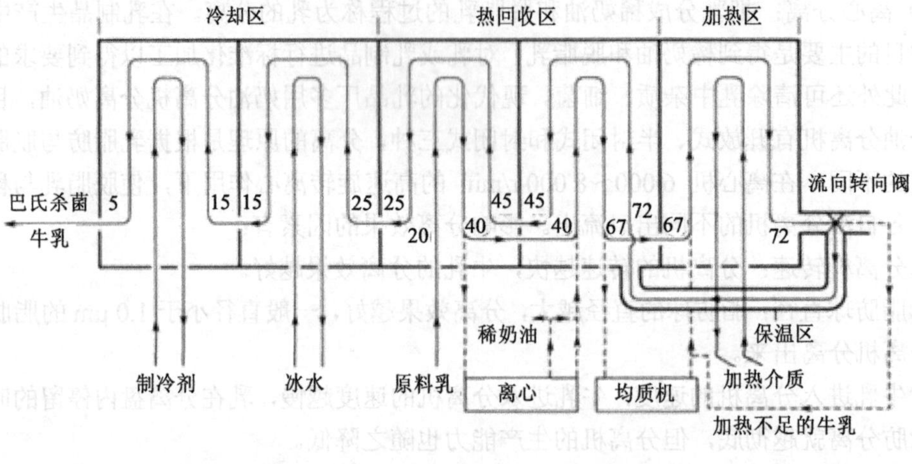


注：图中数字代表牛乳的温度。

**图1 板式热交换器杀菌工艺示意**

资料来源：李晓红．乳制品加工与检测技术[M]．北京：化学工业出版社，2011。

7）冷却：牛乳经巴氏杀菌后，虽然绝大部分微生物已经被消灭，但在以后各项操作中仍有被污染的可能性，为抑制残留微生物的生长和繁殖，增加保存性，杀菌后应及时进行冷却。通常在板式换热器中完成巴氏杀菌乳的冷却，通过冷却区段后可冷却至4～5℃。

8）灌装：冷却后的牛乳应直接分装，及时送至消费者。如不能立即运送，应储存于5℃以下的冷库内。灌装的目的主要是为便于零售，防止外界杂质混入成品中，防止微生物再次污染成品，保存风味以及防止成品吸收外界气味而产生异味等。包装容器可选用玻璃瓶、塑料杯、复合纸袋（盒）等，单一材质的包装容器应符合相应的国家标准，复合包装材料应符合《食品安全国家标准　食品接触用涂料及涂层》（GB 4806.10—2016）的规定。有机产品包装提倡使用由木、竹、植物茎叶和纸质制成的包装材料。

9）冷藏：巴氏杀菌产品的特点取决于其在储存和分销过程中，必须保持冷链的连续性，尤其从乳品厂到商店的运输过程及产品在商品的储存过程是两个最薄弱的冷链环节。在2～6℃条件储存时，巴氏杀菌乳的保质期可在1周左右。储存场所及运输工具应清洁、卫生、干燥，防止日晒、雨淋，不得与有毒、有害、有异味或影响产品质量的物品同库存放或混装运输。

## 4 有机灭菌乳

（1）超高温灭菌乳工艺流程

原料乳验收→预处理→超高温灭菌→无菌平衡罐→无菌灌装→储存

（2）超高温灭菌乳质量控制

1）原料乳质量要求：用于灭菌的牛乳必须是高质量的，即牛乳中的蛋白质能经得起剧烈的热处理而不变性。为了适应超高温处理，牛乳必须至少在75%的酒精浓度中保持稳定。剔除由于下列原因而不适宜于超高温处理的牛乳：①酸度偏高的牛乳；②牛乳中盐类平衡不适当；③牛乳中含有过多的乳清蛋白（如白蛋白、球蛋白等），即初乳。另外，牛乳的细菌数量，特别对热有很强抵抗力的芽孢数目应该很低。

2）设备灭菌：又称预灭菌，即在生产前先用热水处理生产设备，以避免经灭菌处理后的产品被再次污染，其流程与牛乳灭菌有所不同。水直接进入均质机、加热段、保温段、冷却段，在此过程中保持全程超高温状态，继续输送至包装机，从包装机返回，流回平衡槽。如此循环保持回水温度不低于130℃，时间30 min左右。杀菌完毕后，放空灭菌水，进入正常生产流程。

3）均质：原料乳经过预热至75℃后进行均质，通常采用二级均质，第二级均质压力为5 MPa，总压力为25 MPa左右。生产中，应首先设定准确的均质机流速，以保证所需的牛乳流量。

4）灭菌，冷却：均质后的牛乳进入加热段加热到灭菌温度灭菌。有直接加热法和间接加热法两种。

①直接加热法：直接加热系统可分为喷射式（蒸汽喷入产品）和注入法（产品注入蒸汽中）。将乳喷到一定压力下的蒸汽室内或将蒸汽注入乳中，在蒸汽瞬间冷凝的同时加热乳至灭菌温度，保持数秒后，乳进入减压蒸发室，将乳中由蒸发液化而产生的水分等量蒸发出来，同时乳迅速冷却，又称闪蒸。直接加热法的优点是快速加热和快速冷却，最大限度地减少了超高温处理过程中可能发生的物理和化学变化，乳清蛋白质变性程度小，成品质量好。另外，直接加热法设备中附有真空膨胀冷却装置，可起脱臭作用，成品中残氧量低，风味较好，也不存在加热面结垢问题。但直接加热法设备比较复杂，且需纯净的蒸汽。

②间接加热法：间接加热法用管式或板式热交换器加热，通过热交换器将乳加热至灭菌温度，保持数秒后，迅速冷却。导热面由不锈钢制成，间接加热系统设备可分为板式热交换器、管式热交换器和刮板式热交换器。其冷却也可间接通过各种冷却剂来实现。加热介质包括过热蒸汽、热水和加压热水。冷却剂常见的是冷水或冰水。管式热交换器是以管壁为换热间壁的换热设备，常见的有列管式、盘管式、套管式等。与片式换热器比较，管式热交换器的管道比较结实，没有密封垫圈，但是单位体积液体的加热面积比较小，因此

加热介质与进入的液体之间的温差比较大。为了防止堵塞和增加热交换，必须提高液体流速。管式热交换器可以获得比较高的加热温度，比较适合于间接 UHT 处理。

具体的灭菌条件因加热方式的不同而有差异，直接加热法一般为 140～150℃，保持 1～4 s；间接加热法多采用 135～140℃，保持 2～5 s。灭菌后的乳应迅速冷却，先用无菌水将乳降温至约 76℃，再进入热回收段，被 5℃的进乳冷却至 20℃。

5）无菌平衡罐：无菌平衡罐用于超高温灭菌处理乳制品的中间储存（图 2）。灭菌乳在无菌条件下被连续地从管道内送往包装机。为平衡灭菌机和包装机生产能力的差异，并保证在灭菌机或包装机中间停机时不产生相互影响，可在灭菌机与包装机之间装一个无菌平衡罐，起缓冲作用。

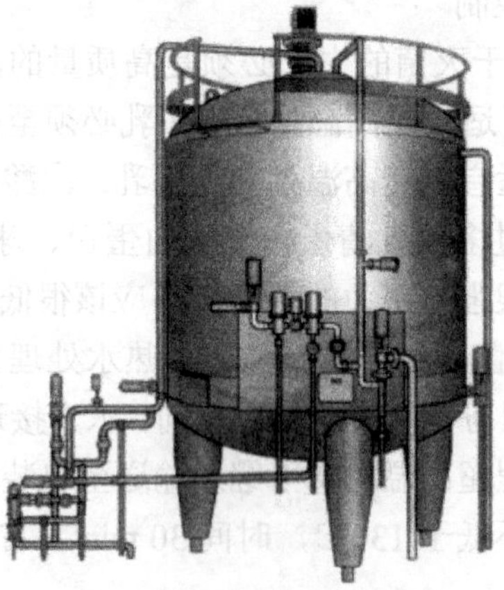

**图 2　配备附属设备的无菌罐**

资料来源：朱丹丹．乳品加工技术[M]．北京：中国农业大学出版社，2013。

6）无菌灌装：经过超高温灭菌及冷却处理后的灭菌乳，应立即进行无菌灌装。无菌灌装是将杀菌后的牛乳，在无菌条件下装入已灭菌的容器内。超高温灭菌乳需在非冷藏条件下具有较长货架期，因此要求包装材料具有优良的隔氧、隔气、防光特性。包装所用的材料通常为内外覆聚乙烯的纸板，它能有效阻挡液体的渗透，并能进行内、外表面的良好封合。为了延长产品的保持期，包装材料中要增加一层氧气屏障，通常要复合一层很薄的铝箔。

7）脱气：采用间接加热 UHT 乳时，应通过脱气的方法除去产品中的氧，否则产品氧气含量过高会导致氧化味的产生和储存过程中一些维生素的损失。直接加热法乳在闪蒸冷却过程中已完成了脱气。

（3）典型超高温（UHT）乳加工生产线

1）以管式热交换器为基础的间接加热的 UHT 乳生产线

UHT 乳的加工工艺有时包含巴氏杀菌过程，因为巴氏杀菌可有效提高生产的灵活性，及时杀灭嗜冷菌，避免其繁殖代谢产生的酶类影响产品的保质期。以管式热交换器为基础的间接加热 UHT 乳生产线见图 3，具体流程如下：巴氏杀菌后的乳（一般为 4℃左右）由平衡槽 1 经供料泵 2 进入预热段（3a），在这里牛乳被热水加热至 75℃后进入均质机 4。通常采用二级均质，第二级均质压力为 5MPa，均质机合成均质效果为 25MPa。均质后的牛乳进入加热段（3 c），在这里牛乳被加热至灭菌温度（通常为 137℃），在保持管 5 中保持 4 s；然后进入热回收冷却段（3 d），在这里牛乳被盐水冷却至灌装温度。冷却后的牛乳直接进入无菌灌装机 8 或先进无菌储存罐 7 后，再进入无菌灌装机 8。若牛乳的灭菌温度低于设定值，则牛乳就沿着启动冷却段（3e）返回平衡槽。加热循环热水的流程是这样的：首先热水经平衡槽、供料泵后进入预热段（3a）和热回收冷却段（3 d），由蒸汽喷射阀 6 注入蒸汽，调节至灭菌所需要的加热介质温度后进入加热段（3 c），热水温度通常高于产品温度 1～3℃，之后热水经中间冷却段（3b）冷却返回平衡槽。

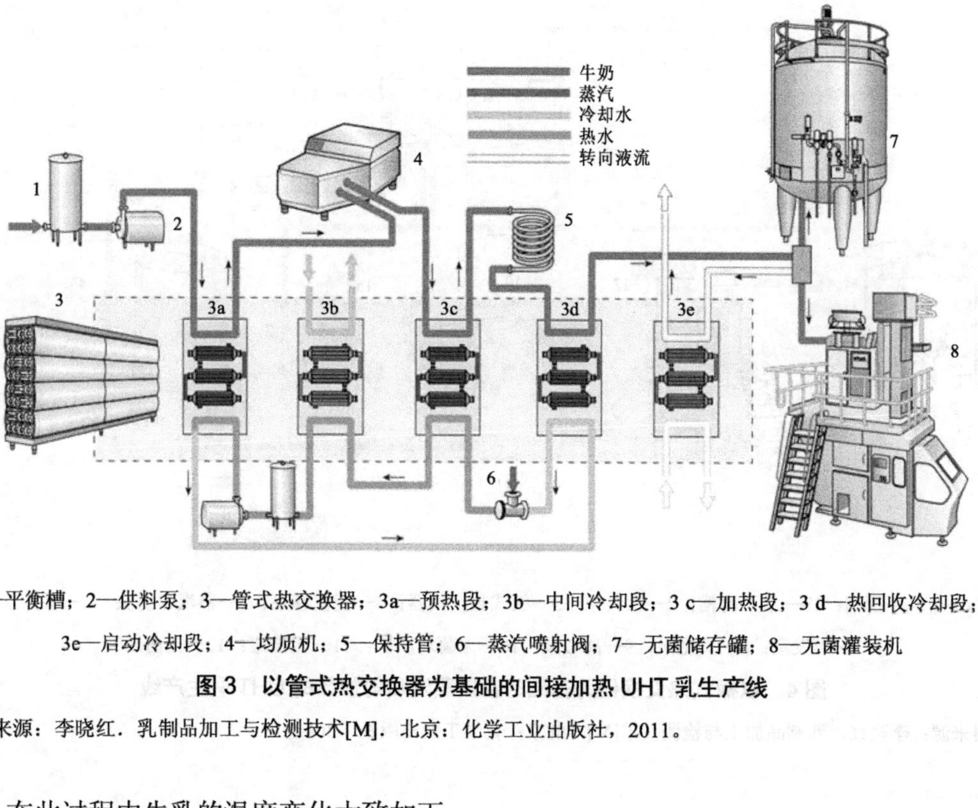


1—平衡槽；2—供料泵；3—管式热交换器；3a—预热段；3b—中间冷却段；3 c—加热段；3 d—热回收冷却段；3e—启动冷却段；4—均质机；5—保持管；6—蒸汽喷射阀；7—无菌储存罐；8—无菌灌装机

**图 3　以管式热交换器为基础的间接加热 UHT 乳生产线**

资料来源：李晓红．乳制品加工与检测技术[M]．北京：化学工业出版社，2011。

在此过程中牛乳的温度变化大致如下：

原料乳经巴氏杀菌后冷却至 4℃→预热至 75℃→均质 75℃→加热至 137℃→保温 137℃→盐水冷却至 6℃→（无菌储存罐 6℃）→无菌包装 6℃

可以看出，在此灭菌过程中，牛乳不与加热或冷却介质直接接触，可以保证产品不受外界污染；另外，热回收操作可节省大量能量。

2）以板式热交换器为基础的直接蒸汽喷射加热的 UHT 乳生产线

在图 4 中，由平衡槽提供的大约 4℃的产品通过供料泵 2 流至板式热交换器 3 的预热段，在预热至 80℃时，产品经供料泵 2 加压至约 400 kPa，并继续流动至环形喷嘴蒸汽喷射头 5，蒸汽注入产品中，迅速将产品温度提升至 140℃（400 kPa 的压力预防产品沸腾）。产品在 UHT 温度下于保持管 6 中保温几秒钟，随后闪蒸冷却。闪蒸冷却在装有冷凝器的蒸发室 7 中进行，由真空泵 8 保持蒸发室部分真空状态。控制真空度，保证闪蒸出的蒸汽量等于蒸汽最早注入产品的量。一台离心泵将 UHT 处理后的产品送入二段无菌均质机 10 中。由板式热交换器 3 将均质后的产品冷却至约 20℃，并直接连续送至无菌灌装机灌装或一个无菌罐进行中间储存以待包装。冷凝所需冷水循环由水平衡槽 1b 提供，并在离开蒸发室 7 后作经蒸汽加热器加热后的预热介质。在预热中水温降至约 11℃，这样，此水可用作冷却剂，冷却从均质机流回的产品。

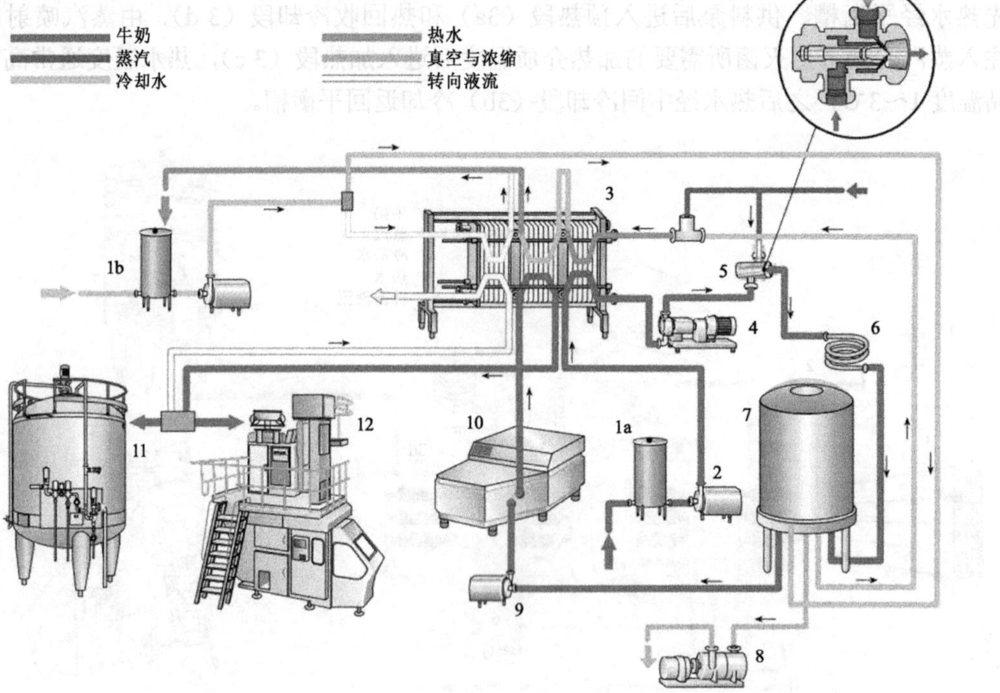


1a—牛乳平衡槽；1b—水平衡槽；2—供料泵；3—板式热交换器；4—正位移泵；5—蒸汽喷射头；6—保持管；7—蒸发室；8—真空泵；9—离心泵；10—无菌均质机；11—无菌罐；12—无菌灌装

**图 4　以板式热交换器为基础的直接蒸汽喷射加热的 UHT 乳生产线**

资料来源：李晓红．乳制品加工与检测技术[M]．北京：化学工业出版社，2011．

## 思考题

1．名词解释：巴氏杀菌乳、UHT 乳、商业无菌、无菌包装。

2．牛乳的热处理方式有哪些？

3．什么是液态乳？液态乳的种类有哪些？

4．说明巴氏杀菌方法的分类及每一类杀菌条件。

5．说明巴氏杀菌乳的生产工艺流程。

6．什么是灭菌乳？按杀菌条件可分为几类？

7．UHT 灭菌乳的生产原理是什么？简述其生产工艺流程及具体工艺要求。

# 任务4 有机酸乳的加工

通过乳酸菌发酵（如酸乳）和由乳酸菌、酵母菌共同发酵（如开菲尔）制成的乳制品叫发酵乳。发酵乳制品是一个综合名称，包括诸如：酸乳、欧默（Ymer）、开菲尔、发酵酪乳、酸乳油、乳酒（以马奶为主）等。发酵乳的名称是由于牛奶中添加了发酵剂，部分乳糖转化成乳酸而来的。在发酵过程中还形成$CO_2$、醋酸、丁二酮、乙醛和其他物质。

酸乳又名酸牛乳或酸奶，最原始的酸乳只是一种利用牛乳或其他动物乳中天然存在的乳酸菌使乳糖转化成乳酸而制作的一种发酵乳。20世纪中叶以来，西欧一些国家开始大量生产发酵乳，其中酸乳已成为国际广泛食用的发酵乳。

## 1 发酵剂的制备

### 1.1 概念

在工业化生产发酵产品前，必须根据生产需要预先制备发酵剂。所谓发酵剂是指制造发酵产品所用的特定微生物培养物，它含有高浓度乳酸菌，能够促进乳的酸化过程。

### 1.2 分类

（1）根据发酵剂制备过程分类

1）乳酸菌纯培养物：即一级菌种，一般多接种在脱脂乳、乳清、肉汁等培养基中，或者用冷冻升华干燥法制成冻干菌粉（可较长时间保存并维持活力）。它是从专门的发酵剂公司或研究所购买的原始菌种，当生产方获得菌种后，即可将其接于灭菌脱脂乳中，活化以供生产需要。

2）母发酵剂：即一级菌种的扩大再培养，其培养基一般为灭菌脱脂乳，它是制备生产发酵剂的基础。母发酵剂的质量直接关系到生产发酵剂的质量。

3）生产发酵剂：又称工作发酵剂，是直接用于实际生产的发酵剂。

各级菌种自上而下存在制约关系，一级菌种质量的优劣，对以后两级菌种影响极大，并直接影响最终产品的质量。

（2）根据发酵剂类型分类

1）单一发酵剂：此类发酵剂只含有一种菌。

2）混合发酵剂：此类型发酵剂含有两种或两种以上的菌种，如保加利亚乳杆菌和嗜热乳酸链球菌按1∶1或1∶2比例混合的酸乳发酵剂。

### 1.3 发酵剂的主要作用

1）分解乳糖产生乳酸，改变乳的组织状态。

2）产生挥发性的物质，如丁二酮、乙醛等，从而使酸乳具有典型的风味。

3）具有一定的降解脂肪、蛋白质的作用，从而使酸乳更利于消化吸收。

4）酸化过程抑制了致病菌的生长，延长制品的保质期。

## 1.4 发酵剂的选择

菌种的选择对发酵剂的质量起着重要作用，应根据生产目的不同选择适当的菌种。选择发酵剂应从以下几方面考虑：

（1）产酸能力和后酸化作用

不同的发酵剂产酸能力会有很大的不同，判断发酵剂产酸能力的方法有两种，即测定酸度和绘制产酸曲线（酸度随发酵时间的变化曲线）。酸度的测定就是检测发酵剂产酸的能力，实际上也是常用的活力测定方法。一般情况下，产酸能力强的发酵剂在发酵过程中容易导致产酸过度和后酸化（后酸化指在终止发酵后，发酵剂菌种在冷却和冷藏阶段仍能继续产酸的现象）过强，所以生产中一般选择产酸能力中等的发酵剂，即 2%接种量，在42℃条件下发酵 3 h 后，滴定酸度为 90～100°T。

后酸化是指在酸乳生产过程中，终止发酵后，发酵剂菌种在冷却和冷藏阶段仍能继续缓慢产酸。它包括 3 个阶段：①冷却过程产酸，即从发酵终点（42℃）冷却到 19～20℃时酸度的增加，产酸能力强的菌种，此过程产酸量较大，尤其在冷却比较缓慢时；②冷却后期产酸，即从 19～20℃冷却到 10～12℃时酸度的增加；③冷藏阶段产酸，即在 0～6℃冷库中酸度的增加。应选择后酸化尽可能弱的发酵剂，以便控制产品质量。

（2）滋味、气味和芳香味的产生

一般酸乳发酵剂产生的芳香物质为乙醛、丁二酮、丙酮和挥发性酸。优质的酸乳必须具备良好的滋气味和芳香味，因此选择产生滋气味和芳香味满意的发酵剂是非常重要的。

（3）黏性物质的产生

发酵剂在酸乳发酵过程中产黏有助于改善酸乳的组织状态和黏稠度，特别是酸乳干物质含量不太高时显得尤其重要。在生产中，若正常使用的发酵剂突然产黏，则可能是发酵剂质量问题所致。一般情况下，产黏发酵剂往往会对酸乳的发酵风味产生不良影响，因此选择这类菌株时最好和其他菌株混合使用。

（4）蛋白质的水解性

乳酸菌的蛋白水解活性一般较弱，如嗜热链球菌在乳中只表现很弱的蛋白水解活性，保加利亚乳杆菌则可表现较高的蛋白水解活性，能将蛋白质水解，产生大量的游离氨基酸和肽类。影响蛋白质水解活性的因素主要有：

1）温度：低温（如 3℃冷藏）蛋白质水解活性低，常温下增强。

2）pH 值：不同的蛋白水解酶具有不同的最适 pH 值。pH 值过高，容易积累蛋白质水解的中间产物，给产品带来苦味。

3）球菌与杆菌的比例：不同菌株产生的蛋白酶种类和蛋白质水解活性也有很大的区别。嗜热链球菌和保加利亚乳杆菌的比例和数量会影响蛋白质的水解程度，德氏乳杆菌保加利亚亚种表现出很高的蛋白酶活力，所以发酵中球菌与杆菌的比例越高，相应的酸乳中氨基酸的含量就越高。

4）储藏时间：储藏时间的长短对蛋白质水解作用也有一定的影响。酸乳中蛋白质的水解程度直接影响了酸乳的质量。蛋白质的水解增加了酸乳的可消化性，但也会使得产品的黏度下降，加快酸乳的后酸化，影响产品的感官质量。酸乳若保质期长，就要选择蛋白质水解能力弱的菌株。

## 1.5 发酵剂的制备

（1）菌种的复活及保存

菌种通常保存在试管或安瓿瓶中，需要恢复其活力，即在无菌操作条件下接种到灭菌的脱脂乳试管中多次传代、培养，而后保存在 0～4℃冰箱中，每隔 1～2 周移植 1 次。但在长期移植过程中，可能会有杂菌污染，造成菌种退化或菌种老化裂解。因此，菌种须不定期地纯化复壮。

（2）母发酵剂的调制

将充分活化的菌种接种于盛有灭菌脱脂乳的三角瓶中，混匀后，放入恒温箱中培养。凝固后再移入灭菌脱脂乳中，如此反复 2～3 次，使乳酸菌保持一定活力，然后再制备生产发酵剂。

（3）生产发酵剂的制备

将脱脂乳、新鲜全脂乳或复原脱脂乳（总固形物含量 10%～12%）加热到 90℃，保持 30 min 后，冷却到 42℃（或菌种要求的最适温度，见表 1）接种母发酵剂，发酵至酸度＞0.8%后冷却到 4℃。此时生产发酵剂的活菌数应达到 $1\times10^8$～$1\times10^9$CFU/mL。

**表 1 常用乳酸菌的形态、特性及培养条件**

| 细菌名称 | 细菌形状 | 菌落形状 | 发育最适温度/℃ | 在最适温度中乳凝固时间 | 极限酸度/°T | 凝块性质 | 滋味 | 组织形态 | 适用的乳制品 |
|---|---|---|---|---|---|---|---|---|---|
| 乳酸链球菌（*Str. Lactis*） | 双球菌 | 光滑微白菌落有光泽 | 30～35 | 12 h | 120 | 均匀稠密 | 微酸 | 针刺状 | 酸乳、酸稀奶油、牛乳酒、酸性奶油、干酪 |
| 乳油链球菌（*Str. Cremoris*） | 链状 | 光滑微白菌落有光泽 | 30 | 12～24 h | 110～115 | 均匀稠密 | 微酸 | 酸稀奶油状 | 酸乳、酸稀奶油、牛乳酒、酸性奶油、干酪 |
| 柠檬明串珠菌<br>戊糖明串珠菌<br>丁二酮乳酸链球菌（产生芳香物质的细菌） | 单球单状<br>双球状<br>长短不同的细长链状 | 光滑微白菌落有光泽 | 30 | 不凝结<br>2～3 d<br>18～48 h | 70～80<br>100～105 | — | — | — | 酸乳、酸稀奶油、牛乳酒、酸性奶油、干酪 |
| 嗜热链球菌（*Str. Thermophilus*） | 链状 | 光滑微白菌落有光泽 | 37～42 | 12～24 h | 110～115 | 均匀 | 微酸 | 酸稀奶油状 | 酸乳、干酪 |
| 嗜热性乳酸菌：保加利亚乳杆菌干酪杆菌嗜酸杆菌 | 长杆状有时呈颗粒状 | 无色的小菌落如絮状 | 42～45 | 12 h | 300～400 | 均匀稠密 | 酸 | 针刺状 | 酸牛乳、马乳酒、干酪、乳酸菌制剂 |

制备生产发酵剂的培养基最好与成品的原料相同或相近，以使菌种的生活环境不致急剧改变而影响活力。生产发酵剂的添加量为发酵乳总量的 1%～2%，最高不超过 5%。

### 1.6 发酵剂的质量要求

1）凝块需有适当的硬度，均匀且细滑，富有弹性，组织状态均匀一致，表面光滑，无龟裂，无裂纹，未产生气泡及乳清分离等现象。

2）具有优良的酸味和风味，不得有腐败味、苦味、饲料味、酵母味及其他异味。

3）将凝块完全粉碎后，质地均匀，细腻润滑，略带黏性，不含块状物。

4）按规定接种后，在规定时间内产生凝固，无延长凝固现象。测定指标（如酸度、感官特征、挥发性酸、滋味等）时符合规定指标要求。

## 2 有机酸乳的定义及分类

### 2.1 概念

有机酸乳是以有机生牛（羊）乳或复原有机牛（羊）乳为原料，经杀菌、接种嗜热链球菌和保加利亚乳杆菌（德氏乳杆菌保加利亚亚种）发酵等工艺制成的产品。有机风味酸乳是以 80%以上有机生牛（羊）乳或复原有机牛（羊）乳为主要原料，经杀菌、接种嗜热链球菌和保加利亚乳杆菌（德氏乳杆菌保加利亚亚种）发酵前或后添加或不添加食品添加剂、营养强化剂、果蔬、谷物等辅料制成的产品。

### 2.2 分类

通常根据成品的组织状态、口味、原料乳中的脂肪含量、生产工艺及菌种的组成等，可将酸乳分成不同的类别。

（1）按成品的组织状态分类

1）凝固型酸乳：发酵过程在包装容器中进行，因而成品因发酵而保留其均匀一致的凝乳状态。

2）搅拌型酸乳：成品先发酵后灌装而得。发酵后的凝乳因在灌装前和灌装过程中搅拌而呈黏稠均匀的半流动状态。

3）饮料型酸乳：在搅拌型酸乳基础上，添加一定比例的水、稳定剂等而配制的液态酸乳。

（2）按成品口味分类

1）天然纯酸乳：产品只经原料乳加菌种发酵而成，不含有任何辅料和添加剂。

2）加糖酸乳：产品由原料乳和糖加入菌种发酵而成。糖添加量一般为 6%～7%。

3）调味酸乳：在天然酸乳或加糖酸乳中加入香料而成。

4）果料酸乳：由天然酸乳或加糖酸乳与果料混合而成。

5）复合型或营养健康型酸乳：通常在酸乳中强化不同的营养素（如食用纤维、维生素等）或在酸乳中混入不同的辅料（如谷物、干果等）而制成。此类酸乳在西方国家非常流行，人们常在早餐中食用。

## 3　有机酸乳的工艺及质量控制

### 3.1　工艺流程

（1）凝固型有机酸乳的工艺流程

生产发酵剂
↓
原料乳预处理→配料→预热→均质→杀菌→冷却→接种→灌装→发酵→冷却→冷藏后熟

（2）搅拌型有机酸乳的工艺流程

生产发酵剂
↓
原料乳预处理→配料→预热→均质→杀菌→冷却→接种→发酵→冷却→搅拌→调味、灌装→冷却、后熟

### 3.2　质量控制

（1）原料乳的质量要求

原料乳质量比一般乳制品原料乳要求高，要选用符合质量要求的新鲜乳、脱脂乳或复原乳为原料，牛乳不得含有抗生素、噬菌体、CIP①清洗剂残留物或杀菌剂，原料乳需经过有机认证。

（2）原料乳预处理

经验收合格的原料乳应及时过滤、净乳、冷却、储存及标准化。目前乳品厂对原料乳进行标准化时，通常采用以下三种途径：

直接添加：在原料乳中直接添加全脂或者脱脂乳粉或乳清粉、酪蛋白粉、奶油、浓缩乳等来达到原料乳标准化的目的，一般乳粉的添加量为1.0%～1.5%。

浓缩原料乳：浓缩方法包括蒸发浓缩、反渗透浓缩和超滤浓缩三种方式，其中蒸发浓缩应用最多。

复原乳：由于奶源条件的限制，有些加工企业常以脱脂乳粉、全脂乳粉、无水奶油为原料，根据所需原料乳的化学组成，生产复原乳，以此来生产酸乳，利用复原乳生产的酸乳产品质量稳定，但往往带有一定程度的“乳粉味”。

（3）配料

1）蔗糖：在酸乳中加入蔗糖是为了降低酸乳特有的酸味感觉，使其口感更柔和，还可提高酸乳的黏度，利于乳的凝固，蔗糖的添加量一般为6%～7%，不能高于12%，试验表明适当的蔗糖对菌株产酸有益，但浓度过高，不仅抑制乳酸菌产酸，而且会增加生产成本。添加蔗糖最好在原料乳杀菌前进行，这样制作的酸乳硬度较好，方法是先将原料乳加热到 50℃左右，加入蔗糖并伴随搅拌，再加热到 65℃，用泵循环通过纱布滤除杂质，送到标准化乳中。

---

① CIP是cleaning in place的简称，意为就地清洗、原位清洗、在线清洗。

2）稳定剂：使用稳定剂的主要目的是提高酸乳的黏度并改善其质地、状态以及口感，一般在凝固型酸乳中不添加稳定剂，仅在搅拌型酸乳和饮料型酸乳中添加，稳定剂的选择和添加量应符合相应标准，常用的稳定剂有明胶、琼脂、果胶及羧甲基纤维素钠等，添加量为 0.1%～0.5%。在搅拌型酸乳中常常使用果料、果酱、蔬菜汁等，在凝固型酸乳中很少使用这些配料。

（4）预热、均质

均质的主要目的是使得原料混合均匀，防止奶油上浮，提高酸乳的稳定性及黏度，并保证乳脂肪均匀分布，从而获得质地细腻、口感良好的产品。为提高均质效果，需先将牛乳预热，一般均质温度为 55～65℃，均质压力为 20～25MPa。

（5）杀菌、冷却

主要目的是杀灭原料乳中的杂菌，确保乳酸菌的正常生长和繁殖；钝化原料乳中对发酵菌有抑制作用的天然抑制物；热处理使牛乳中的乳清蛋白适当变性，以达到改善组织状态，提高黏稠度和防止成品乳清析出的目的。通常原料奶经过 90～95℃并保持 5 min 的热处理效果最好。

杀菌后的乳应立即冷却至 40～45℃或发酵剂菌种生长需要的温度，以便于接种发酵。

（6）接种

接种量依据菌种的活力、发酵方法、生产时间安排以及混合菌种的比例不同而定。一般液体生产发酵剂，产酸活力在 0.7%～1.0%，接种量在 2%～4%。加入的发酵剂应事先在无菌操作条件下搅拌呈均匀细腻状态，不应有大凝块，以免影响成品质量。接种是易造成酸乳受微生物污染的主要环节之一，因此，应严格注意操作卫生，防止细菌、酵母、真菌、噬菌体及其他有害微生物的污染。发酵剂加入后要充分搅拌，使发酵剂与原料乳混合均匀。

发酵剂的添加目前多使用特殊装置，在密闭系统中以机械式自动进行发酵剂的添加。没有该装置时，可将充分搅拌好的发酵剂用手工方式倾入乳罐中。近年来，有的酸乳加工厂也采用直投式发酵剂，只需按规定的比例将发酵剂撒入乳罐中，或撒入工作发酵剂乳罐中扩大培养 1 次，即可作为工作发酵剂。

（7）凝固型酸乳的后续生产质量控制

1）灌装：容器要先经蒸汽灭菌后才能灌装。香精可在牛乳包装之前连续按比例加入。若需添加带颗粒的果粒，应在灌装接种的牛乳之前先定量的加入到包装容器中。图 1 为凝固型酸乳的生产线。

2）发酵：发酵是在特定的发酵室内进行，室内与外墙之间设有良好的绝缘保温层，热源有电加热及蒸汽管道加热两类，室内有温度感应器。发酵是发酵剂充分作用于原料形成最终产品的重要工序，对该工序的管理主要是对发酵温度、发酵时间、球杆菌比例以及发酵终点的管理，应设有专人负责看管。

发酵温度：嗜热乳酸链球菌的最适生长温度略低于保加利亚乳杆菌，发酵温度一般采用 41～44℃，这是两种菌最适生长温度的折中值。发酵温度应恒定，避免忽高忽低。低酸性产品的最终酸度为 0.85%～0.95%，高酸性产品的最终酸度为 0.95%～1.20%。

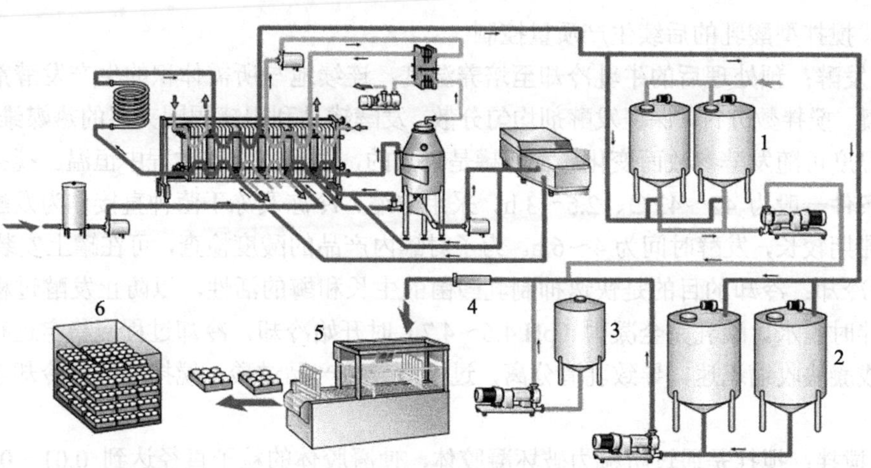


1—生产发酵剂罐；2—缓冲罐；3—香精罐；4—混合罐器；5—包装；6—发酵室

**图 1　凝固型酸乳生产线**

资料来源：岳喜庆．畜产食品加工学[M]．北京：中国轻工业出版社，2014。

发酵时间：制作酸乳一般的发酵时间为 3 h（温度为 41～44℃，属短时间发酵）。在特殊情况下，可 30～37℃培养 8～12 h（长时间发酵）。影响发酵时间的因素包括接种量、发酵菌活性、培养温度、乳品厂所需加工时间、冷却速度及包装容器的类型等。由于影响发酵时间长短的因素众多，因此，每一批次的发酵时间可能会发生一定程度的变化。

发酵终点：酸乳产品的发酵时间一般为 3 h 左右，也可长达 5～6 h，而发酵终点的时间范围（即从接近发酵终点起至开始超过发酵终点之上的这一段时间）较小。若发酵终点确定过早，则酸乳组织嫩，风味差；过晚则酸度高，乳清析出过多，风味差。可采用以下方法判定发酵终点：抽样测定酸乳酸度，通常酸度达到 80°T 即可终止；pH 低于 4.6；控制酸乳进入发酵室的时间，在同等生产条件下，以前几班确定的发酵时间为参考；抽样及观察，打开瓶盖表面有少量水痕，缓慢倾斜瓶身，观察产品的流动性及组织状态，若流动性变差，且有微小颗粒出现，可终止发酵。

3）冷却：冷却的目的是抑制酸乳中乳酸菌的继续繁殖，降低酶的活力，防止产酸过度；使酸乳逐渐形成良好的凝胶状态；降低和稳定酸乳脂肪上浮和乳清析出的速度；延长产品的保质期。到达发酵终点立即关闭向发酵室的供热。可将酸乳从保温室转入冷却室进行冷却，当温度降到 10℃以下时，酸乳中的乳酸菌生长活力非常有限；而在 5℃左右时，它们几乎处于休眠状态，酸乳的酸度变化微小。冷却开始时酸乳组织状态较软，对机械振动很敏感，若遭到破坏，组织状态很难恢复正常。因此，冷却时应小心操作，轻拿轻放，防止振动。

4）冷藏后熟：冷藏温度通常为 4～5℃，在冷藏过程中（24 h），酸度仍会有所上升，同时产生风味物质，如双乙酰、丁二酮，多种风味物质相互平衡形成酸乳的特征风味。一般将该阶段称为后熟期。2~7℃下酸乳的储藏期为 7～14 d。

5）运输：凝固型酸乳在运输与销售过程中不可剧烈振动及颠簸，否则其组织结构易被破坏，乳清析出影响外观。

（8）搅拌型酸乳的后续生产质量控制

1）发酵：预处理后的牛乳冷却至培养温度，连续地与所需体积的生产发酵剂一并泵入发酵罐，搅拌数分钟，保证发酵剂均匀分散。发酵罐是利用罐周围夹层的热媒维持恒温，热媒的温度可随发酵参数而变化。发酵罐是隔热的，以保证培养过程中恒温。搅拌型酸乳的培养条件一般为 42～43℃、2.5～3 h。采用浓缩、冷冻及冻干菌种直接作为发酵剂时，因其迟滞期较长，发酵时间为 4～6 h。为了对罐内产品的酸度检查，可在罐上安装 pH 计。

2）冷却：冷却的目的是快速抑制乳酸菌的生长和酶的活性，以防止发酵过程产酸过度及搅拌时脱水。酸乳完全凝固（pH 4.6～4.7）时开始冷却，冷却过程应稳定进行，冷却过快造成凝块收缩迅速，导致乳清分离，过慢则导致产品过酸。搅拌型酸乳冷却至搅拌适宜温度。

3）搅拌：搅拌是通过机械力破坏凝胶体，使凝胶体的粒子直径达到 0.01～0.4 mm，并使酸乳的硬度和黏度及组织状态发生变化。在搅拌型酸乳的生产中，这是一道重要工序（图 2）。机械搅拌使用宽叶片搅拌器，搅拌过程中应注意既不可过于激烈，又不可过长时间。搅拌时应注意凝胶体的温度、pH 及固体含量等。通常搅拌开始用低速，以后用较快的速度。如果处理不当会造成搅拌型酸乳出现缺陷，不仅降低产品的强度，还会出现分层现象。

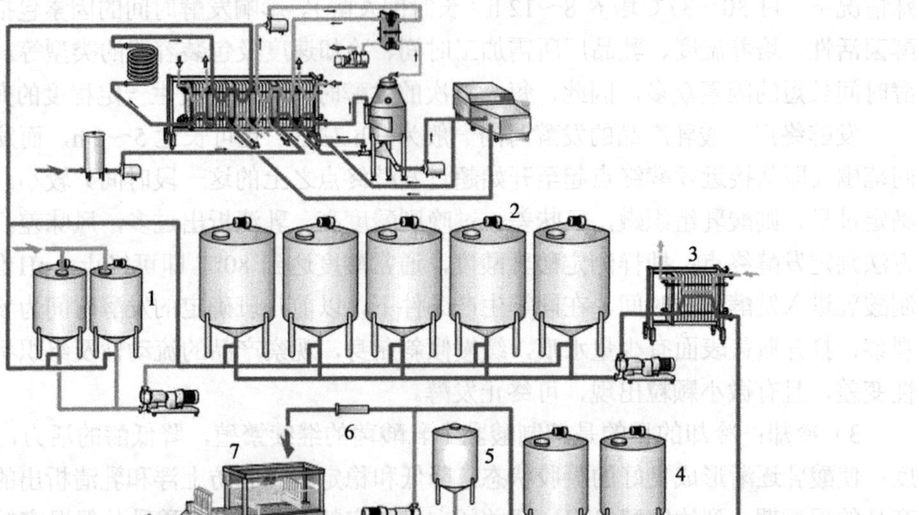


1—生产发酵剂罐；2—发酵罐；3—片式冷却器；4—缓冲罐；5—果料/香料；6—混合器；7—包装

**图 2　搅拌型酸乳生产线**

资料来源：岳喜庆. 畜产食品加工学[M]. 北京：中国轻工业出版社，2014。

搅拌时应注意以下事项：

温度：搅拌的最适温度为 0～7℃，此时适于亲水性凝胶体的破坏，可得到搅拌均匀的凝固物，不仅缩短搅拌时间还可减少搅拌次数。但在实际生产中若要使 40℃的发酵乳降到 0～7℃不太容易，所以开始搅拌时发酵乳的温度以 20～25℃为宜。

pH：搅拌应在 pH 4.7 以下进行，如果在 pH 高于 4.7 搅拌，则因酸乳凝固不完全，黏性不足而影响质量。

干物质：较高的乳干物质含量对搅拌型酸乳防止乳清分离能起到较好的作用。

管道流速和直径：凝胶体在通过泵、管道移送及流经片式冷却板片和灌装过程中，会受到不同程度的破坏，最终影响到产品的黏度。凝胶体在管道输送过程中应以低于 0.5 m/s 的层流形式出现，管道直径不应随着包装线的延长而改变，尤其应避免管道直径突然变小。为减轻对凝乳的破坏，一般选用容积式泵，这种泵不损伤凝乳的结构，且能保证一定的凝乳流量。

4）调味、灌装：冷却至 15～22℃后，酸乳包装前果料和香料可在酸乳从缓冲罐到包装机的输送过程中加入，这种方法通过一台可变速的计量泵连续地将这些成分加入酸乳中。果蔬混合装置固定在生产线上，计量泵与酸乳给料泵同步运转，保证果料在酸乳中均匀分散。有些生产企业也采用在缓冲罐中一次性混合的方式。果料添加物可以是甜的，也可以是天然不加糖的，一般添加量为 15%。酸乳可根据需要，确定包装量、包装形式和灌装机。

5）冷却、后熟：将包装好的酸乳置于 0～7℃冷库中冷藏 24 h 进行后熟，进一步促进芳香物质的产生和改善黏稠度。

## 4　酸乳常见质量缺陷及控制措施

### 4.1　凝固性差

酸乳有时会出现凝固性差或不凝固现象，黏性很差，出现乳清分离。主要原因有原料乳质量不好、发酵温度低、发酵时间短、噬菌体污染、发酵剂活力不够以及加糖量过大等。

1）原料乳质量：乳中含有抗生素、防腐剂时会抑制乳酸菌的生长，影响正常的发酵，从而导致酸乳凝乳性差；原料乳掺水，导致乳的总干物质含量降低，也会影响酸乳的凝固性；原料乳因酸度增加而掺碱，使发酵所产生的酸消耗于中和作用，而不能积累到达凝乳要求的 pH，从而引起乳不能凝固或凝固不良。因此，必须严把原料验收关，不使用含有抗生素、农药、防腐剂及掺碱、掺水的牛乳生产酸乳。对于干物质含量低的牛乳，可适当添加脱脂乳粉以提高总干物质含量。

2）发酵温度和时间：发酵温度和时间依据所采用的乳酸菌种不同而异。发酵温度和时间低于乳酸菌发酵的最适温度和时间，会导致乳酸菌繁殖速度减慢，产酸能力下降，凝乳能力降低，进而引起酸乳凝固性降低。此外，发酵室温度不均匀也是造成酸乳凝乳不良的原因之一。因此，生产中要控制好发酵温度和时间，并尽可能保持发酵温度的恒定。

3）噬菌体污染：噬菌体污染是造成发酵缓慢、凝乳不完全的原因之一。可通过发酵活力降低，产酸缓慢来判断。由于噬菌体对菌的选择作用，可通过定期更换发酵剂的方法加以控制。两种以上的菌种混合使用也可减少噬菌体的危害。

4）发酵剂活力：发酵剂活力减弱或接种量太少会造成酸乳凝固性差。一些灌装容器上残留的洗涤剂和消毒剂应清洗干净，以免影响菌种活力，确保酸乳的正常发酵和凝固。另外，应经常检测发酵剂的活力。

5）加糖量：加糖量过高会产生高渗透压，抑制乳酸菌的生长繁殖，造成乳酸菌脱水死亡，相应活力下降，使得酸乳凝固性差。试验证明，6.5%的加糖量使产品的口味最佳，也不影响乳酸菌的生长。

## 4.2 乳清析出

乳清析出是生产酸乳时常见的质量问题，其主要原因有原料乳热处理不当、发酵时间过长或过短、搅拌型酸乳搅拌不当、总干物质含量低、接种量过大、机械振动等。

1）原料热处理不当：热处理温度偏低或时间不够，就不能使大量乳清蛋白变性，而变性乳清蛋白可与酪蛋白形成复合物，能容纳更多的水分，并且具有最小的脱水收缩作用。据研究，要保证酸乳吸收大量水分和不发生脱水收缩作用，至少使75%的乳清蛋白变性，这就要求85℃、20～30 min或90℃、5～10 min的热处理；UHT加热（135～150℃、2～4 s）处理虽能达到灭菌效果，但不能使75%的乳清蛋白变性，所以酸乳生产不宜用UHT加热处理。根据研究，原料乳的最佳热处理条件是90～95℃、5 min。

2）发酵时间：发酵时间过长或者过短，都会引起乳清分离。若过长，酸度过高破坏了乳蛋白质已经形成的凝胶结构，使其容纳的水分游离出来形成乳清上浮；若过短，乳蛋白质的胶体结构尚未充分形成，不能包裹乳中原有的水分，也会导致乳清析出。因此，酸乳发酵时，应抽样检查，发现牛乳已完全凝固，就应立即停止发酵；若凝固不充分，应继续发酵，待完全凝固后取出。

3）搅拌型酸乳搅拌不当：搅拌速度过快，过度搅拌或泵送造成空气混入产品，会导致乳清分离。因此，应选择合适的搅拌器搅拌，控制好搅拌速度，并注意降低搅拌温度。

4）其他因素：原料乳中总干物质含量低、酸乳凝胶机械振动、乳中钙盐不足、发酵剂加量过大等也会造成乳清析出，在生产时应加以注意，乳中添加适量的$CaCl_2$既可减少乳清析出，又可赋予酸乳一定的硬度。

## 4.3 风味不良

正常酸乳应有发酵乳纯正的风味，但在生产过程中常出现以下不良风味：

1）无芳香味：主要由菌种选择及操作工艺不当引起。菌种混合比例应适当，任何一方占优势都会导致产香不足，风味变差。高温短时间发酵及发酵过度也会造成酸乳酸甜不适，香味不足的口味缺陷。芳香味主要来自发酵剂酶分解柠檬酸产生的丁二酮物质，所以原料乳中应保证足够的柠檬酸含量。

2）不洁味：发酵剂或发酵过程中污染杂菌；搅拌型酸乳在搅拌中因操作不当而混入大量空气，造成酵母和霉菌污染；氧化臭味，过度热处理，添加了气味不良的乳粉或其他配料也是造成气味不良的原因之一。被丁酸菌污染可使产品带有刺鼻的怪味。酸乳较低的pH虽然能抑制几乎所有细菌生长，但却适于酵母和霉菌的生长，被酵母菌污染不仅产生不良气味，还会影响乳的组织状态，使酸乳产生气泡。因此，要严格保证卫生条件。

3）酸甜不适口：酸乳过酸、过甜都会影响风味。发酵过度、冷藏时温度偏高、加糖量低等会导致酸乳偏酸；发酵不足、加糖过高又会导致酸乳偏甜。因此，应控制好加糖量及发酵时间，且发酵后在0～4℃冷藏。

### 4.4 口感差

酸乳在外观上有许多砂状颗粒物存在，口感粗糙，不细腻。砂状结构的原因有：采用高酸度的乳或质量差的乳粉、原料均质不达标、生产中污染杂菌、稳定剂使用过量。

### 4.5 色泽异常

在生产中因加入的果蔬、谷物处理不当而引起变色、褪色。应根据果蔬及谷物的性质及加工特性与酸乳进行合理的搭配和制作。

## 思考题

1．什么是酸乳？酸乳是如何分类的？各有什么特点？
2．生产酸乳所用的原料有哪些？选择果料时有哪些注意事项？
3．什么是发酵剂？在工业生产中有什么作用？
4．发酵剂有几种类型？各有什么特点？
5．工业生产中选择发酵剂要注意些什么？
6．怎样调制发酵剂？发酵剂的质量要求有哪些？
7．简述凝固型酸乳的生产工艺流程和操作要点。
8．简述凝固型酸乳的质量缺陷和控制方法。
9．简述搅拌型酸乳的生产工艺流程和操作要点。
10．简述搅拌型酸乳的质量缺陷和控制方法。
11．加工酸奶的原料乳进行热处理的目的是什么？
12．酸奶发酵终点如何进行判断？
13．酸奶出现凝固性差的原因是什么？



# 任务5 有机乳粉的加工

有机乳粉是以有机牛乳为原料，全脂或脱脂，经杀菌、浓缩、干燥等工艺制成的粉状产品。奶粉中几乎保持了鲜乳的全部营养成分，而且冲调容易，食用方便，便于运输，可以调节产奶的淡旺季节。奶粉除可供人（特殊的奶粉针对不同的人群）直接饮用外，还可供制造糖果、冷饮、糕点等食品加工用。

乳粉生产方法分为冷冻法和加热法两大类。冷冻法因为设备造价高、耗能大、生产成本高，仅适用于特殊乳粉的加工。目前乳粉的生产普遍采用加热干燥法，其中被广泛使用的是喷雾干燥法。

## 1 乳粉的种类

1）全脂乳粉：仅以乳为原料，添加或不添加食品营养强化剂，经浓缩、干燥制成的，蛋白质不低于非脂乳固体的34%，脂肪不低于26.0%的粉末状产品。

2）脱脂乳粉：仅以乳为原料，添加或不添加食品营养强化剂，经脱脂、浓缩、干燥制成的，蛋白质不低于非脂乳固体的34%，脂肪不低于2.0%的粉末状产品。

3）调制乳粉：以乳为原料，添加或不添加食品营养强化剂和其他辅料，经浓缩、干燥制成的粉末状产品；或在乳粉中添加食品营养强化剂和其他辅料而制成的粉末状产品。

4）全脂加糖乳粉：添加白砂糖，蛋白质不低于15.8%，脂肪不低于20.0%，蔗糖不超过20.0%的调制乳粉。

5）调味乳粉：对风味和其他营养成分作了调整，乳固体不低于 70%，蛋白质不低于16.5%（全脂）或不低于22.0%（脱脂），脂肪不低于18.0%的调制乳粉。

## 2 有机全脂乳粉生产工艺及要点

### 2.1 生产工艺

乳粉的品种繁多，但是乳粉的生产主要包括原料乳的验收及预处理、杀菌、浓缩、干燥、调配等过程。有机全脂乳粉加工是乳粉类加工中最简单且最具代表性的一种方法，工艺中应用了喷雾干燥技术，其他种类的奶粉加工都是在此基础上进行的。下面以有机全脂乳粉为例介绍乳粉的生产工艺流程。

生产工艺如下：

原料乳验收及预处理→标准化→均质→杀菌→真空浓缩→喷雾干燥→出粉→冷却→筛粉→包装→成品→入库→检验→出厂

### 2.2 工艺要点

（1）原料乳的验收及预处理

加工乳粉所需的原料乳，必须经过有机认证。原料乳经过严格的感官、理化及微生物检验合格后，才能进入加工程序。鲜乳经过验收后应及时进行过滤、净化、冷却和储存等预处理。

（2）标准化

全脂乳一般进行标准化，主要是控制成品中脂肪的含量。目前我国全脂乳粉标准中全脂甜乳粉要求脂肪含量在20%～25%，全脂淡乳粉为25%～30%。

（3）均质

生产全脂乳粉、全脂甜乳粉以及脱脂乳粉时，一般不必经过均质操作。但若乳粉的配料中加入了植物油或其他不易混匀的物料时，就需要进行均质操作。均质时的压力一般控制在14～21 MPa，温度控制在60℃为宜。均质后脂肪球变小，从而可以有效地防止脂肪上浮，并易于消化吸收。

（4）杀菌

牛乳中存在的微生物会影响乳粉的品质，缩短乳粉的保质期。通过杀菌可消除或抑制细菌的繁殖及解脂酶和过氧化物酶的活力。杀菌的目的有以下几个：

1）杀灭存在牛乳中的全部病原微生物及绝大部分腐败微生物。

2）破坏牛乳中酶的活力，尤其是解脂酶和过氧化物酶的活力，以防止乳粉的氧化。

3）提高浓缩过程中牛乳的进料温度，使牛乳的进料温度超过浓缩锅内相应牛乳的沸点，杀菌乳进入浓缩锅后即自行蒸发，从而提高了浓缩设备的生产力，减少浓缩设备加热器表面结垢现象。

4）高温杀菌可提高乳粉的香味，同时又因分解含硫氨基酸，而产生活性硫氨基，提高了乳粉的抗氧化性，延长了乳粉的保质期。

原料乳的杀菌方法，可以采用低温杀菌法、高温短时间杀菌法或超高温瞬时杀菌法等。选择杀菌条件与设备和干燥方法有关。喷雾干燥制造全脂乳粉，一般采用高温短时间杀菌法，其设备与浓缩设备相连。若使用列管式杀菌器，通常采用的杀菌条件为80～85℃、5～10 min。板式杀菌设备，选用80～85℃、15 s。若采用超高温瞬时杀菌装置则为130～135℃、2～4 s。而国外生产上较多用的是85～115℃、2～3 min。

杀菌方法对全脂乳粉的品质特别是溶解度和储藏性有很大影响。提高杀菌温度和延长时间直接影响溶解度等指标。因此必须根据制品的品质特性，选择合适的杀菌方法。超高温瞬时杀菌不仅几乎能将原料乳中微生物全部杀死，而且，乳蛋白可以达到软凝块化，营养成分破坏程度小，近年来为人们所重视。

（5）真空浓缩

牛乳经杀菌后立即泵入真空蒸发器进行减压（真空）浓缩，除去乳中大部分水分。

1）牛乳真空浓缩的目的

①牛乳中含有87.5%～89%的水分，在全脂乳粉生产中，牛乳经过浓缩可除去70%～80%的水分，因此可提高喷雾干燥设备的效率，在设备设计时可减少干燥室的容积，并可相应地减少动力及热能的消耗。

②可提高牛乳中干物质含量，使牛乳颗粒直径增大，改善冲调性。

③乳粉颗粒较大，利于粉尘回收设备分离，提高了回收设备的分离效率，使产品的产率提高，损失变小。

④提高了乳粉的密度，减少包装过程中粉尘飞扬现象、黏粘现象，便于包装。

2）真空浓缩的设备及条件

①真空浓缩的设备：浓缩设备有单效循环式升膜蒸发器、单效降膜式蒸发器、双效降膜式蒸发器和板式蒸发器等。我国乳粉加工厂目前使用双效和三效者居多。

②浓缩时的条件：使用带热压泵的双效降膜蒸发器时，第一效压力保持在31～40 kPa，温度为70～72℃；第二效压力保持在15～16.5 kPa，温度为40～50℃。使用带热压泵的三效降膜蒸发器时，第一效压力保持在31.9 kPa，温度为70℃；第二效压力保持在17.9 kPa，温度为57℃；第三效压力保持在9.5 kPa，温度为44℃。

3）真空浓缩的要求

一般要求原料乳浓缩至原体积的1/4，乳干物质达到45%左右。浓缩后的乳温一般为47～50℃，其密度应在1.089～1.100。不同产品的浓缩程度如下：

①全脂乳粉：浓度为11.5～13°Bé，相应乳固体含量为38%～42%。

②脱脂乳粉：浓度为20～22°Bé，相应乳固体含量为35%～40%。

③全脂甜乳粉：浓度为15～20°Bé，相应乳固体含量为45%～50%，生产大颗粒乳粉时浓缩乳浓度提高。

浓度的控制一般以测定样品中浓缩乳的密度或黏度来确定，也可以在浓缩设备上安装折光仪进行连续测定。

(6) 喷雾干燥

浓缩乳中仍然含有较多的水分，必须经喷雾干燥后才能得到乳粉。牛乳的喷雾干燥主要是通过机械作用，将需干燥的牛乳分散成很细的像雾一样的微粒（增大水分蒸发面积，加速干燥过程），然后与热空气接触，在瞬间将大部分水分除去，使牛乳中的固体物质干燥成粉末。

喷雾干燥过程主要分成以下三步：①将浓缩乳分散成非常微细的雾状液滴；②微细的雾状液滴与热空气接触，在此过程中牛乳中的水分大量迅速蒸发，该过程又可分为预热段、恒速干燥段和降速干燥段；③将乳粉颗粒与热空气分开。在干燥室，整个干燥过程大约用时 25 s。由于微小液滴中水分不断蒸发，物料的温度一直低于周围热空气的温度，也就是说乳粉的温度一般不会超过 75℃。干燥的乳粉含水量 2.5%左右，从塔底排出，而热空气经旋风分离器分离所携带的乳粉颗粒而净化，或排入大气或进入空气加热室再利用。喷雾干燥技术最大的优点是干燥速度极快，一般仅需几秒至几十秒，具有瞬间干燥的特点，此外制品的品质好，生产过程简单，操控方便，适于连续化、规模化生产。其缺点主要是耗热量较大，热效率较低。

1）喷雾干燥的雾化方法

①压力喷雾法：压力喷雾法是采用高压泵将浓缩乳通过雾化器，使之克服表面张力而雾化成微细乳滴，在干燥室内与热空气接触，在瞬间获得干燥。浓缩乳经高压泵以高速送到喷头处时，以一定速度沿着斜线导乳沟进入喷嘴的旋转室，浓缩乳的部分静压能转化为动能，使浓缩乳产生旋转运动，在喷嘴中央形成压力等于大气压的空气旋流，而浓缩乳则形成围绕空气旋转的环形薄膜从喷嘴喷出，液膜长度变薄并拉成丝，最后断裂成乳滴，乳滴群遇热迅速干燥。常用的雾化器有 S 型和 M 型两种。

②离心喷雾法：离心喷雾法是通过一个高速旋转转盘的离心力作用将浓缩乳喷成微细乳滴，在干燥室内与热空气接触达到瞬间干燥的目的。浓缩乳在高速旋转的转盘上雾化时，受到两种力的作用，一种是转盘旋转产生的离心力；另一种是由空气与乳液之间较高的相对速度产生的摩擦力。乳液在排到空气中以前，被离心力作用加速到很高速度，从转盘的周边甩出时呈薄膜状，与周围空气接触的瞬间受摩擦力作用而立即分散成微细乳滴，达到雾化目的，遇热迅速干燥。常用的雾化器有沟槽式、喷枪式、曲叶板式等，设计良好的雾化器，运转时应使雾滴大小均匀，润湿周边长；能使料液达到高转速；并且离心盘结构简单、坚固、质轻、易拆洗、无死角、生产效率高。典型的离心雾化器工作如图 1 所示。

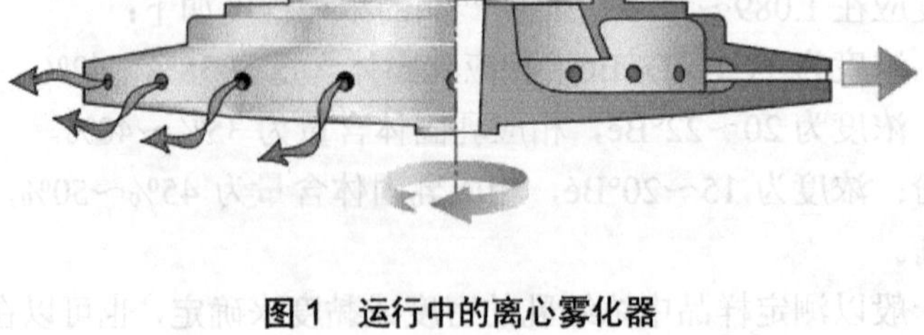

图 1 运行中的离心雾化器

资料来源：李晓红．乳制品加工与检测技术[M]．北京：化学工业出版社，2011。

压力喷雾与离心喷雾工艺性能对比见表1。

**表1　压力喷雾与离心喷雾工艺性能对比**

| | 压力喷雾 | 离心喷雾 |
|---|---|---|
| 优点 | ①结构简单，操作管理方便，通过设置不同的数量喷枪可调节喷雾流量。<br>②改变喷嘴形状或大小，可调节制品颗粒大小或密度。<br>③制品的容重较大，颗粒中空气含量少，成品储藏性能好。<br>④可采用大型干燥室，动力消耗较低 | ①通过单独调整离心盘转速，即可改变喷雾量，其幅度达25%。<br>②不需要用高压泵送料，容易进行喷雾流量的自动控制。<br>③浓度高和黏度大的浓缩乳仍可喷雾，料液浓度可提高至50%以上。<br>④制品颗粒较大，冲调性能好 |
| 缺点 | ①喷嘴容易磨损，需要用硬质合金或人造宝石材料，否则喷嘴孔径变化对颗粒大小及分布有明显影响。<br>②对高浓度和高黏度物料喷雾较困难。<br>③乳粉颗粒平均直径较离心喷雾小，可能影响制品的冲调性 | ①喷雾结构较复杂，运转费用稍高于压力喷雾。<br>②设备能力较小，且不能用于水平顺流喷雾。<br>③热风箱调节不当时，焦粉较多，致使制品杂质度增加。<br>④制品容重较小，颗粒中含空气泡较多，会影响成品的储藏性 |

2）喷雾干燥的基本装置

①一段干燥：最简单的生产乳粉的设备是一个具风力传送系统的喷雾干燥器，见图2。这一系统建立在一级干燥原理上，即从将浓缩乳中的水分脱除至要求的最终湿度的过程全部在喷雾干燥室1内完成。相应风力传送系统收集乳粉和乳粉末，一起离开喷雾塔室进入到主旋风分离器6与废空气分离，通过最后一个旋风分离输送系统7冷却乳粉，并送入袋装漏斗。

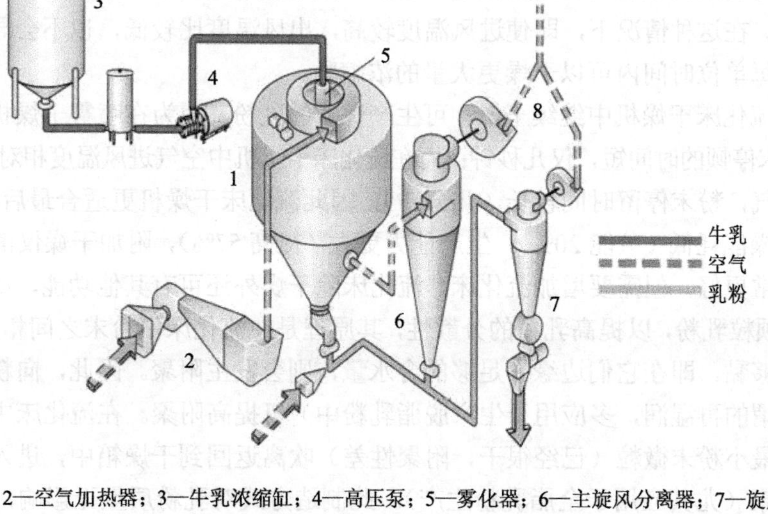


1—喷雾干燥室；2—空气加热器；3—牛乳浓缩缸；4—高压泵；5—雾化器；6—主旋风分离器；7—旋风分离输送系统

**图2　带有圆锥底的传统喷雾干燥（一段干燥）室**

资料来源：李晓红．乳制品加工与检测技术[M]．北京：化学工业出版社，2011。

②两段干燥：传统的喷雾干燥法生产乳粉相对成本比较高，如能量消耗大、干燥（塔）室造价很高。理论上提高雾化前乳的浓缩程度，并采用更高的进风温度，可取得更好的效率，但是这些措施很容易导致制品的热损伤。若粉末在完全干燥之前（水分含量5%～6%的乳粉）就被从空气中分离出来，而在干燥室外继续干燥，则形成两段干燥加工工艺，如图3所示。

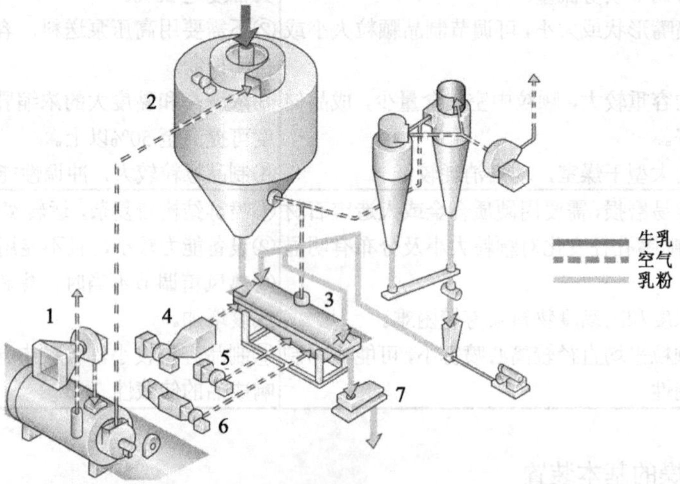


1—间接加热器；2—干燥室；3—振动流化床；4—用于流化床的空气加热器；
5—用于流化床的周围冷却空气；6—用于流化床的脱湿冷却空气；7—筛子

**图3 带有流化床辅助装置的喷雾干燥室**

资料来源：李晓红．乳制品加工与检测技术[M]．北京：化学工业出版社，2011。

两段干燥方法生产乳粉包括了喷雾干燥第一段和流化床干燥第二段。乳粉离开干燥室的湿度比最终要求高2%～3%，流化床干燥器的作用就是除去这部分超量湿度并最后将乳粉冷却下来。在这种情况下，即使进风温度较高，出风温度比较低，也不会导致热损害的增加。而且每单位时间内可以干燥更大量的浓缩乳。

乳粉在流化床干燥机中继续干燥，可生产优质的乳粉。因为在喷雾干燥机中空气进风温度高。粉末停顿的时间短，仅几秒钟；而在流化床干燥机中空气进风温度相对低（130℃），消耗很少空气，粉末停留时间较长（几分钟），因此流化床干燥机更适合最后阶段的干燥。

两段干燥能耗低（节能20%），生产能力更大（提高57%），附加干燥仅消耗5%热能，乳粉质量通常更好，但需要增加流化床。流化床除干燥外还可有其他功能，如用于粉粒附聚，生产大颗粒乳粉，以提高乳粉的分散性，其原理是在流化床中粉末之间相互碰撞强烈，如果它们足够黏，即在它们边缘有足够的含水量，则会发生附聚。因此，向粉末中吹入蒸汽（这是所谓的再湿润，多应用于生产脱脂乳粉中）可提高附聚。在流化床中空气速度要调整，以将最小粉末微粒（已经很干，附聚性差）吹离返回到干燥箱中，进入雾化液体入口与湿滴附聚（尤其应用于全脂乳粉生产）。此制造方式对乳粉质量无影响，因为最小粉末几乎没有被破坏。这些过程使粉末容易分散，即乳粉速溶。

③三段干燥：三段干燥中第二段干燥在喷雾干燥室的底部进行，而第三段干燥位于干燥塔外进行最终干燥和冷却。主要有两种三段式干燥器：具有固定流化床的干燥器与具有

固定传送带的干燥器。

（7）出粉、冷却、包装

1）出粉与冷却：干燥的乳粉，落入干燥室的底部，粉温为 60℃左右，应尽快出粉。冷却的方式主要有以下两种：

①气流出粉、冷却：这种装置可以连续出粉、冷却、筛粉、储粉、计量包装。其优点是出粉速度快，其缺点是易产生过多的微细粉尘。

②流化床出粉、冷却：流化床出粉和冷却装置的优点为乳粉不受高速气流的摩擦，故乳粉质量不受损害；同时可节省输粉中消耗的动力。

2）筛粉与晾粉：筛粉一般采用机械振动筛，筛底网眼为 40～60 目。目的是使乳粉均匀、松散，便于冷却。晾粉的主要目的不但使乳粉的温度降低，同时乳粉表观密度可提高 15%，有利于包装。

3）包装：包装方式直接影响乳粉的储存期，如塑料袋包装的储存期规定为 3 个月，铝铂复合袋包装的储存期规定为 12 个月，真空包装技术和充氮包装技术可使乳粉质量保存 3～5 年。

## 3 有机调制乳粉的设计依据及生产工艺要点

调制乳粉主要是针对婴儿营养需要，在乳中添加某些必要的营养成分，经加工制成的。初期的调制乳粉为加糖乳粉，后来发展成为模拟人乳的营养组成，通过添加或提取牛乳中的某些成分，使其组成在数量上和质量上都接近人乳，制成特殊调制乳粉，即所谓“母乳化”乳粉。母乳化乳粉又称婴儿乳粉，目前已经成为一些工业发达国家的主要乳制品品种之一。下面以有机婴儿乳粉为例加以说明。

### 3.1 有机婴儿乳粉配方设计依据

（1）婴儿乳粉的特性

健康母乳是哺育婴儿的最佳营养供给源。如果母乳不足，或不能进行母乳喂养时，过去就用牛乳代替母乳进行人工喂养。但牛乳的营养组成毕竟与人乳有所不同（见表 2）：牛乳中蛋白质和灰分量比人乳多，而乳糖则较少。用牛乳喂养婴儿会发生各种营养障碍，很难满足婴儿的生长发育需要。因此，用牛乳哺育婴儿时，必须对其营养组成进行适当调整。

表 2 母乳和牛乳的一般成分比较

| 成分 | 总固体/g | 全蛋白质/g | 含氮化合物/% | | | | | 脂质/g | 糖质/g | 灰分/g | 热能/kJ |
|---|---|---|---|---|---|---|---|---|---|---|---|
| | | | 酪蛋白-氮 | 白蛋白球蛋白-氮 | 胨-氮 | 氨基-氮 | 非氨基-氮 | | | | |
| 母乳 | 12.00 | 1.1 | 43.9 | 32.7 | 4.3 | 3.5 | 15.6 | 3.3 | 7.4 | 0.20 | 62 |
| 牛乳 | 11.65 | 2.98 | 78.5 | 12.5 | 4.0 | 5.0 | 5.0 | 3.32 | 4.38 | 0.71 | 59 |

（2）婴儿乳粉营养成分调整

1）蛋白质的调整：牛乳蛋白质不仅含量比人乳高得多，而且组成与人乳差异也较大。牛乳酪蛋白与乳清蛋白的比例为 5∶1，而人乳则接近 1∶1。牛乳酪蛋白中，42%为 $\alpha_s$-球蛋白，而人乳酪蛋白中几乎不存在 $\alpha_s$-球蛋白。两者对钙的凝集性也不相同，例如对于

0.1 mol 的 $CaCl_2$ 溶液，牛乳酪蛋白约有 70%凝集，而人乳酪蛋白只有 30%凝集。牛乳酪蛋白胶粒直径为 80～120 nm，而人乳酪蛋白胶粒直径仅 70～80 nm。对于乳清蛋白质，现已确认牛乳中含有 α-乳球蛋白、β-乳球蛋白，而人乳中几乎不含 β-乳球蛋白。牛乳酪蛋白在胃酸的作用下，形成的凝块较为粗大，因而蛋白质利用率只有 81.5%；而人乳酪蛋白在胃酸的作用下形成细小的凝块，蛋白质利用率为 94.5%，这就是说，如果用牛乳喂养婴儿，需要多吃 13%的蛋白质，这样就增加了代谢负担。因此，对蛋白质加以调整是必要的。

调整蛋白质的方法，通常是添加脱盐的甜性乳清或乳清粉，使酪蛋白和乳清蛋白的比例接近人乳；或者添加酪蛋白的酸水解物，以提高酪蛋白的消化性。

2）脂肪的调整：牛乳脂肪含量与人乳基本相同，但构成甘油酯的脂肪酸组成却不同。牛乳脂肪中饱和脂肪酸和不饱和脂肪酸的比例是 65∶35，而人乳中的比例为 1∶1。为此，可采用不饱和脂肪酸含量高的植物油调整脂肪酸的组成。美国小儿科学会建议，每 418.5 kJ（100 kcal）婴儿乳粉中，含 3.3 g 脂肪，占总热量的 30%；亚油酸 300 mg，占总热量的 3%。

3）碳水化合物的调整：在哺乳期，婴儿所需的碳水化合物全部由乳汁中的乳糖供给。但牛乳中的乳糖含量远低于人乳。人乳中乳糖约为蛋白质的 6.5 倍，而牛乳中乳糖仅为蛋白质的 1.5 倍。乳糖分解后可得到 1 分子的葡萄糖和 1 分子的半乳糖，而半乳糖和脂质是构成脑组织的主要成分。因此，在婴儿乳粉中要多补加一些乳糖分解物。在碱性条件下，长时间加热，则乳糖分解为半乳糖、乳果糖、异构化乳糖、塔格糖、含氮化合物和微量的乳胺化物、有机酸等，经离子交换树脂精制后，可得到乳糖分解物，将其添加于婴儿乳粉中喂养婴儿时，可促进婴儿肠道中双歧乳杆菌的生长繁殖，使婴儿粪便呈酸性、带黄色，近似母乳喂养的婴儿粪便。

此外，可添加一些滋养糖和可溶性多糖。滋养糖为淀粉糊化后，经淀粉酶糖化，再经浓缩干燥制得的粉末状物质，其中麦芽糖含量为 50%～62%，糊精含量为 35%～48%。可溶性多糖为淀粉经酸或酶分解为含 10～300 个葡萄糖分子的分解物，主要是淀粉至单糖之间的聚合度不同的糊精。糊精易消化，并可抑制肠内细菌发酵，有防止下痢的作用。

4）矿物质的调整：牛乳中矿物质含量相当于人乳的 3.5 倍，这会增加婴儿的肾脏负担。通常用大量添加脱盐乳清粉的办法加以稀释。但需要补加铁等微量元素，并且控制 Ca/P=1.2～2.0，K/Na=2.88 左右为宜。

5）维生素的调整：婴儿乳粉应充分强化维生素，特别是叶酸和维生素 C，它们对芳香族氨基酸的代谢起辅酶作用，婴儿乳粉一般添加的维生素为维生素 A、维生素 $B_1$、维生素 $B_6$、维生素 B12、叶酸、维生素 C、维生素 D、维生素 E 等。维生素 E 的添加量以控制维生素 E（mg）和多不饱和脂肪酸（g）的比例大于或等于 0.8 为宜。

### 3.2 有机婴儿乳粉的生产工艺

（1）工艺流程

各国不同品种的有机婴儿乳粉，生产工艺有所不同，目前婴儿奶粉的生产大多采用湿法或半干法，需要将大量的粉状配料重新溶解，然后和牛乳及营养添加剂混合后通过喷雾干燥来生产。图 4 为有机婴儿乳粉的一般生产工艺流程。生产过程中，为了增加脂溶性维生素（如维生素 A 和维生素 D）的溶解性，首先将其溶解到部分油脂后再进行混料处理。热敏性维生素（如维生素 $B_1$ 和维生素 C）不能在配料时添加，为了避免加热对其影响，应在喷雾干燥后加入。其余工艺同有机全脂乳粉的加工。

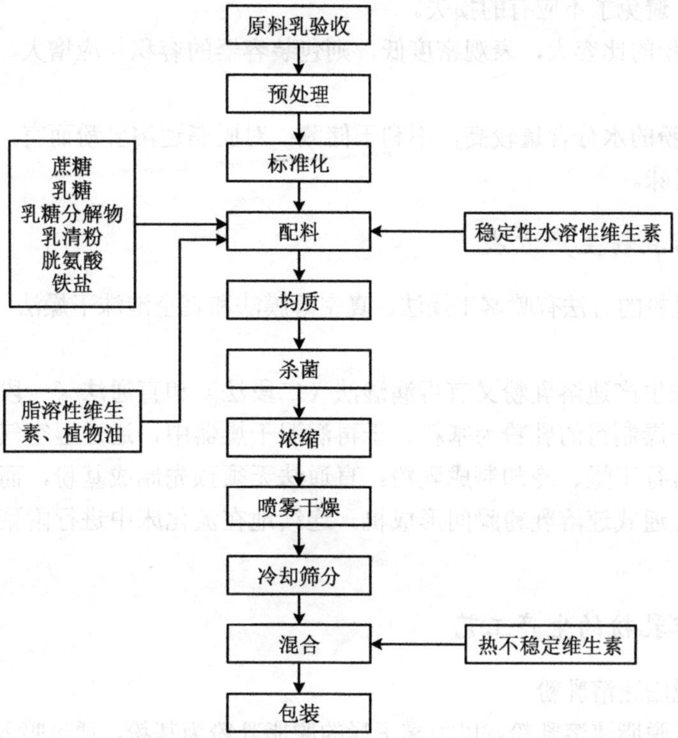


**图 4 有机婴儿乳粉的一般生产工艺流程**

（2）工艺要点

1）原料乳的验收和预处理：应符合生产有机乳粉的要求。

2）配料：按比例要求将各种物料混合于配料缸中，开动搅拌器，使物料混匀。

3）均质、杀菌、浓缩：混合料均质压力一般控制在 18MPa；杀菌和浓缩的工艺要求和乳粉生产相同。浓缩后的物料浓度控制在 46%左右。

4）喷雾干燥：进风温度为 140～160℃，排风温度为 80～88℃。

## 4 有机速溶乳粉的生产及工艺要点

乳粉的速溶是指在温水或冷水中都具有很快的溶解速度，将乳粉放到水中，轻轻搅拌即可完全、快速地溶解。速溶乳粉是将全脂乳、脱脂乳经特殊的工艺操作而制得的乳粉，其复原性获得了改善。

### 4.1 速溶乳粉的特点

1）速溶乳粉的颗粒直径大，一般为 100～800 μm。

2）速溶乳粉的润湿性、沉降性和分散性得到极大的改善，当用不同温度的水冲调复原时，只需搅拌一下，即迅速溶解，不结块；即使用冷水直接冲调也能迅速溶解，无须先调浆再冲调。

3）速溶乳粉的乳糖是呈结晶状的含水乳糖，在包装和保存过程中不易吸潮结块。

4）速溶乳粉的直径大而均匀，减少了制造、包装及使用过程中粉尘飞扬的程度，改善了工作环境，避免了不应有的损失。

5）速溶乳粉的比容大，表观密度低，则包装容器的容积相应增大，一定程度上增加了包装费用。

6）速溶乳粉的水分含量较高，不利于储藏；对脱脂速溶乳粉而言，易于褐变，并具有一种粮谷的气味。

## 4.2 有机速溶乳粉生产方法

生产速溶乳粉的方法有喷雾干燥法、真空薄膜法和真空泡沫干燥法，应用最广的是喷雾干燥法。

喷雾干燥法生产速溶乳粉又有再润湿法（二段法）和直通法（一段法）之分。再润湿法是以喷雾干燥制得的乳粉为基粉，于再润湿干燥器中，通过湿空气或乳液雾滴使其附聚成团粒，再行干燥、冷却制成乳粉。直通法无须预先制成基粉，而是在喷雾干燥塔下部连接一组直通式速溶乳粉瞬间形成机，连续地在流化床中进行附聚、干燥、冷却制成乳粉。

## 4.3 有机速溶乳粉的生产工艺

（1）有机脱脂速溶乳粉

二段法生产脱脂速溶乳粉，以喷雾干燥的脱脂乳粉为基粉，通过喷入湿空气或雾滴使其吸湿附聚成较大团粒，同时将吸湿性很强的非结晶乳糖转变为不吸湿的结晶乳糖，再进行干燥、冷却、包装。

1）生产基粉时脱脂乳的杀菌温度宜采用 80℃，保温时间为 15 s，浓缩蒸发温度采用 45～50℃。

2）将基粉由螺旋输送器注入到加料斗，经振动筛板均匀地撒布于干燥室第一段内，与潮湿空气或低压蒸汽接触，使乳粉的水分含量增高至10%～12%，乳粉颗粒表面快速溶胀，相互积聚而使直径增大，乳糖结晶。

3）已结晶及附聚的乳粉在干燥室第二段与温度为 100～120℃的热空气相接触，再进行干燥，使乳粉的水分含量达到要求。

4）从干燥室出来的乳粉，在一个长的输送带上与冷风直接接触，冷却至一定的温度。

5）过筛使颗粒大小均匀一致。

6）包装。

二段法生产速溶乳粉流程见图 5。

（2）有机全脂速溶乳粉

全脂速溶乳粉含 26%以上的脂肪，乳粉颗粒或附聚团粒的外表面都有许多脂肪球存在，使颗粒表面游离脂肪增多，乳粉在水中不易润湿下降，不易达到速溶的要求。因此，全脂速溶乳粉的生产除使乳粉颗粒附聚外，还需要改善乳脂肪的润湿性问题。近年来，采用附聚-喷涂卵磷脂的工艺，使产品达到速溶的要求。

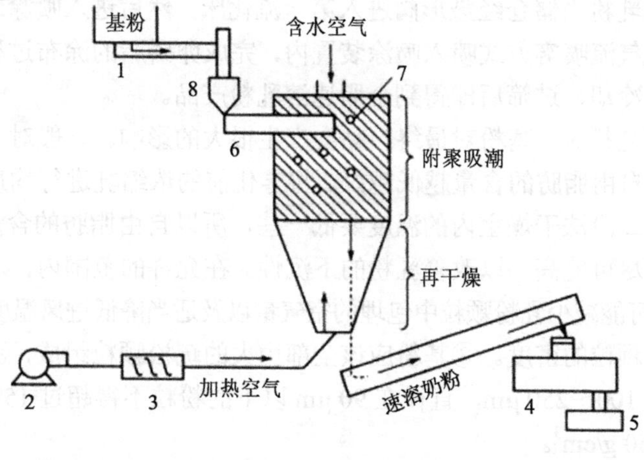


1—螺旋输送器；2—鼓风机；3—加热器；4—粉碎和筛选机；5—包装机；6—振动筛板；7—干燥室；8—加料斗

**图5　二段法生产速溶乳粉流程**

资料来源：李晓红．乳制品加工与检测技术[M]．北京：化学工业出版社，2011。

全脂速溶乳粉的生产也可采用一段法或二段法，主要包括以下两个关键环节。

1）附聚：采用高浓度、低压力、大孔径喷头、低转盘转速可以使生产的乳粉颗粒直径大、分布频率在一定范围内，从而改善了下沉性。

2）喷涂卵磷脂：卵磷脂是一种既亲水又亲油的表面活性物质，喷涂于乳粉颗粒的表面可以增强乳粉颗粒的亲水性，提高乳粉的润湿性、分散性，使乳粉的速溶性大大提高。卵磷脂喷涂厚度一般为 0.1～0.15 μm，喷涂量以控制在乳粉量的 0.2%～0.3%为宜，不得超过 0.5%，否则有卵磷脂的味道。喷涂时将卵磷脂配成无水脂肪溶液，即 60%卵磷脂和 40%无水乳脂肪。喷涂卵磷脂流程见图 6。

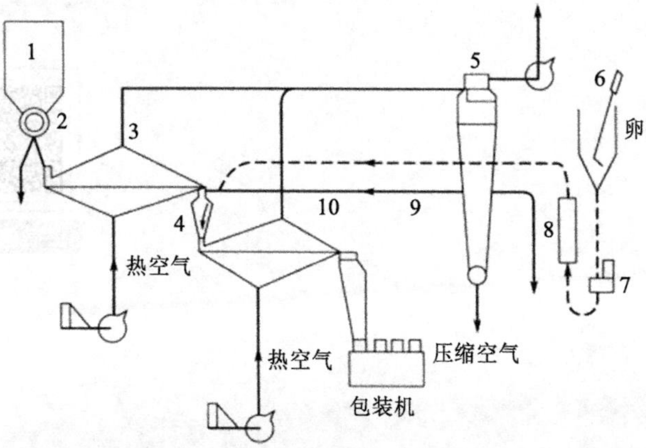


1—储仓；2—鼓形阀；3—第一流化床；4—喷涂装置；5—旋风分离器；
6—槽；7—泵；8—流量计；9—管道；10—第二流化床

**图6　喷涂卵磷脂流程**

资料来源：李晓红．乳制品加工与检测技术[M]．北京：化学工业出版社，2011。

附聚好的全脂乳粉由储仓经鼓形阀进入第一流化床，然后进入喷涂装置，卵磷脂由槽经泵通过流量计以气流喷雾方式喷入喷涂装置内，完成卵磷脂的涂布过程。然后进入第二流化床进行干燥、冷却、过筛后即得到全脂速溶乳粉产品。

生产全脂速溶乳粉时，基粉对最终产品会产生很大的影响。一般对基粉生产的基本要求如下。①基粉中自由脂肪的含量越低越好。将雾化前的浓缩乳进行均质可以达到这一目的。与一段法相比二段法干燥室内的温度要低一些，所以自由脂肪的含量也就会低一些。②基粉颗粒的密度尽可能高，以改善乳粉的下沉性。在允许的范围内，尽可能提高浓缩乳的乳固体含量，尽可能减少乳粉颗粒中包埋的空气量以及适当降低进风温度至 170～180℃，将有助于提高乳粉颗粒的密度。③基粉应该全部由大的疏松颗粒组成，不得含有细粉。大部分粉粒直径应在 100～250 μm，直径在 90 μm 以下的粉粒不得超过 15%，基粉的容积密度应该在 0.45～0.50 g/$cm^3$。

## 思考题

1．奶粉生产中预热杀菌的目的是什么？
2．真空浓缩的主要作用是什么？
3．真空浓缩的条件是什么？
4．真空浓缩的特点有哪些？
5．简述喷雾干燥的工艺流程和机理。
6．喷雾干燥的优缺点有哪些？
7．干法和湿法生产婴儿配方乳粉各自的优缺点是什么？
8．简述生产全脂速溶乳粉时，对基粉生产的基本要求。
9．简述速溶乳粉的特点。

# 参考文献

胡卓炎，梁建芬. 食品加工与保藏原理[M]. 北京：中国农业大学出版社，2020.
赵赟，张建，张临颖. 食品加工技术概论[M]. 北京：中国商业出版社，2018.
蒲云峰，张锐利，叶林. 食品加工新技术与应用[M]. 中国原子能出版社，2019.
赵晴，瞿玮玮. 食品科学概论[M]. 北京：科学出版社，2004.
李秀娟. 食品加工技术[M]. 北京：化学工业出版社，2008.
彭珊珊. 食品添加剂[M] .2 版. 北京：中国轻工业出版社，2009.
周家春. 食品工艺学[M]. 北京：化学工业出版社，2003.
魏强华. 食品加工技术[M]. 重庆：重庆大学出版社，2014.
赵晋府. 食品工艺学[M]. 北京：中国轻工业出版社，2018.
赵百忠. 食品加工实训教程[M]. 北京：中国轻工业出版社，2015.
康旭. 食品机械与设备[M]. 北京：科学出版社，2020.
高海燕，曾洁. 食品机械与设备[M]. 北京：化学工业出版社，2017.09.
张海臣，陈亮. 食品加工机械与设备[M]. 北京：中国轻工业出版社，2020.
邹小波. 食品加工机械与设备[M]. 北京：中国轻工业出版社，2020.
殷涌光. 食品机械与设备[M]. 北京：化学工业出版社，2007.
马荣朝，杨晓清. 食品机械与设备[M]. 2 版. 北京：科学出版社，2018.
朱晓红，张光弟. 果品蔬菜加工技术[M]. 银川：宁夏人民出版社，2010.
叶兴乾. 果品蔬菜加工工艺学[M]. 北京：中国农业出版社，2009.
江明. 园艺产品贮藏加工技术[M]. 北京：北京理工大学出版社，2020.
张清丽. 园艺产品贮藏与加工[M]. 北京：机械工业出版社，2018.
丁筑红，等. 果蔬加工工艺学[M]. 成都：成都科技大学出版社，1996.
蔡同一. 果蔬加工原理及技术[M]. 北京：北京农业大学出版社，1987.
陈学平. 果蔬产品加工工艺学[M]. 北京：中国农业出版社，1995.
孟宪军. 果蔬加工工艺学[M]. 北京：中国轻工业出版社，2020.
高海生，祝美云. 果蔬食品工艺学[M]. 北京：中国农业科技出版社，1998.
何东平，白满英，王明星. 粮油食品[M]. 北京：中国轻工业出版社，2014.
张海臣，曲波. 粮油食品加工技术[M]. 北京：中国轻工业出版社，2020.
李国平. 粮油食品加工技术[M]. 重庆：重庆大学出版社，2017.
胡永源. 粮油加工技术[M]. 北京：化学工业出版社，2006.
田建珍，温纪平. 小麦加工工艺与设备[M]. 北京：科学出版社，2011.
张雪. 粮油食品工艺学[M]. 北京：中国轻工业出版社，2017.
李新华，董海洲. 粮油加工学[M]. 北京：中国农业大学出版社，2016.
路飞，马涛. 粮油加工学[M]. 北京：科学出版社，2018.

李里特，江正强. 焙烤食品工艺学[M]. 北京：中国轻工业出版社，2018.
曾洁. 焙烤食品技术研究与开发[M]. 北京：科学技术文献出版社，2016.
陈平，陈明瞭. 焙烤食品加工技术[M]. 北京：中国轻工业出版社，2009.
李威娜. 肉制品加工技术[M]. 黑龙江大学出版社，2019.
李锋. 肉制品加工技术[M]. 北京：中国环境出版集团，2018.
赵瑞香. 肉制品生产技术[M]. 北京：科学出版社，2004.
袁玉超. 肉制品加工技术[M]. 北京：中国轻工业出版社，2015.
杨宝进. 畜产品工艺学[M]. 北京：中国农业大学出版社，2021.
马惠茹，朱效兵，郭淑文. 畜产品加工学实验指导[M]. 北京：中国农业出版社，2021.
林建和，陈张华. 畜产品加工技术[M]. 成都：西南交通大学出版社，2019.
任大喜，陈有亮. 畜产品加工实验指导[M]. 杭州：浙江大学出版社，2017.
郝修振，申晓琳. 畜产品工艺学[M]. 北京：中国农业大学出版社，2015.
秦文，张清. 农产品加工工艺学[M]. 北京：中国轻工业出版社，2019.
张庆霞，张作勇. 制粉工艺与设备[M]. 郑州：河南科学技术出版社，2019.
朱永义. 谷物加工工艺及设备[M]. 北京：科学出版社，2002.
宋宏光. 粮油加工技术[M]. 北京：中国农业出版社，2019.
赵晨霞. 园艺产品贮藏与加工[M]. 北京：中国农业出版社，2005.
陈智斌，张筠，赵晶. 食品加工学[M]. 哈尔滨：哈尔滨工业大学出版社，2012.
金昌海. 畜产品加工[M]. 北京：中国轻工业出版社，2018.
朱丹丹. 乳品加工技术[M]. 北京：中国农业大学出版社，2013.
武建新. 乳品生产技术[M]. 北京：科学出版社，2010.
李晓红. 乳制品加工与检测技术[M]. 北京：化学工业出版社，2011.
李志方，卢俭. 乳品加工与检测技术[M]. 北京：中国农业出版社，2012.
李晓东. 乳品工艺学[M]. 北京：科学出版社，2011.
岳喜庆. 畜产食品加工学[M]. 北京：中国轻工业出版社，2014.
王茂华，张瑞. 有机乳制品知识问答[M]. 北京：中国农业大学出版社，2018.
武运，万勤，邓君萍，等. 新疆有机牛奶加工及品质分析[J]. 中国食物与营养，2010（10）：23-27.